高含硫气田培训系列丛书

高含硫天然气净化

曹英斌　主编

中国石化出版社
·北京·

图书在版编目(CIP)数据

高含硫天然气净化 / 曹英斌主编. --北京：中国石化出版社，2025.5. --(高含硫气田培训系列丛书).

ISBN 978-7-5114-8018-7

Ⅰ. TE665.3

中国国家版本馆 CIP 数据核字第 2025B7C833 号

中国石化出版社出版发行

地址:北京市东城区安定门外大街 58 号

邮编:100011 电话:(010)57512446

发行部电话:(010)57512575

http://www.sinopec-press.com

E-mail:press@sinopec.com

北京科信印刷有限公司印刷

全国各地新华书店经销

*

787 毫米×1092 毫米 16 开本 11.5 印张 279 千字

2025 年 5 月第 1 版 2025 年 5 月第 1 次印刷

定价:80.00 元

前　　言

天然气作为低碳能源，在能源转型和环保政策的推动下，其重要性日益凸显。但是，地层产出的天然气因含硫化氢、二氧化碳等有毒有害物质，不能直接输送和使用，必须净化处理达标后外输。20世纪60年代以来，中国天然气净化技术开始起步，历经了从无到有、从有到优的发展历程，天然气净化技术的进步，推动了含硫天然气、特别是高含硫天然气工业飞速发展。目前，天然气净化已形成一个独立的、系统的专业，其地位也越来越重要。

天然气作为碳排放强度最低的化石能源，既是替代高碳化石能源、实现"低碳化"的最佳选择，也是可再生能源的最有效补充，对保障国家能源安全、优化能源结构、实现"双碳"目标意义重大。中国石化全力推进天然气"增储、稳产、上产、攻关"四类重点工程实施，其中普光气田天然气净化厂建设是中国石化在酸性天然气开发利用领域取得的重大突破。作为我国首座自主设计、建设的百亿立方米级高含硫净化厂，自2009年建成投产，历经引进吸收、优化提升、突破引领三个阶段，建立了覆盖全流程的工艺、设备、运行、控制及应急处置技术体系，形成了高含硫深度净化系列技术，支撑了元坝气田、川西气田陆续开发。

在普光气田开发建设20周年之际，为了进一步总结、固化、传承、推广高含硫天然气净化投产、运行的成功经验，在我国首套高含硫天然气净化系列培训教材的基础上，我们对净化装置工艺技术规程、岗位操作法等进行了修订，并增加了设备结构原理、国产化改造、仿真运行等内容，编写完成了《高含硫天然气净化》培训教材。本教材内容共分7章，主要包括天然气净化工艺、天然气净化设备、装置运行、硫黄储运、净化系统应急处置及案例、装置工艺仿真运行等，基本涵盖了高含硫净化装置技术人员、管理人员及操作人员需要掌握的专业知识和操作要点，既适用于专业技术、生产运行、安全管理人员学习参考，也适用于天然气净化装置操作人员职业技能培训，还可供从事石油炼制、煤化工尾气及其他气体净化的技术管理人员借鉴。

本教材由曹英斌主编，古小红、杜莉、谭旋统稿。第1章由杜莉、彭传波编写，第2章由胡江涛编写，第3章由李煌、张超、谢华昆、孔祥丹、卞莲芳、胡江涛编写，第4章由张超、谢华昆、赵家常编写，第5章由吕晓明、谢华昆、周国栋、郑志虎、王应科编写，第6章由李瑞江、胡江涛、万秀东编写，第7章由谭旋、马源编写。

本教材在编写过程中，得到了各级领导的高度重视和大力支持，吸取了行业内多位专家学者的意见和建议，周健、祖钦先、林宏卿、裴爱霞、李伟华、李煌、岳森等专家、技术骨干和技能操作能手为教材的编写贡献了集体智慧、付出了辛勤劳动，在此一并表示衷心的感谢。

高含硫气田开发生产管理经验在不断积累完善，恳请同志们在教材使用过程中多提宝贵意见，为进一步修订、完善提供借鉴和参考。书中不当及疏漏之处尚祈业内专家学者雅正。

目　录

第1章 概 述

面对化石能源的不可再生、生态环境的逐渐恶化、全球能源安全和人类可持续发展，全世界逐渐认识到能源供应方面必须走可持续发展道路。2007 年 12 月我国发布的《中国的能源状况与政策》白皮书，详细介绍了中国能源发展现状、能源发展战略和目标，能源转型由此开始。今天，绿色低碳转型已成为全球发展的重要驱动引擎。天然气的热效率高于燃油，且远远高于燃煤；天然气的燃烧产物为二氧化碳和水，同等发热量情况下，天然气的二氧化碳排放量远远低于燃煤和燃油，而且没有烟尘和二氧化硫排放。作为碳排放强度最低的化石能源，天然气是传统化石能源向新能源转型的最佳选择，与储能协同、“气电调峰”助力新能源发展，具有不可替代的作用。

2014 年 6 月，习近平总书记提出“四个革命、一个合作”能源安全新战略，为新时代能源高质量发展指明了方向。十年来，中国天然气全产业链各个环节发展都取得了历史性成就。全国天然气消费量由 2014 年的 $1848\times10^8m^3$ 增长至 2023 年的 $3945\times10^8m^3$，占一次能源消费比重提高 4 个百分点，天然气成为支撑经济社会发展全面绿色转型的重要能源。全国天然气产量由 $1280\times10^8m^3$ 增至 $232\times10^8m^3$，建成四川盆地、鄂尔多斯盆地、塔里木盆地及海域四大天然气生产基地，国产气压舱石作用持续夯实。天然气管道里程从 5.9×10^4km 增至 12.4×10^4km，储气能力提升 4 倍以上，四大进口战略通道全面建成，天然气供应保障能力显著提升。

作为我国四大天然气生产基地的四川盆地，发现的 27 个含油气层系中有 13 个高含硫化氢，中国硫化氢含量超过 $30g/m^3$ 的高含硫气藏 90% 集中在四川盆地。高含硫气藏是天然气藏的一种，按照天然气藏不同的性质和特点，可以有不同的分类方法。比如，按圈闭类型可以把天然气藏分为构造气藏、岩性气藏、地层气藏和裂缝气藏；按照储层岩类可以分为碎屑岩气藏、碳酸盐岩气藏、泥质岩气藏、火成岩气藏、变质岩气藏和煤层气气藏；按照储层物性可以分为高渗气藏、中渗气藏、低渗气藏、致密气藏；按照相态因素可以分为干气藏、湿气藏、凝析气藏、水溶性气藏、水合物气藏；按组分因素分类有含硫化氢(H_2S)气藏、含二氧化碳(CO_2)气藏、含氮气(N_2)气藏等。上述分类均可按照组成浓度再细分，其中含硫化氢气藏根据组成浓度可以分为微含硫气藏、低含硫气藏、中含硫气藏、高含硫气藏、特高含硫气藏，当硫化氢体积分数不低于 50%（$770g/m^3$）时即为硫化氢气藏。

矿藏出产的天然气主要是组成复杂的烃类混合物，且含有少量非烃类杂质。其主要成分是甲烷(CH_4)，另含有少量的乙烷(C_2H_6)、丙烷(C_3H_8)和丁烷(C_4H_{10})，非烃类杂质可能包括 H_2S、CO_2、有机硫、N_2 和水气，以及微量的惰性气体如氦(He)和氩(Ar)等。含有一定浓度 H_2S、CO_2、有机硫中的一种或几种的天然气被称为酸性天然气。

天然气开采过程涉及气井完井、试井及生产测试、增产措施、天然气生产、井下作业与修井、地面集输与加工处理等工艺技术。天然气作为商品输送至用户前都会经过分析测试和资源评价，以决定采用何种处理、加工工艺。其中，酸性天然气的净化包括天然气脱酸性组分(脱硫脱碳)、脱水、硫黄回收和尾气处理工艺。其中脱酸性组分和脱水是为了使天然气符合商品天然气质量指标和管道输送要求，硫黄回收和尾气处理是为了满足环保要求。

《天然气质量指标》(ISO 13686—2013)是世界各国制定天然气质量指标的指导性准则。我国现行国标《天然气》(GB 17820—2018)对天然气的质量进行了要求，其中一类气指101.325kPa、20℃条件下 H_2S 浓度≤6mg/m^3、总硫≤20mg/m^3、CO_2 摩尔分数≤3.0%、高位发热量≥34.0MJ/m^3；二类气指 101.325kPa、20℃条件下 H_2S 浓度≤20mg/m^3、总硫≤100mg/m^3、CO_2 摩尔分数≤4.0%、高位发热量≥31.4MJ/m^3。对于进入长输管网的天然气，应符合一类气的质量要求，还需满足国标《进入天然气长输管道的气体质量要求》(GB/T 37124—2018)，即在对高位发热量、总硫、H_2S、CO_2、CO、O_2、H_2 做出要求外，还要求水露点应比输送条件下最低环境温度低 5℃。针对大气污染物排放，国标《陆上石油天然气开采工业大气污染物排放标准》(GB 39728—2020)规定天然气净化厂硫黄回收装置总规模≥200t/d 的，二氧化硫(SO_2)排放浓度≤400mg/m^3。

1.1 天然气脱硫脱碳

酸性天然气中的 H_2S、CO_2、有机硫等组分，因其生态毒性和强腐蚀性，容易造成金属管道和设备腐蚀、环境污染、催化剂中毒、天然气热值降低等危害，需要脱除。天然气脱硫脱碳工艺很多，通常分为化学溶剂法、物理溶剂法、化学 - 物理溶剂法、直接转化法和其他。以碱性溶液吸收 H_2S 和 CO_2 等，并于再生时解析出来的方法称为化学溶剂法，如有机胺法；利用 H_2S 和 CO_2 等与烃类在物理溶剂中溶解度的巨大差别而实现脱硫脱碳的方法称为物理溶剂法，如冷甲醇法；而化学溶剂烷醇胺与物理溶剂组合的方法称为化学 - 物理溶剂法，如砜胺法；用液相氧载体将 H_2S 氧化为元素硫、而用空气使之再生的方法称为氧化还原法或者直接氧化法，如 LO - CAT 法；其他类脱硫脱碳工艺还包括分子筛、膜分离、低温分离、生物化学法等。

醇胺法是目前应用最为广泛的脱硫脱碳工艺，高含 H_2S、CO_2 天然气脱硫脱碳多采用醇胺法。1930 年 R. R. Bottoms 发明了醇胺法，有机醇胺作为脱硫脱碳溶剂的胺法工业化是天然气脱硫脱碳工艺的一大突破。最初使用的溶剂是三乙醇胺(TEA)，此后单乙醇胺(MEA)、二乙醇胺(DEA)、二异丙醇胺(DIPA)、二甘醇胺(DGA)及甲基二乙醇胺(MDEA)先后获得工业应用。中国现代化的天然气脱硫脱碳工艺研发始于 1964 年，并于20 世纪 60 年代中期首先实现了 MEA 胺法的工业化，后随着环丁砜的合成，实现了MEA - 环丁砜(砜胺Ⅰ型)以及 DIPA 法的工业应用，并于 20 世纪 70 年代中期研发了 DIPA - 环丁砜(砜胺Ⅱ型)工艺。20 世纪 80 年代中国实现了 MDEA 的工业应用，MDEA - 环丁砜(砜胺Ⅲ型)工艺应运而生，在天然气中 H_2S 和 CO_2 同时存在的条件下可选择性脱除 H_2S。

早期工业上完全脱除 H_2S 和 CO_2 的胺法被称为常规胺法，而后来开发的在 H_2S 和 CO_2 同时存在时选择性脱除 H_2S 的胺法被称为选择性胺法。不过这种划分只是为了叙述不同的工艺特色，而就具体某一种醇胺而言，则可跨越这两类胺法。比如MDEA作为典型的选择性脱硫溶剂，也可以与其他醇胺组成同时脱硫脱碳的体系，甚至作为CO_2的脱除剂。

单乙醇胺(Monoethanolamine，MEA)又名2-氨基乙醇，是最早使用的胺法溶剂，也是与酸气反应最快的溶剂。MEA分子式为$HOCH_2CH_2NH_2$，相对分子质量为61.09，相对密度为1.0179(20℃)，凝固点为10.2℃，可与水完全互溶。MEA溶剂净化气体是化学吸收过程，多用于脱除酸性天然气中的H_2S和CO_2。它与H_2S的反应速率要快于与CO_2的反应，无论是H_2S还是CO_2，MEA法均可将其脱除达到很高的净化度，但其无选择性脱除CO_2的能力，如果存在有机硫的话，MEA与羰基硫(COS)、二硫化碳(CS_2)发生不可逆降解。在早期的装置中，MEA是天然气脱硫应用最广泛的溶剂，MEA在普通胺中分子量最低，因此在单位质量或单位体积的基础上，其具有最大的酸气负荷。但随着技术的进步，MEA溶剂逐渐被其他更高效、更稳定的溶剂所取代。

二乙醇胺(Diethanolamine，DEA)也是气体净化的常用溶剂，其分子式为$(HOCH_2CH_2)_2NH$，相对分子质量为105.14，沸点为247℃，在28℃以下易凝固，密度为$1.095g/cm^3$。DEA的碱性比MEA弱，常规DEA法不适用于高压天然气净化，但随着法国阿基坦国家石油公司(Societe Natiouale Elf - Aquitaine)成功开发SNPA-DEA工艺成功后，DEA就在高压、酸性天然气净化装置中开始推广应用。DEA可吸收COS及CS_2，其反应产物可分解再生，不会因其降解变质。DEA法由于蒸汽压较低，损失较MEA法小；同时对烃类溶解度小，DEA再生后的酸气中烃类含量普遍小于0.5%，其净化程度较高。

二甘醇胺(Diglycolamine，DGA)又名二乙烯乙二醇胺，分子式为$H_2NCH_2CH_2OCH_2OH$，与水完全互溶。DGA法装置使用的胺液浓度一般为40%~75%(质量分数)，酸气负荷为0.35~0.45mol/mol，可脱除有机硫。因为使用的胺液浓度较高，在同等酸气浓度下循环量较低，节能效果显著。DGA法在环境温度>54℃时也可正常吸收H_2S，且正常凝固点<-40℃。因此，DGA法适合在沙漠、干旱、寒冷地区采用。

二异丙醇胺(Diisopropanolamine，DIPA)是一种效果较好的脱硫剂，其分子式为$NH[CH_2CH(CH_3)_2]_2$，相对分子质量约为133.19，凝固点为42℃，是具有氨气味的无色吸湿性黏稠液体，易溶解于水及醇中。DIPA属于醇胺的一种，脱有机硫效果显著，特别适用于干气和液化气脱硫。DIPA具有醇和胺的两种性质，可以生成多种工业上有用的衍生物。DIPA与酸气的反应速率较慢，与CO_2反应更慢，在常压下具有较强的选择吸收性，在一定压力下其选择吸收性反而变弱。DIPA与COS反应生成的产物能够再生，因此适用于含COS较多的气体脱硫。DIPA容易再生，蒸汽耗量低，重沸器腐蚀轻微，溶剂变质少。

甲基二乙醇胺(Methyldiethanolamine，MDEA)为无色或微黄色黏稠液体，沸点不高，能与水、醇互溶，微溶于醚，分子式为$CH_3N(CH_2CH_2OH)_2$，相对分子质量为119，凝固点为-21℃。由于MDEA具有选择性吸收能力，以及优越的节能性质和相对较低的腐蚀特性，MDEA体系和应用范围一再扩展。除MDEA水溶液外，还有MDEA配方溶液、活化MDEA溶液、MDEA混合胺溶液和MDEA-环丁砜溶液等，其应用范围几乎可以覆盖整个天然气脱硫脱碳领域。MDEA的选择性吸收能力源自与H_2S和CO_2的反应机理及反应速度不同，由于MDEA是叔醇胺，其与H_2S的反应为瞬时反应，与MEA、DEA和H_2S的反应原理一样。而CO_2与MDEA的反应则需要CO_2先与水反应生成碳酸，再与MDEA发生酸碱中和反应。反应受限于CO_2溶于水的速度，因此其反应速度比MDEA与H_2S的反应慢很多。

选择何种工艺来脱硫脱碳需要考虑很多因素。①天然气中酸性组分的类型和含量。大多数天然气中的酸性组分是 H_2S 和 CO_2，但有的还可能含有 COS、CS_2、RSH 等，只要气体含有这些组分中的任何一种，就会排除选择某些脱硫办法的可能性。而有些方法只适用于酸性组分含量较低的天然气，不适用于高酸性组分天然气。②原料气的处理量。有些方法适用于处理量大的原料气如醇胺法，有些方法只适用于处理量小的原料气如 LO - CAT 法。③天然气中的烃类组成。目前大多数硫黄回收装置采用克劳斯法，此法对酸气中的烃类特别是重烃十分敏感，因此有些脱硫脱碳方法采用的吸收剂含大量溶解烃类时，可能就需要对获得的酸气进一步处理；④对净化气和酸气的要求。当酸气中 CO_2 浓度大于 80% 时，为了提高原料气中 H_2S 的浓度，会考虑采用选择性脱硫的可行性。其他需要考虑的因素还包括对要脱除组分的选择性要求、原料气的温度压力和净化气的温度压力、投资和操作费用等。

1.2 天然气脱水

为满足天然气输送要求，外输至管网前应进行脱水，脱水装置通常设置在井场、集中处理站或净化厂等。脱水方法一般包括溶剂吸收法、固体吸附法、低温法等。

溶剂吸收法高效且适用范围广，但是设备成本高，能耗相对高；甘醇是溶剂吸收法中应用最为广泛的溶剂。最早用于天然气脱水的甘醇是二甘醇(DEG)，后由于三甘醇(TEG)脱水可获得更低的水露点(可降低至 -30℃)，而且投资及操作费用低，热稳定性高，易再生，逐渐取代 DEG。TEG 脱水装置主要由吸收系统和再生系统两部分构成，工艺过程的核心设备是吸收塔、再生塔。天然气脱水过程在吸收塔内完成，再生塔完成 TEG 富液的再生操作，再生塔一般使用火管再生，但为了安全起见，部分企业也使用蒸汽加热再生。

固体吸附法脱水深度高、装置简单且能耗低，但是吸附剂需要定期更换且对操作条件敏感。固体吸附法根据机理不同，可分为利用气体分子与吸附剂之间的分子间作用力不同的物理吸附和利用气体分子与吸附剂之间的化学键作用力差异的化学吸附。物理吸附过程是可逆的，可通过改变温度和压力使吸附剂得到重复利用；而化学吸附的吸附剂一般不重复利用。固体吸附法常用的吸附剂有活性氧化铝、硅胶和分子筛等。要求吸附剂具备吸附容量大、选择性强、机械强度高等特点。固体吸附法工艺以分子筛脱水工艺应用最为广泛。分子筛脱水是一种深度脱水技术，脱水后水露点可降到 -100℃以下。分子筛脱水类似 TEG 脱水，主要是利用其内部孔道、空腔依靠分子引力和热扩散原理实现对天然气中水的吸附，进而除掉天然气气体混合物中的水蒸气。传统的分子筛的吸附表面积较大，具有高效的吸附容量、使用寿命较长、有较高的吸附能力、组分不易被破坏、再生能力强、所需原料价格低廉等特性。但分子筛脱水也存在一些缺点：①设备投资和操作费用比较大，达到相同露点时，建设一座处理量相同的处理站，其投资比三甘醇法高出近 53%。②吸附剂难以实现再生，需要经常更换。③分子筛回收困难。因此，分子筛脱水常用于低温冷凝分离，如用于天然气凝液回收及天然气液化脱水工序中，极少用于大规模天然气脱水。

1.3 硫黄回收

天然气净化领域的硫黄回收通常指克劳斯硫黄回收工艺。克劳斯工艺是以化学家 Carl Friedrich Claus(卡尔·弗雷德里希·克劳斯)的名字命名的。19 世纪的英国，许多制碱工厂都用 Leblanc Process(吕布兰法，1791 年专利)生产 Na_2CO_3，原始的克劳斯法就是 C. F. Claus 为了从废料硫化钙(CaS)中回收单质硫而发明的，第一步是把 CO_2 导入 CaS 废液(含水)中得到 H_2S，第二步将 H_2S 和 O_2 混合导入装有催化剂的反应器，催化剂床层预热至所需温度，用控制反应物流的方法保持固定的床层温度，并于 1883 年取得英国专利。显然此工艺只能在催化剂上以很低的空速进行反应，如果使用水合物形式的铁/锰氧化物可以不预热催化剂床层即开始反应，但是又因为释放的热量只能通过辐射发散，所以限制了反应炉的 H_2S 处理量。

原始的克劳斯法几经改进，其中最重大的当属德国法本公司(LG. Farbenindustrie A. G.)在 1936 年提出了最接近现在概念的改进。其要点是把 H_2S 的氧化分为两个阶段来完成：第一阶段是热反应阶段，有 1/3 体积的 H_2S 被氧化为 SO_2，同时大量的反应热以水蒸气形式回收；第二阶段为催化反应阶段，剩余 2/3 体积的 H_2S 在催化剂作用下与 SO_2 反应生成单质硫。这一改进被认为是奠定了现在硫黄回收工艺的基础，此后克劳斯法在工业上被广泛应用。直到今天，虽然克劳斯工艺几经改良，但都在基本工艺上与法本公司改进类似，只是工艺设计和设备布置等不同，以获得更高的硫黄回收效率。

现代改良克劳斯工艺又称常规克劳斯工艺，大致可以分为三种基本形式：克劳斯直流工艺(部分燃烧法)、克劳斯分流工艺和克劳斯直接氧化工艺。这些工艺的区别是在一级催化转化反应器前产生 SO_2 的方法不同。三种不同进料工艺的选择主要考虑两点：一是根据酸性原料气中的 H_2S 含量，配以适量的空气；二是确定反应炉的温度，使炉内反应尽可能地保持热平衡。

酸气中 H_2S 浓度高于 50%(体积分数)时，一般采用直流法。直流法的主要特点是全部酸气与配比的燃烧空气一起进入反应炉(也称燃烧炉或克劳斯炉)发生高温热反应，再经过余热锅炉(废热锅炉)回收热量后，进入两级或更多级的催化转化反应器进行催化反应，以获得更高的转化率，反应后的过程气经过与各级反应器对应的硫冷凝器冷凝硫蒸气后，再通过硫黄捕集器，进入尾气处理装置。中国石化普光天然气净化厂联合装置硫黄回收采用的就是常规克劳斯直流 + 两级催化转化工艺。

当酸气中 H_2S 含量在 15% ~50%(体积分数)时，可采用分流工艺。即将酸气分为两股，其中占 1/3 的酸气与按照化学计量配给的空气进入酸气燃烧炉，使酸气中 H_2S 及烃类等杂质燃烧，H_2S 反应生成 SO_2，然后与旁通的 2/3 的酸气混合后进入催化转化段，分流工艺中生成的单质硫完全是在催化反应段获得的。该工艺也称常规克劳斯法常规分流工艺。克劳斯分流工艺的目的是提高反应炉炉膛温度，一般认为反应炉平稳运行的最低温度为 927℃，此温度条件下火焰稳定，燃烧充分。如果分流入燃烧炉酸气比例增高，反而会导致炉温下降，因为高于 593℃，H_2S 和 SO_2 反应生成元素硫是吸热反应。分流工艺也有不足，由于在酸气燃烧炉内没有硫生成，从而加大了催化反应部分的负荷，当酸气中含重烃(尤其是芳烃)时，可能会造成催化剂积碳，从而影响催化剂活性，缩短催化剂的使用寿命。

当酸气中 H_2S 含量在 30% ~50%(体积分数)范围，将进入燃烧炉的酸气流量提高至 1/3 以上时可以控制炉温不会过高，且燃烧炉内有部分硫生成，可减轻催化段的转化负荷，延长催化剂使用寿命，这种方法称为克劳斯法非常规分流工艺。大部分酸气与燃烧空气混合后进入反应炉燃烧器在反应炉第一区内燃烧以维持炉膛温度在 1100℃左右，部分发生克劳斯热反应，其余部分的酸气通过旁路进入反应炉第二区，与第一区内高温过程气混合后继续进行部分克劳斯热转化反应。中国石化元坝天然气净化厂采用克劳斯法非常规分流工艺 + 两级克劳斯催化反应(空气和酸气无预热)。

当酸气中 H_2S 体积分数 <5% 时，可采用克劳斯直接氧化工艺，其本质就是原始克劳斯法的一种形式，即将酸气预热并与空气按照一定配比混合后，进入催化剂反应器进行催化反应，将 H_2S 转化为单质硫。进入反应器的空气量仍按照进料气中 1/3 的 H_2S 完全燃烧生成 SO_2 计算。根据所用催化剂的催化反应方向不同，直接氧化工艺可以分为两类：第一类是直接将 H_2S 选择性催化氧化成单质硫，在其工况条件下，该反应实际是一个不可逆反应，此类工艺在处理克劳斯尾气处理领域获得了良好的应用。第二类是将 H_2S 催化氧化成单质硫和 SO_2，因此在氧化段后设置常规克劳斯催化段，代表性工艺是 UOP 公司与 WorleyParsons公司共同开发的 Selectox 法硫回收工艺。

除上述三种常规克劳斯工艺外，还有克劳斯衍生工艺。比如以 SuperClaus 工艺、EuroClaus工艺、CBA 工艺和 MCRC 工艺为代表的克劳斯组合工艺，和以富氧克劳斯工艺和 Clinsulf 工艺为代表的克劳斯变体工艺。1944 年第一套较现代化的改良克劳斯工业装置投产，1965 年中国第一套克劳斯硫黄回收工业装置在四川东磨溪气田建成投产。

1.4 尾气处理

随着人类对环保要求日益增高，为进一步降低外排烟气 SO_2 浓度，提高硫黄总回收率，人们开始对硫黄装置尾气处理进行研究。1970 年第一套 sulfreen 法尾气处理工业装置投产，标志着尾气处理作为一种新型工艺技术正式问世。1974 年第一套斯科特(SCOT)装置建成投产，此后尾气处理工艺蓬勃发展，工业化的方法有二十多种。

按照技术原理不同，尾气处理工艺通常分为低温克劳斯工艺、还原吸收工艺和氧化吸收工艺三大类，其中还原吸收工艺应用最为广泛。低温类是借助小于硫露点下的克劳斯反应，如 sulfreen 等；还原类是将克劳斯尾气中的各种形态硫转化为 H_2S，然后从尾气中吸收去除，如 SCOT 等；氧化类是通过灼烧使各种形态硫转化为 SO_2 反应，然后吸收去除。此外，针对烟气 SO_2 脱除，如果使用液体或乳液吸收可称为湿法，采用粉状或粒状吸附可称为干法。

常规 SCOT 工艺是还原吸收法尾气处理工艺的典型代表。常规 SCOT 工艺将来自硫黄回收装置的克劳斯尾气通过在线加氢燃烧炉加热并提供还原性介质，在加氢反应器内各种含硫组分被还原成 H_2S，然后经过急冷水降温、胺液吸收后焚烧排放，装置总硫回收率可以达到 99.8% 以上。

串级SCOT工艺是在常规SCOT工艺的基础上研发出来的尾气处理技术，在溶剂配方、溶剂再生方式及参数设计调整等方面做了改进，其工艺原理与常规SCOT工艺几乎相同，和常规SCOT的主要区别在于串级SCOT尾气处理装置省去了溶剂再生系统，尾气处理装置的溶剂进入脱硫溶剂系统，在脱硫装置的再生塔内进行再生。串级SCOT工艺已被证实是减少烟气SO_2排放量最行之有效的方法之一，工艺投资和操作成本较低，装置占地面积小，对克劳斯装置的适应性强。中国石化普光天然气净化厂和中国石化元坝天然气净化厂尾气处理均采用串级SCOT工艺。

LT-SCOT工艺即低温SCOT工艺，其核心是新型低温加氢催化剂的应用，与常规SCOT工艺相比，LT-SCOT工艺大幅度降低了加氢反应器的入口温度，简化了加氢预热段的操作，采用再热器预热的方式代替了价格昂贵的在线燃烧炉和废热锅炉的使用，通过简化工艺流程，降低了装置能耗和设备投资，进一步提高了装置的稳定性和可操作性，也体现了硫回收与尾气处理工艺高效与节能的发展趋势。

Super SCOT工艺即超级SCOT工艺，是壳牌公司在常规SCOT工艺基础上进一步开发的提高尾气净化度和节能降耗的新工艺，该工艺可以将净化尾气中的H_2S含量降低至10μL/L以下。Super SCOT工艺与常规SCOT工艺相比，主要区别在于其采用两段再生和降低精(超)贫液温度。采用两段再生改善汽提效率而得到半贫液和超贫液，使贫液更“贫”而使蒸汽消耗降低，再生蒸汽消耗可下降30%。两段再生、两段吸收和降低贫液温度两种技术措施可以根据尾气SO_2排放要求单独使用或同时使用。

国内拥有自主知识产权的硫黄回收及尾气处理技术包括山东三维石化工程有限公司(原齐鲁石化胜利炼油厂设计院)开发的SSR硫黄回收工艺、中国石化镇海石化工程有限责任公司开发的ZHSR硫黄回收工艺、中国石化洛阳工程有限公司与中国石化齐鲁分公司合作开发的LQSR、中国石化齐鲁分公司研究院开发的LS-DeGAS降低硫黄装置二氧化硫排放成套技术等。

SSR工艺技术是中国石化集团公司1998年度“十条龙”重大攻关项目之一，其主要特点一是对原料酸性气的适应性强，H_2S摩尔分数可在30%~97%；二是不使用在线加热炉；三是使用外供氢源，对纯度要求不高。ZHSR硫黄回收工艺克劳斯部分采用在线炉再热流程，尾气净化单元采用还原加热炉，不需要依靠外来氢源。这两种工艺因其灵活适应性广泛用于石油化工和煤化工企业，而普光的工艺更适配天然气净化。

LQSR节能型硫黄回收尾气处理包括克劳斯制硫、尾气处理及焚烧、尾气处理溶剂再生和液硫脱气4个部分。一级反应器中装填新型克劳斯催化剂和钛基催化剂，以促进一反转化率并促进有机硫水解；使用低温耐氧高活性尾气加氢催化剂进一步节能并延长和提高催化剂使用寿命和抗波动能力。液硫脱气主要采用外空气加压汽提工艺，也可以采用LS-DeGAS工艺。尾气焚烧之后增设烟气间碱洗塔，该工艺烟气SO_2排放≤50mg/m^3。

LS-DeGAS尾气处理工艺是中国石化齐鲁分公司在2013年开发的降低硫黄尾气SO_2排放成套技术，该技术居于国内外硫回收技术前沿，引领了国内硫回收技术发展。技术内容包括高效有机硫水解催化剂、高效脱硫剂、独立的再生系统、降低吸收塔温度、合理处理液硫脱气废气及增加净化气净化塔等，具有工艺流程合理、投资低、易于实施的特点。截至2023年，LS-DeGAS尾气处理工艺已经在中国80余套工业装置应用，正常工况下烟气SO_2排放质量浓度可以达到100mg/m^{3}以下，优化操作可以达到50mg/m^{3}以下，而且有

10余套装置没有前后碱洗，烟气 SO_2 排放质量浓度可以达到 $30mg/m^3$ 以下。后两种工艺和普光工艺最明显的区别是液硫脱气及其废气处理工艺，普光目前采用空气鼓泡液硫脱气、液硫池废气入克劳斯工艺。

1.5　硫黄成型

硫黄是酸性天然气净化之后的副产物。根据硫黄产品形状的不同，成型工艺可分为结块工艺、结片工艺以及造粒工艺等。不同的成型工艺会导致硫黄成品物理特性的差异，为满足不同用户的需要，应采用相应的成型方法，以获得最好的经济效益。根据液硫成型冷却介质不同，成型工艺主要分为湿法成型和干法成型，湿法成型采用水来冷却凝固液硫，干法成型采用空气作为冷却介质。干法成型种类较多，包括带式结片工艺、钢带造粒工艺和滚筒造粒工艺等，普光净化厂采用的是湿法成型工艺——水造粒工艺。

水造粒工艺。该工艺是液硫通过分配盘与成型盘被分成许多流束，流到成型罐冷水中，在重力和表面张力的共同作用下，形成一个个小颗粒，水流在成型罐里与下降的硫液滴方向相反。硫黄与水直接接触，因此产品硫黄中含有水，需经振动脱水筛脱水后才能成为符合国家标准的产品，由传动带送去储存。现使用水造粒工艺生产硫黄最常用的工艺是 Devco wet pelletizing 和 Enersul wetprill 工艺。水造粒属于湿法成型工艺，工艺设备处理能力大，不需要多列布置，因此，占地面积相对较小，生产运行、开停车操作简便，安全可靠，在运输、储存过程中不用为防尘、防火、防爆而加水。

带式结片工艺。通过不锈钢带或橡胶转鼓，液硫被制成大薄片，在转鼓末端固体硫黄被切成小块。液硫是通过水喷洒冷却转鼓而被冷凝的，但水与硫黄不接触，因此不像水造粒那样影响硫黄质量。但带式结片工艺产出的硫黄不规则，非常脆，易发生粉尘问题，在装运时产生大量硫黄粉尘，可能引起爆炸、危害安全和污染环境；带式结片工艺设备可靠性差，易发生腐蚀，维护工作量较大。

钢带造粒工艺。该工艺的生产过程是将液硫通过布料器均布在其下方匀速移动的钢带上，钢带下方设置有连续喷淋、冷却装置，使钢带上的物料在移动过程中得以快速冷却、固化，从而达到造粒成型的目的。钢带造粒工艺属于国际先进水平的硫黄成型工艺之一，是目前世界上运用最广泛的造粒工艺，最常见的有 Sandvik rotofom、Bemdorf accuDrop、Enersul pastil - lation 以及国内的 Sunup 钢带造粒工艺。钢带造粒硫黄颗粒具有以下优点：不用破碎工序，粉尘污染较少；冷却水不直接接触硫黄，可循环使用；成品颗粒易于包装。钢带造粒法的缺点是维护条件(如硫黄温度，水温)要求高，维护成本较高，钢带的使用寿命有限，占地面积大。

滚筒造粒工艺。液硫小颗粒在造粒器内上下翻滚，逐层粘上熔硫并在冷却介质中凝固，随着这个过程不断重复，颗粒的大小增至所要求的尺寸，通常直径为1～6mm。此工艺使用水或空气作冷却介质。目前代表性工艺是 Enersul Gx granulation，主要有 GxM 1/2 两种设备，处理能力分别为1100t/d 和550t/d，其中后者采用模块化设计。该工艺自1990年推出，因其优异的造粒质量与效率，新建或改建装置迅速增加。滚筒造粒工艺具有以下优点：机械性能较可靠，不易损坏，不需要备用设备，并且操作简便。不过，滚筒造粒工艺对工艺水有严格的要求 $Cl^- \leq 2.5\mu g/g$，需要配套增建水处理设施，并且工艺水不能循环利用，这样将不可避免地增加投资和操作成本。

20世纪90年代以前，我国炼油厂硫黄成型工艺多采用结片成型，其处理规模有限，环境污染严重，装卸运输成本高，随后我国炼油行业引进了造粒工艺。炼油企业、小规模含硫天然气净化企业的硫黄装置生产规模相对较小，成型工艺以钢带造粒为主，大规模含硫天然气净化企业硫黄产量大，成型工艺主要为水造粒工艺。随着社会的不断发展，世界各国逐渐增强的安全环保意识以及用户对产品要求的提高，硫黄成型工艺的要求也随之严格，在硫黄加工、运输过程中，需要考虑诸如粉尘、湿度、安全性、噪声及环境等问题。硫黄成型工艺将朝着安全环保、绿色健康、节能高效方向发展。

1.6　普光高含硫天然气净化技术发展历程

我国海相沉积岩分布面积达$455\times10^4 km^2$，初步估算资源量$385\times10^8 t$油当量，相当于总资源量的32%。普光1井是中国石化在南方海相寻求勘探重大突破和后备资源接替的重要预探井，2003年4月27日，普光1井测试获得五组流量$103\times10^4 m^3$，标志着我国最大的海相整装碳酸盐岩气田——普光气田诞生。普光气田原料气硫化氢含量为13%～18%、二氧化碳含量为8%～10%，因此想要安全开发大气田，就必须做好高含硫天然气净化。自2006年3月普光天然气净化厂场平工程破土动工至今，普光高含硫天然气净化技术发展历经了近四个国家五年发展规划阶段。

“十一五”期间立足产能建设，通过引进吸收、集成创新的方式形成了高含H_2S-CO_2-有机硫天然气脱硫脱碳关键技术、特大规模硫黄回收关键技术、散装硫黄储存与消防关键技术，构成了国家科技进步特等奖“特大型超深高含硫气田安全高效开发技术及工业化应用”的核心技术之一。

“十二五”期间立足安全高效，通过优化提升、自主创新的方式形成了百亿方级天然气净化厂安全高效运行关键技术，完成了国产硫黄回收系列催化剂研发和高含硫天然气复合脱硫剂研发，研制了硫黄回收特大型克劳斯炉，性能全部达到或超过国外同类型产品，成本较进口大幅下降。

“十三五”期间立足安全优质，通过联合攻关、突破创新的方式形成了含硫废气超低硫排放及资源化利用成套技术，完成了国产尾气加氢系列催化剂和有机硫水解催化剂研发，完成了多项重大装备研发，实现了静设备国产化率100%。

“十四五”期间立足安全稳产，形成了高酸性气田净化厂长周期安全生产关键技术，设备整体国产化率上升至98%，正向全部回收尾气二氧化碳再利用和尾气二氧化硫净零排放大步迈进。

思考与练习

1. 解释酸性天然气需要净化的原因；净化后的天然气需达到什么要求？
2. 天然气脱硫脱碳溶剂主要有哪些？各自特点是什么？
3. 硫黄回收应该如何选择克劳斯工艺？
4. 简述常规SCOT工艺特点。
5. 硫黄产品有哪几种形状，分别采用何种成型工艺？

第 2 章　天然气净化工艺

普光气田属于超高含 H_2S、中含 CO_2 酸性气田，净化厂天然气中 H_2S 体积浓度为 13% ~18%，CO_2 体积浓度为 8% ~10%，有机硫以 COS 为主，浓度为 340mg/m³。天然气净化采用 MDEA 溶剂法脱除原料气中的 H_2S 和 CO_2，再经过 TEG 法脱除水分，达到一类气品质的产品天然气外输。采用常规克劳斯工艺回收硫黄，随后通过 SCOT 尾气处理工艺还原吸收 H_2S，提高装置硫黄收率。液硫中的 H_2S，采用鼓泡脱气工艺，再通过抽射器输送至克劳斯炉，提高硫黄收率的同时，也可降低烟气排放量。液硫采用硫黄湿法成型造粒技术，生产颗粒状态固体硫黄产品。净化装置工艺示意图如图 2－1 所示。

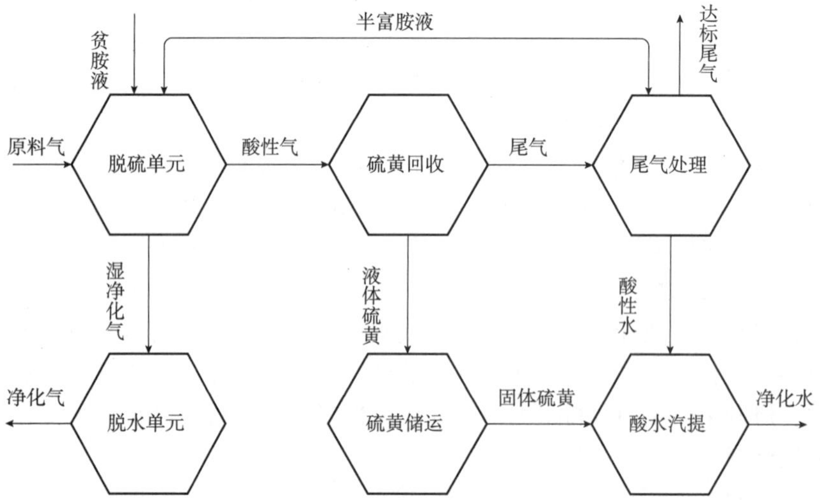

图 2－1　净化装置工艺示意图

2.1　脱硫脱碳工艺

脱硫脱碳工艺采用的是醇胺溶剂吸收法，通过 47% ~53%（质量分数）MDEA 溶液，在低温高压的条件下，胺液与原料气在吸收塔内逆向接触，通过两级吸收，脱除原料气中的 H_2S、CO_2 及其他杂质。吸收了 H_2S 等酸性气的富胺液，经升温后在再生塔内借助塔底重沸器加热解吸，使富胺液得以再生。再生后的贫胺液经换热和冷却后返回吸收塔作为吸收剂循环使用。从再生塔顶排出的酸性气作为原料去硫黄回收装置。

2.1.1 工艺流程

酸性天然气自厂外管道进入天然气进料过滤分离器(SR－101A/B)脱除携带的液体及固体颗粒，然后进入天然气聚结分离器(SR－101C)以脱除液滴。过滤之后的酸性天然气进入两级胺液吸收塔，通过与MDEA溶液吸收脱除气体中的H_2S和CO_2。

从天然气进料过滤聚结分离器出来的酸性天然气进入第一级主吸收塔(C－101)，第一级主吸收塔内设五层(技术改造后)或七层塔板，在塔中酸性天然气与胺液逆流接触。两级主吸收塔采用了级间冷却技术以加强对CO_2吸收的控制。在第二级主吸收塔(C－102)底部用泵抽出胺液，经过中间胺液冷却器(E－105)，然后返回第一级主吸收塔顶部。为了稳定生产，在中间胺液冷却器(E－105)出现问题无法使用时可通过其跨线将其切除，从而保证胺液正常循环和脱硫气合格。采用级间冷却技术可显著降低吸收塔的温度，降低吸收塔温度可抑制CO_2受动力学影响的吸收过程，同时加快H_2S受化学平衡影响的吸收过程。

来自尾气吸收塔(C－402)的半富胺液先由泵升压至第一级主吸收塔，然后与第二级主吸收塔底部抽出的半富胺液混合，全部胺液进入中间胺液冷却器，冷却后送入第一级主吸收塔。利用尾气处理单元的半富胺液，可显著减少送入胺液再生塔的胺液循环量。

经第一级主吸收塔部分脱硫后的天然气送入水解部分脱除COS以满足产品规格要求。气体首先通过水解反应器进出料换热器(E－109A/B/C)与水解反应器出口气体换热，可减少水解反应器预热器(E－107)的蒸汽消耗量及水解反应器出口空冷器(A－103A/B)的热负荷。

换热升温后的气体进入水解反应器入口分离器(D－106)，分离出携带的胺液，分出的胺液排入胺液回收罐(D－105)。分离胺液后的天然气在水解反应器预热器由110℃被加热至130℃，预热器采用饱和高压蒸汽作为加热介质，气体被加热后可防止在水解反应器中产生凝液。

加热后的天然气进入水解反应器(R－101)，COS与H_2O反应生成H_2S和CO_2，反应式如下：

$$COS + H_2O \Longrightarrow H_2S + CO_2 \tag{2-1}$$

该水解反应受化学平衡限制，升温可加快反应。离开水解反应器的气体经水解反应器进出料换热器降温后进入水解反应器出口空冷器，进一步冷却至50℃后进入第二级主吸收塔，第二级主吸收塔内设十一层塔板，在塔中天然气与胺液逆流接触，气体中所含的H_2S及CO_2被进一步吸收并达到产品规格的要求，即H_2S含量$<6mg/m^3$、CO_2含量$<3\%$(摩尔分数)、总硫含量$<20mg/m^3$。脱硫后的天然气经脱硫气体分液罐分离出携带的胺液后进入脱水单元。

从第一级主吸收塔底部出来的富胺液进入富胺液透平(HT－101)减压膨胀后进入富胺液闪蒸罐(D－102)，在罐内闪蒸出所携带的轻烃，并用补充胺液吸收闪蒸气中可能携带的H_2S。闪蒸气经压力控制进入闪蒸气分液罐(D－710)，将闪蒸气携带的贫胺液分离出来，便于回收胺液降低胺液消耗，分液后的闪蒸气进入燃料气管网，供装置使用。当闪蒸罐压力继续上涨超过设定压力时，再通过压力控制将多余闪蒸气送入低压火炬系统燃烧。

闪蒸后的富胺液与胺液再生塔底的贫胺液，在贫富胺液换热器(E-101A~F)内进行换热，温度由59℃升至105℃，通过调节贫富胺液换热器的富胺液出口流量来控制富胺液闪蒸罐内的液位，随后富胺液进入胺液再生塔(C-104)。

在胺液再生塔内，富胺液含有的H_2S和CO_2被重沸器内产生的汽提气解吸出来并从塔顶流出，塔顶气经胺液再生塔顶空冷器(A-102A~H)冷却后进入胺液再生塔顶回流罐(D-103)分液，分离出的酸性水经胺液再生塔回流泵(P-103)升压后输送至再生塔，过量的酸性水定期送入酸水汽提单元。分液后的酸性气送入硫黄回收单元，其操作条件为50℃和0.07MPa。

胺液从位于第一层塔板以下的集液箱进入胺液再生塔重沸器(E-104A/B)，在重沸器内胺液中酸性气析出产生汽提气，汽提气从重沸器顶部返回再生塔底部的气相空间，重沸器内未汽化的胺液从釜内溢流堰上部流出并返回再生塔底部。

胺液再生塔重沸器用低压蒸汽冷凝过程中释放的热量来使胺液中酸性气析出，从重沸器流出的凝结水进入凝结水罐(D-104A/B)，经液位控制送入凝结水回收罐(D-702)，然后经泵送出单元界区。

再生塔底的高温贫胺液，经再生塔底贫胺液泵(P-102A/B)升压后，进入贫富胺液换热器与进入再生塔之前的富胺液换热，温度由124℃降至70℃，然后进入贫胺液空冷器(A-101A~H)，进一步冷却至55℃。冷却后的部分贫胺液(总流量的30%)进入胺液过滤器(SR-103A/B)，脱除携带的腐蚀产物及其他固体杂质，以尽量降低胺液在吸收塔或再生塔发泡的可能性。经胺液过滤器过滤的贫胺液，需依次经过胺液活性炭过滤器(SR-104A/B)、胺液后过滤器(SR-105A/B)以脱除携带的烃类物质及热稳定性盐(HSS)。

过滤后的贫胺液与其余未经过滤的胺液混合后，进入贫胺液后冷器(E-106A/B)，贫胺液后冷器采用旁路温度控制来调节贫胺液的冷却量，将冷却后贫胺液的温度控制在31~38℃。冷却后的贫胺液一部分经贫胺液泵(P-101A/B)送入第二级主吸收塔，一部分返回至C-104底部，其余部分送入尾气吸收塔。

取样及维修时排出的胺液都收集在胺液回收罐(D-105)中，这部分胺液用胺液回收泵(P-104)抽出，经回收胺液过滤器(SR-102)过滤后，返回胺液循环系统使用。

脱硫单元流程如图2-2所示。

2.1.2 工艺原理

MDEA分子结构上有2个羟基和1个胺基。羟基可降低化合物的蒸汽压，并增加化合物在水中的溶解度，而胺基可为水溶液提供碱度，促进对酸性组分，如CO_2和H_2S的吸收。由于H_2S与MDEA的反应速度比CO_2快，因此即使在H_2S和CO_2同时存在的情况下，MDEA也能优先与H_2S发生反应，吸收更多的H_2S，而对CO_2的吸收却很少，表现出选择性吸收的能力。装置利用MDEA溶液，在吸收塔内与天然气逆流接触进行脱硫脱碳。在6.8~8.1MPa、31~38℃的条件下，将天然气中的酸性组分吸收，然后在0.08~0.1MPa、118~124℃条件下，将吸收的组分释放出来，溶液循环再利用。

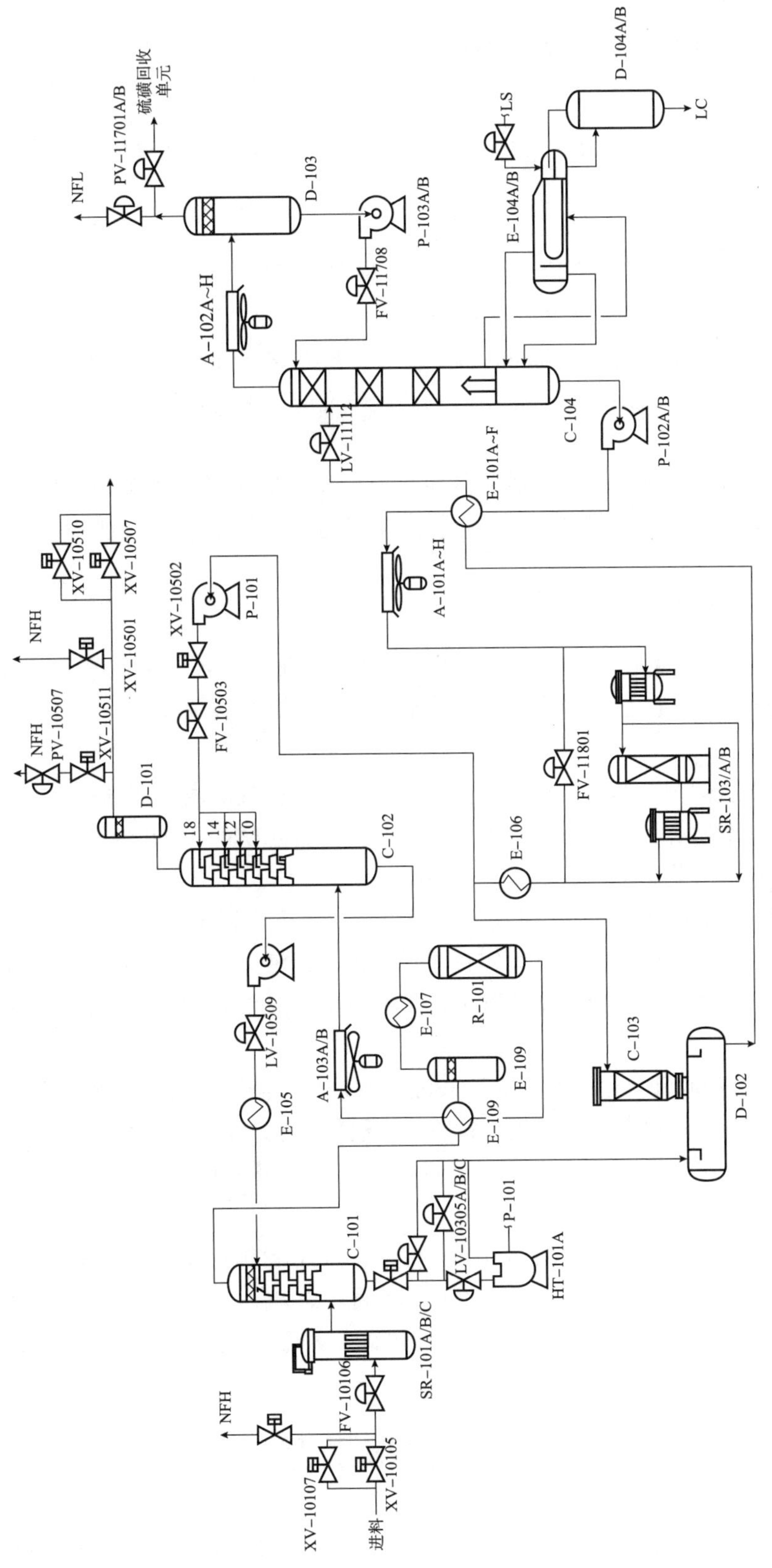
进料
XV-10107
XV-10105
FV-10106
NFH
SR-101A/B/C
C-101
LV-10305A/B/C
P-101
HT-101A
E-105
LV-10509
A-103A/B
E-109
E-107
R-101
C-102
D-101
PV-10507
XV-10511
XV-10501
XV-10510
XV-10507
XV-10502
P-101
FV-10503
E-106
FV-11801
SR-103/A/B
C-103
D-102
A-101A~H
E-101A~F
LV-11112
C-104
P-102A/B
A-102A~H
FV-11708
D-103
P-103A/B
PV-11701A/B
NFL
硫磺回收单元
E-104A/B
LS
D-104A/B
LC

图2-2　脱硫单元流程图

相关化学反应：

MDEA 水溶液在脱硫脱碳系统中的化学反应式如下：

主反应：

$$R_2R_1N + H_2S \underset{\text{高温低压}}{\overset{\text{低温高压}}{\rightleftharpoons}} R_2R_1NH^+ + HS^- + Q(\text{瞬间反应}) \tag{2-2}$$

副反应：

$$R_2R_1N + CO_2 + H_2O \underset{\text{高温低压}}{\overset{\text{低温高压}}{\rightleftharpoons}} R_2R_1NH^+ + HCO_3^- + Q(\text{慢反应}) \tag{2-3}$$

其中：R_2 =“—C_2H_4HO”，R_1 =“—CH_3”。

醇胺与 H_2S、CO_2 的主要反应均为可逆反应，在吸收塔较低温度下反应向右进行，原料气所含酸性气组分被脱除，在再生塔较高温度下反应平衡向左移动，溶剂释放出所吸收的酸性组分得以再生。

此外，在上述条件下，还产生微量的氨基甲酸盐和硫代氨基甲酸盐，是不可逆反应，二者由于分子内部聚合，生成非再生恶唑烷酮累积起来，在溶液中形成降解产物。

2.1.3 主要工艺技术特点

(1)采用级间冷却吸收塔技术，在两级吸收塔间增加换热器，可使进入一级吸收塔胺液温度与二级吸收塔一致，减少对 CO_2 的吸收，大幅提升胺液选择性吸收效果，提升酸性气品质。

(2)采用固定床反应脱除 COS 工艺，天然气只需在适宜的温度下通过 R－101 催化剂床层，便可将其中的有机硫充分水解为 H_2S 和 CO_2，经过胺液吸收后，产品气总硫含量就能满足外输要求，工艺简单，成本低，效率高，运行稳定。

(3)采用液力透平回收能量以驱动高压胺液泵，低压有利于富胺液再生，吸收塔内流出的高压富胺液，采用减压器，虽能实现降压目的，但液体中的高势能得不到回收利用，使高压富胺液进入液力透平回收能量以驱动高压胺液泵，可大幅降低高压胺液泵电耗，降低运行成本。

(4)采用两级吸收和再生工艺，保证胺液吸收效果，同时实现溶剂循环利用。吸收了 H_2S 和 CO_2 的富胺液经过再生塔后成为贫胺液，输送至吸收塔继续吸收 H_2S 和 CO_2，溶剂得到循环利用，大幅降低运行成本。两级吸收工艺较单级吸收工艺，设备制造简单，成本低。

(5)采用 47%～53%(质量分数)MDEA 溶液，选用溶剂的酸气负荷较大，约 0.55mol 酸气/mol MDEA，最大限度降低溶剂循环量，降低装置能耗。

(6)溶剂再生塔采用填料塔，可提高换热效率，实现溶剂快速再生，减少溶剂损耗。

2.2 脱水工艺

脱水工艺采用三甘醇(TEG)溶剂吸收法，在低温高压条件下，湿净化天然气与 TEG 在脱水塔内逆向接触，脱除多余的水分，以防止管道腐蚀、堵塞。TEG 为目前常用的脱水溶剂之一，具有不易固化，性质较稳定，吸水性强，容易再生，蒸汽压低，携带损失量小等优点。

2.2.1 工艺流程

来自两列脱硫单元脱硫气体分液罐(D－101)的湿净化天然气混合后进入脱水吸收塔(C－201)，天然气在塔内与高纯度TEG逆流接触，天然气中的水分被脱除。

TEG的纯度是控制水露点的决定因素。吸收塔顶部设有捕雾器(除沫器)，用来脱除塔顶出口干气中携带的三甘醇溶液液滴。脱水后的天然气进入净化天然气分液罐(D－204)，脱除可能携带的TEG溶液，同时可以避免下游产品气管线受脱水塔操作波动的影响。从净化天然气分液罐(D－204)顶部出来的脱水天然气，经压力控制后出单元界区去输气管网。脱水塔底部设置液位控制，用来稳定TEG进入闪蒸罐的流量，避免脱水塔空塔导致的高压天然气窜入低压闪蒸罐引起闪蒸罐超压。

离开脱水塔的富TEG进入TEG闪蒸罐(D－201)，在罐内闪蒸以脱除溶解的天然气及其他烃类物质，闪蒸出的天然气作为燃料气送往尾气焚烧炉，焚烧所产生的热量通过发生高压蒸汽进行回收。

TEG闪蒸罐设置液位控制，以便在流量波动时稳定TEG循环量。闪蒸后的TEG先进入TEG活性炭过滤器(SR－202)，脱除可能累积的烃类物质，然后进入TEG精密过滤器(SR－201)脱除固体微粒杂质，这些杂质可以引起甘醇溶液起泡、堵塞再生系统的填料，还可使重沸器内蒸汽管束结垢等。过滤后的富TEG进入贫富TEG换热器(E－201A/C)与贫TEG换热，升温至143℃后进入TEG再生塔(C－202)。

富TEG自上而下流经再生塔中的散堆填料，进入TEG重沸器(E－202)。TEG重沸器为釜式，采用3.5MPa饱和高压蒸汽加热富TEG至190℃±3℃，以脱除其中所含的水和烃类，提高脱除效率。TEG再生塔顶部设置起冷却作用的散热片(翅片)，使顶部的塔内产生内回流以尽量减少TEG损失。回流液体向下流经一段散堆填料后与进料富TEG混合；再生塔顶出来的过程气进入脱水废气分液罐(D－203)，分离出携带的TEG液滴，再通过密排管线排至TEG缓冲罐；离开脱水废气分液罐的气体与TEG闪蒸罐顶部送来的闪蒸气体汇合后送入尾气焚烧炉处理。

重沸器中的TEG从釜内溢流堰上部溢出，进入重沸器底部的TEG汽提塔(C－203)，与汽提气(干天然气)在散堆填料中逆流接触，以进一步脱除残余水分，离开TEG汽提塔的TEG纯度为99.5%。提高汽提气流量可提高TEG纯度，以满足天然气水露点的要求。再生后的贫TEG流入TEG缓冲罐(D－202)。

从TEG缓冲罐流出的贫TEG进入贫富TEG换热器(E－201A/C)和后冷器(E－201B/D)，冷至56℃后经TEG循环泵(P－201A/B)升压后送至脱水塔顶，由塔内分布器均匀分布后从塔内规整填料顶部流下。TEG循环泵为往复泵，泵出口的TEG压力高于脱水塔操作压力。

本单元中设置的TEG回收罐(D－205)，用于收集TEG系统管线及设备和液位仪表排污排放的TEG，避免大量富含TEG的酸性水被排放到含油污水系统中，同时可通过罐内设置的液下泵，将回收的TEG送回TEG闪蒸罐进行重复利用。

脱水单元流程如图2－3所示。

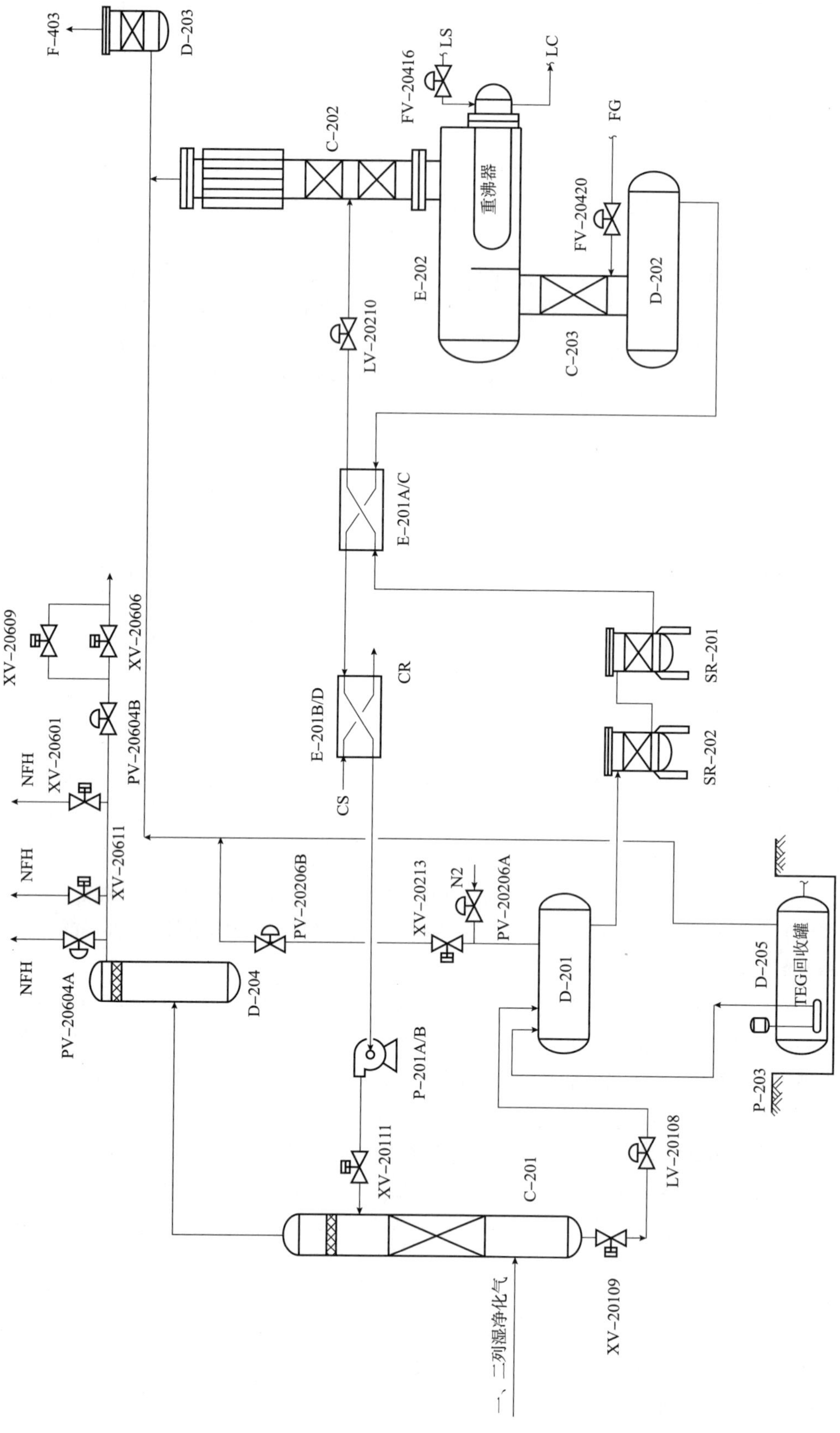
F-403
D-203
C-202
FV-20416
LS
LC
FG
重沸器
FV-20420
E-202
D-202
C-203
LV-20210
E-201A/C
XV-20609
XV-20606
PV-20604B
XV-20601
NFH
NFH
XV-20611
NFH
PV-20604A
D-204
E-201B/D
CS
CR
SR-201
SR-202
PV-20206B
XV-20213
N2
PV-20206A
D-201
D-205
TEG回收罐
P-203
P-201A/B
XV-20111
C-201
LV-20108
XV-20109
一、二列湿净化气

图2-3 脱水单元流程图

2.2.2　工艺原理

TEG为甘醇类物质，其作为吸收剂，利用吸收原理与天然气充分接触，使水传递到溶剂中从而达到脱水的目的。甘醇都是直链的二元醇，三甘醇的化学式为 $C_6H_{14}O_4$，结构式为：

$$OH—CH_2—CH_2—O—CH_2—CH_2—O—CH_2—CH_2—OH$$

从分子结构看，每个甘醇分子中都有两个羟基(—OH)，羟基在结构上与水相似，能与水形成氢键，氢键的特点是能和电负性较大的原子相连，包括同一分子或另一分子中电负性较大的原子，所以甘醇与水能够完全互溶，对水有极强的亲和力，表现出很强的吸水性，具有较高的脱水深度。

2.2.3　主要工艺技术特点

(1)TEG再生采用饱和高压蒸汽加热(3.5MPa饱和蒸汽)，充分利用后续装置产生的废热，实现了装置经济节能的目的。

(2)天然气脱水塔采用不锈钢填料，结构简单，能耗低，TEG损耗小。

(3)贫富TEG换热采用板式换热器，换热效率高，占地面积小。

(4)再生塔顶出口设置脱水废气分液罐，回收TEG液滴，减少溶剂损耗。

2.3　硫黄回收工艺

硫黄回收工艺采用两级常规克劳斯工艺。酸性气进入反应炉，按酸性气中携带烃类完全燃烧且1/3的 H_2S 生成 SO_2，控制进入反应炉的燃烧空气量，在反应炉内发生克劳斯反应，将酸性气中的硫元素转化成单质硫，再经过两级催化转化，进一步回收硫黄。液体硫黄中的 H_2S 气体，采用鼓泡脱气技术，通过抽射器输送至克劳斯炉，以进一步提升总硫回收率。

2.3.1　工艺流程

来自脱硫单元的酸性气首先进入酸气分液罐(D-301)分液，以避免可能携带的凝液进入反应炉燃烧器(F-301)，对单元操作及下游设备造成影响。分离出的酸性凝液经酸气分液罐底泵(P-302)送往胺液回收罐(D-105)，分液后的酸性气送至克劳斯反应炉。

克劳斯风机(K-301A/B)同时为反应炉燃烧器(F-301)及加氢进料燃烧器(F-401)提供燃烧所需的空气，同时为液硫空气鼓泡系统提供空气。进入反应炉燃烧器的空气量应刚好可以将原料气中的烃类完全氧化，同时满足1/3 H_2S 燃烧生成 SO_2，即满足装置尾气中 H_2S/SO_2 比值为4:1所要求的部分 H_2S 燃烧所需的空气量。

在燃烧器及反应炉中发生的主要化学反应为：

$$H_2S + (3/2)O_2 = SO_2 + H_2O \tag{2-4}$$

$$2H_2S + SO_2 = (3/x)S_x + 2H_2O \tag{2-5}$$

燃烧反应温度约为1070℃，在反应炉中燃烧反应能够得到充足的反应时间，同时还能有效地破坏酸性气中携带的杂质。燃烧产生的高温过程气进入与反应炉直接相连的余热锅炉，在锅炉中通过产生3.5MPa等级的饱和蒸汽来回收余热并将过程气冷却到约281℃。冷却后的过程气进入第一级硫冷凝器，被进一步冷却至167℃并凝出液硫，同时发生0.43MPa等级的饱和蒸汽，冷凝出的液硫重力自流至一级硫封罐(S-302)，然后自流至液硫池(S-301)。

自第一级硫冷凝器出来的过程气进入第一级反应进料加热器(E-304)，经3.5MPa等级饱和中压蒸汽加热到213℃后进入一级转化器(R-301)，在反应器内过程气与催化剂接触，继续发生反应[式(2-5)]，直至达到平衡，反应中生成的硫在过程气进入第二级硫冷凝器(E-305)后冷凝出来，自流经二级硫封罐(S-303)后进入液硫池。

过程气在第二级催化反应工序经过的流程与第一级催化反应工序相同，在第二级反应进料加热器(E-306)中被加热至211℃后进入二级转化器(R-302)。在二级转化器内过程气与催化剂接触，进一步发生反应[式(2-5)]，直至达到平衡。反应后的过程气进入末级硫冷凝器(E-307)，冷凝下来的液硫经三级硫封罐(S-304)后进入液硫池，末级硫冷凝器出来的尾气进入尾气处理单元。

来自各级硫冷凝器的液硫重力自流至液硫池(S-301)，在液硫池中通过空气鼓泡工艺，将液硫中的H_2S浓度脱除至0.0015%(质量分数)以下。脱出的气体汇集于液硫池气相空间，被中压蒸汽抽射器(EJ-301A/B)送入克劳斯炉燃烧空气管线内，与被空气加热器(E-310)加热的克劳斯燃烧空气混合，进入克劳斯炉，其中的含硫气体被进一步回收。

液硫空气鼓泡工艺原理：使用空气作为脱气介质，由于氧的存在可促进多H_2S直接氧化为元素硫的反应发生，液硫池系统处于微负压运行状态，H_2S不易外漏，同时，空气能使液硫池气相空间保持有氧化态，防止易自燃的FeS聚积，减少发生爆燃的可能性。

来自各级硫冷凝器的液硫一般含有0.025%～0.03%(质量分数)的H_2S，具体含量取决于不同的操作条件，第一级硫冷凝器的液硫中H_2S含量高于末级硫冷凝器的液硫。H_2S在液硫中除物理溶解外，还以多硫化氢(H_2S_x)形态存在。H_2S_x是由H_2S与硫黄发生平衡反应生成的一种弱键多硫化物：

$$H_2S + (x-1)S \Longrightarrow H_2S_x \quad (2-6)$$

由于温度升高可促使该反应向右进行，因此在第一级硫冷凝器中冷凝的液硫中H_2S含量要高于下游的其他硫冷凝器。

脱气后的液硫自液硫池脱气区溢流至存储区，用液硫产品泵(P-303A/B)送至液硫成型单元生产颗粒固体硫黄，或送至液硫罐区缓存。

自装置外来的高压除氧水，经锅炉给水预热器(E-308)加热，再经末级硫冷器(E-307)升温后，作为余热锅炉汽包(D-302)的给水。废锅产生的中压蒸汽小部分作为一级进料加热器(E-304)、二级进料加热器(E-306)热源，其余的送尾气部分过热后进中压蒸汽管网。自装置外来的低压除氧水送至各一级、二级硫冷凝器，产生低压蒸汽直接进低压蒸汽管网。

硫黄回收单元流程如图2-4所示。

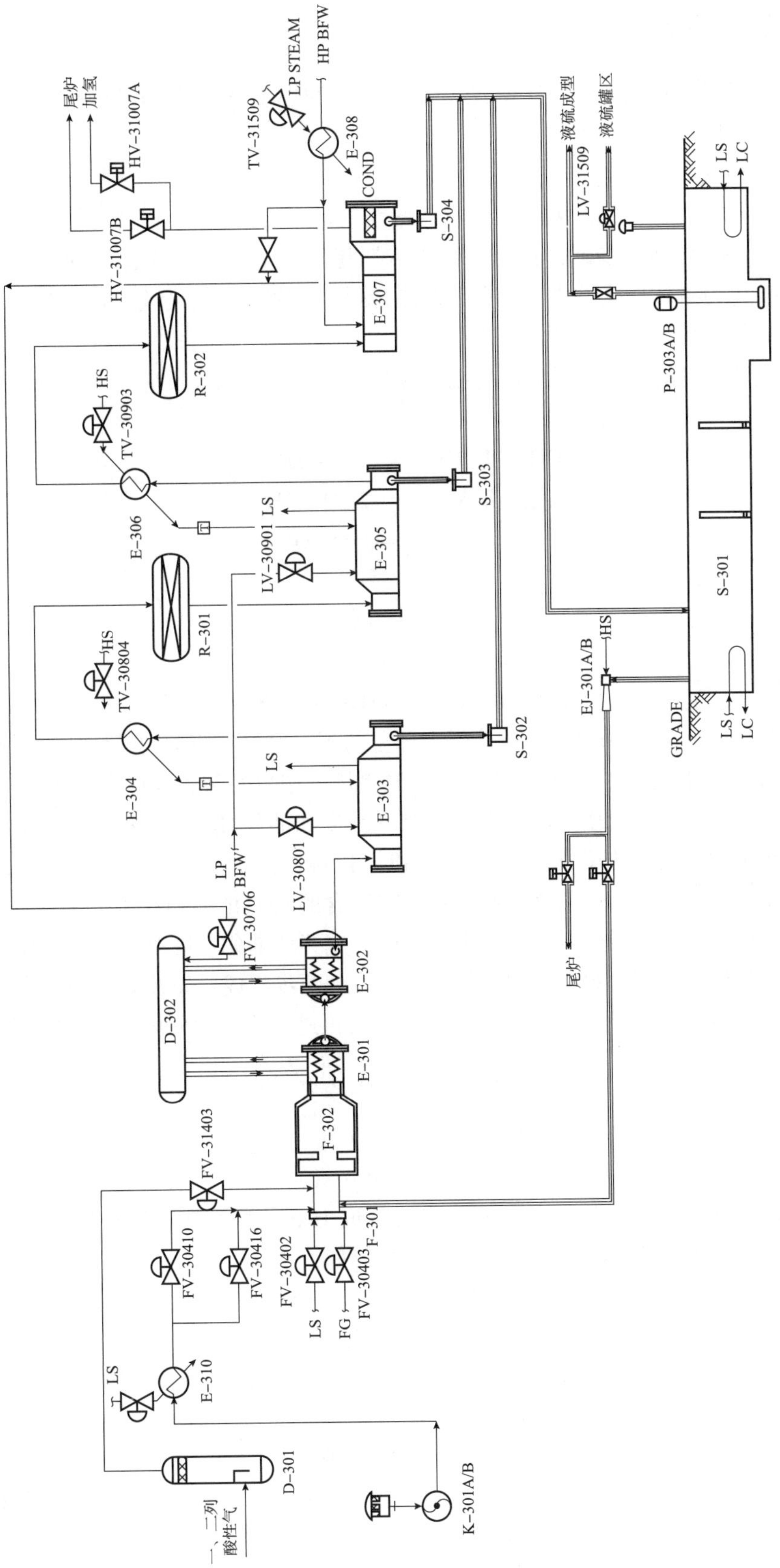

图2-4　硫黄回收单元流程图

2.3.2 工艺原理

硫黄回收运行模式包括酸性气模式（正常操作）和燃料气模式（升温操作）两种，下面分别介绍其工艺原理。

1）酸性气模式

酸性气运行模式为装置正常运行模式，酸性气进料与适当的空气配比后进入反应炉，以 H_2S 与氧不完全燃烧为基础，目的是使克劳斯尾气中 H_2S/SO_2 之比达到 2：1，使 H_2S 最大限度地转化为硫黄。此模式包括克劳斯热转化、克劳斯催化转化、产品硫液化、液硫脱气四个不同的转化阶段。

克劳斯热转化是酸性气在反应炉前端的燃烧器中发生的燃烧反应，所有的可燃成分按以下反应燃烧。

$$CH_4 + 1.5O_2 = CO + 2H_2O \quad (2-7)$$

$$C_2H_6 + 2.5O_2 = 2CO + 3H_2O \quad (2-8)$$

$$H_2 + 0.5O_2 = H_2O \quad (2-9)$$

在反应炉中，H_2S 的反应如下：

$$H_2S = H_2 + 0.5S_2 \quad (2-10)$$

$$H_2S + 1.5O_2 = H_2O + SO_2 \quad (2-11)$$

$$H_2S + 0.5O_2 = H_2O + 0.5S_2 \quad (2-12)$$

H_2S 首先氧化生成 S_2 和 H_2O，并消耗大部分的氧，这是反应炉内发生的主要反应。其次，部分 H_2S 氧化生成 H_2、S_2 和 H_2O，在高温火焰区域发生裂解反应直接生成 H_2 和 S_2。热转化反应进行的程度主要由进料酸性气中 H_2S 浓度和部分 H_2S 燃烧所能达到的火焰温度决定，热转化反应也受到热反应器内气体停留时间的影响。此外，热反应段还有形成 COS 和 CS_2 的副反应，COS 和 CS_2 的生成同酸性气中所含的 CO_2 浓度和烃类有关。

克劳斯催化转化是在催化剂床层发生的反应，克劳斯催化反应是一个平衡反应，低温利于该反应的发生，在氧化铝催化剂作用下此阶段分两步完成：先在最佳的反应器入口温度下进行 H_2S 和 SO_2 的转化，转化完成后生成的硫再进行冷凝和分离。主要反应如下：

$$2H_2S + SO_2 = 2H_2O + \frac{3}{8}S_8 \quad (2-13)$$

$$S_8(\text{气}) = 4S_2(\text{气}) \quad (2-14)$$

$$3S_8(\text{气}) = 4S_6(\text{气}) \quad (2-15)$$

在一级转化器内还会发生 COS 和 CS_2 水解生成 H_2S 的副反应，这一反应需要在较高的温度下进行，能影响到总的 H_2S 转化程度，具体如下：

$$COS + H_2O = H_2S + CO_2 \quad (2-16)$$

$$CS_2 + 2H_2O = 2H_2S + CO_2 \quad (2-17)$$

产品硫液化是热转化阶段和催化转化阶段产生的硫黄在硫冷凝器内液化，主要反应如下：

$$S_8(\text{气}) = 8S_1(\text{液}) \quad (2-18)$$

$$S_6(\text{气}) = 6S_1(\text{液}) \quad (2-19)$$

$$S_2(\text{气}) = 2S_1(\text{液}) \quad (2-20)$$

液硫中可溶性的 H_2S 和 H_2S_x（多硫化氢），会造成硫黄成型和液硫罐区 H_2S 浓度超标，要使液硫脱气并把 H_2S 含量降低至 0.0015%（质量分数）以下。液硫在专用脱气设施、空气鼓泡作用下进行循环脱气，可以达到液硫脱气的目的。并能促使多硫化物发生以下转化反应：

$$H_2S_x = H_2S + S_{(x-1)} \tag{2-21}$$

2）燃料气模式

燃料气模式为装置开、停工时的运行模式，在酸性气运行模式前，克劳斯炉点炉升温，或在酸性气模式停运后，吹扫克劳斯部分的积硫，都要进行燃料气操作。在燃料气运行模式期间，要将火焰温度保持小于反应炉衬里材料的最高温度，利用低压蒸汽将火焰温度调节到 1150℃ 左右（不得大于 1200℃）。

当装置中有少量硫存在时（如吹硫、钝化操作，硫一般出现在克劳斯反应器的催化剂床层），要按化学计量进行燃料气的燃烧，如果过量氧气情况下燃烧燃料气，烟气中所含有的游离氧会与装置中所含有的硫起反应，而无法控制局部温度和 SO_2 与 SO_3 的生成。

反应过程如下：

$$S + O_2 = SO_2 \tag{2-22}$$

$$S + 1.5O_2 = SO_3 \tag{2-23}$$

如果燃料气燃烧时氧气严重不足，燃料气中所含的烃就不能完全被燃烧，会形成一些碳。碳会在克劳斯反应器的催化剂床层上被吸附，使催化剂受到污染、活性降低，硫黄质量变差、转化率下降。当操作中 $O_2 \leq 5\%$（体积分数），燃料气中所含 CH_4 的一部分会按以下方程式参与反应：

$$CH_4 + 1.5O_2 = CO + 2H_2O \tag{2-24}$$

如果缺氧严重，CH_4 会按以下反应参与燃烧：

$$CH_4 + O_2 = C + 2H_2O \tag{2-25}$$

在同样方式中烃类的反应比 CH_4 更为剧烈，化学计量燃烧的定义是将燃料气中所含的全部烃都燃烧转变为 H_2O 和 CO_2。燃料气在化学计量条件下燃烧时，绝对火焰温度超过 1200℃，必须用低压蒸汽来调节火焰温度，通过主燃烧器的酸性气喷头喷入低压蒸汽。

各组分发生的燃烧反应如下：

$$H_2 + 0.5O_2 = H_2O \tag{2-26}$$

$$CH_4 + 2O_2 = CO_2 + 2H_2O \tag{2-27}$$

$$C_2H_6 + 3.5O_2 = 2CO_2 + 3H_2O \tag{2-28}$$

$$C_2H_4 + 3O_2 = 2CO_2 + 2H_2O \tag{2-29}$$

$$C_3H_8 + 5O_2 = 3CO_2 + 4H_2O \tag{2-30}$$

$$C_3H_6 + 4.5O_2 = 3CO_2 + 3H_2O \tag{2-31}$$

$$C_4H_1O + 6.5O_2 = 4CO_2 + 5H_2O \tag{2-32}$$

2.3.3　主要工艺技术特点

（1）采用常规克劳斯工艺，通过两级催化转化，硫回收率较高。克劳斯工段硫回收率为 93% ~95%，装置总硫回收率 >99.93%。

（2）采用装置自产的高压饱和蒸汽加热过程气，控制反应床层入口温度，操作简单，利于开工升温，床层除硫，为维持催化剂床层较高活性提供保障。

(3)在末级硫冷凝器出口设置 H_2S/SO_2 比值分析仪，并根据二级克劳斯尾气中 H_2S/SO_2 的比值，调节空气/酸性气控制回路中的空气量，使尾气中的 H_2S/SO_2 比例达到 4∶1，提高硫回收率的同时，降低下游尾气处理单元运行风险。

(4)反应炉采用进口高强度专用烧嘴，装置操作弹性为30%～130%，具有较大的调整空间，可应对多种工况并稳定运行。

(5)地下液硫储槽，内贴不锈钢板，消除防腐层脱落堵塞液硫泵风险，内置蒸汽加热盘管，外置保温性能和抗腐蚀性能良好的保温层，减少散热损失，保证长周期运行。

(6)液硫脱气采用空气鼓泡系统，可将溶解在硫中的微量 H_2S 脱至0.0015%(质量分数)以下，工艺简单，操作方便。

(7)液硫池废气入克劳斯炉，可提高装置的总硫回收率，同时降低烟气中 SO_2 含量，减少环境污染。

(8)对反应炉采用联锁保护，对炉温、炉压、酸气分液罐、余热锅炉液面等重要参数采取多点测量，三取二检测方式，极大地提高仪表的可靠性，保证了反应炉的安全运行。

2.4 尾气处理工艺

尾气处理采用斯科特还原吸收工艺，通过加氢还原反应将尾气中的 SO_2、S_x 还原为 H_2S，COS、CS_2 水解为 H_2S。通过胺法吸收尾气中的 H_2S，半富胺液进入一级主吸收塔进一步吸收 H_2S。目前外排烟气 $SO_2 \leqslant 400mg/m^3$，满足《陆上石油天然气开采工业大气污染物排放标准》(GB 39728—2020)的排放限值要求。

2.4.1 工艺流程

来自硫黄回收单元的克劳斯尾气进入加氢进料燃烧炉(F－401B)，与加氢进料燃烧器(F－401A)中燃烧产生的还原性烟气(H_2＋CO)混合，温度升至250℃，然后进入加氢反应器(R－401)。

从加氢反应器出来的高温尾气经加氢反应器出口冷却器(E－401)冷却后进入急冷塔(C－401)下部，尾气在急冷塔中通过与急冷水直接逆流接触来降低温度，尾气中所含的反应产生的水蒸气在急冷过程中被冷凝下来，成为急冷水的一部分，急冷塔塔底急冷水经急冷水泵(P－401)升压及急冷水过滤器(SR－401)过滤后，一部分通过急冷水空冷器(A－401)及急冷水后冷器(E－403)冷却至39℃循环使用，一部分被送至酸水汽提单元。

急冷塔底设置液氨注入设施以便控制急冷水的pH值。在上游加氢反应器操作波动时，尾气中未经加氢反应的 SO_2 穿透到急冷塔中，与水中的 H_2O 发生反应生成 H_2SO_3，造成急冷水pH值降低时，注入液氨调节pH值。

尾气离开急冷塔顶后进入尾气吸收塔(C－402)。一部分贫胺液经贫胺液后冷却器(E－106)降温以及尾气溶剂经过滤器(SR－402)过滤后进入尾气吸收塔(C－402)，尾气中的 H_2S 气体在塔中几乎全部被贫胺液吸收，吸收塔顶经净化的尾气中 H_2S 含量

<0.025%(体积分数)，CO_2 含量约为20%，然后自压进入尾气焚烧炉。

离开尾气吸收塔的半富胺液自吸收塔底经半富胺液泵(P－402A/B)送至脱硫单元第一级主吸收塔，进一步吸收天然气中所含的酸性气体。

尾气处理工艺中设置开工喷射器，用于开工前的系统升温和催化剂预硫化、停工前催化剂钝化以及加氢进料燃烧炉衬里烘干。来自尾气吸收塔顶的尾气进入尾气焚烧炉，在尾气焚烧炉内尾气与外补燃料气及燃烧空气混合燃烧，炉膛温度约为650℃，燃烧所需的空气由尾气焚烧炉风机(K－401A/B)供给。尾气中剩余的 H_2S 和 COS 在尾气焚烧炉内进行燃烧并转化为 SO_2，其他可燃物如烃类、氢及 CO 也同时被完全氧化。离开炉膛的高温烟气进入余热锅炉，通过产生3.5MPa的饱和蒸汽及过热高压蒸汽来回收热量。从余热锅炉流出的烟气最后经烟囱排入大气。

除尾气吸收塔顶的尾气外，联合装置各单元中的其他工艺废气也送入尾气焚烧炉进行焚烧，包括来自胺液回收罐(D－105)、酸水回收罐(D－503)和酸水缓冲罐(D－501)的放空气体，闪蒸气吸收塔(C－103)塔顶气，来自末级硫冷凝器(E－307)的尾气等。

尾气处理单元流程如图2－5所示。

2.4.2 工艺原理

硫黄回收单元尾气送入加氢进料燃烧炉，与燃烧炉内 CH_4 亚当量燃烧产生的还原性气体混合升温后，进入加氢反应器，在加氢催化剂的作用下，尾气中的 SO_2、元素硫等杂质发生如下所述加氢反应，COS 和 CS_2 发生水解反应。

加氢反应后的尾气经急冷降温进入尾气吸收塔(C－402)，在吸收塔内，采用胺吸收法吸收尾气中的酸性气，半富胺液返回至脱硫单元循环利用。经贫胺液吸收后的尾气送至尾气焚烧炉，采用热焚烧的工艺将尾气中的残余硫化物氧化成 SO_2 后经烟囱排入大气。尾气中反应产生的 H_2O 经冷却后送至酸性水汽提单元。

尾气处理单元主要化学反应：

1)加氢反应

在加氢反应部分，克劳斯尾气所含的 SO_2 和元素硫与还原性气体(H_2+CO)在 Co/Mo 或 Ni/Mo 催化剂的作用下反应，全部转化为 H_2S，反应温度为265～280℃。反应为放热反应，反应后加氢反应器的温升为20～30℃。

在线燃烧炉内 CH_4 亚当量燃烧生成 H_2、CO，反应式为：

$$2CH_4+O_2 = 4H_2+2CO \qquad (2-33)$$

二氧化硫(SO_2)和元素硫(S_8)发生的反应分别为：

$$SO_2+3H_2 = H_2S+2H_2O \qquad (2-34)$$

$$S_8+8H_2 = 8H_2S \qquad (2-35)$$

羰基硫(COS)和二硫化碳(CS_2)在加氢反应器中主要发生水解反应，反应式为：

$$COS+H_2O = CO_2+H_2S \qquad (2-36)$$

$$CS_2+2H_2O = 2H_2S+CO_2 \qquad (2-37)$$

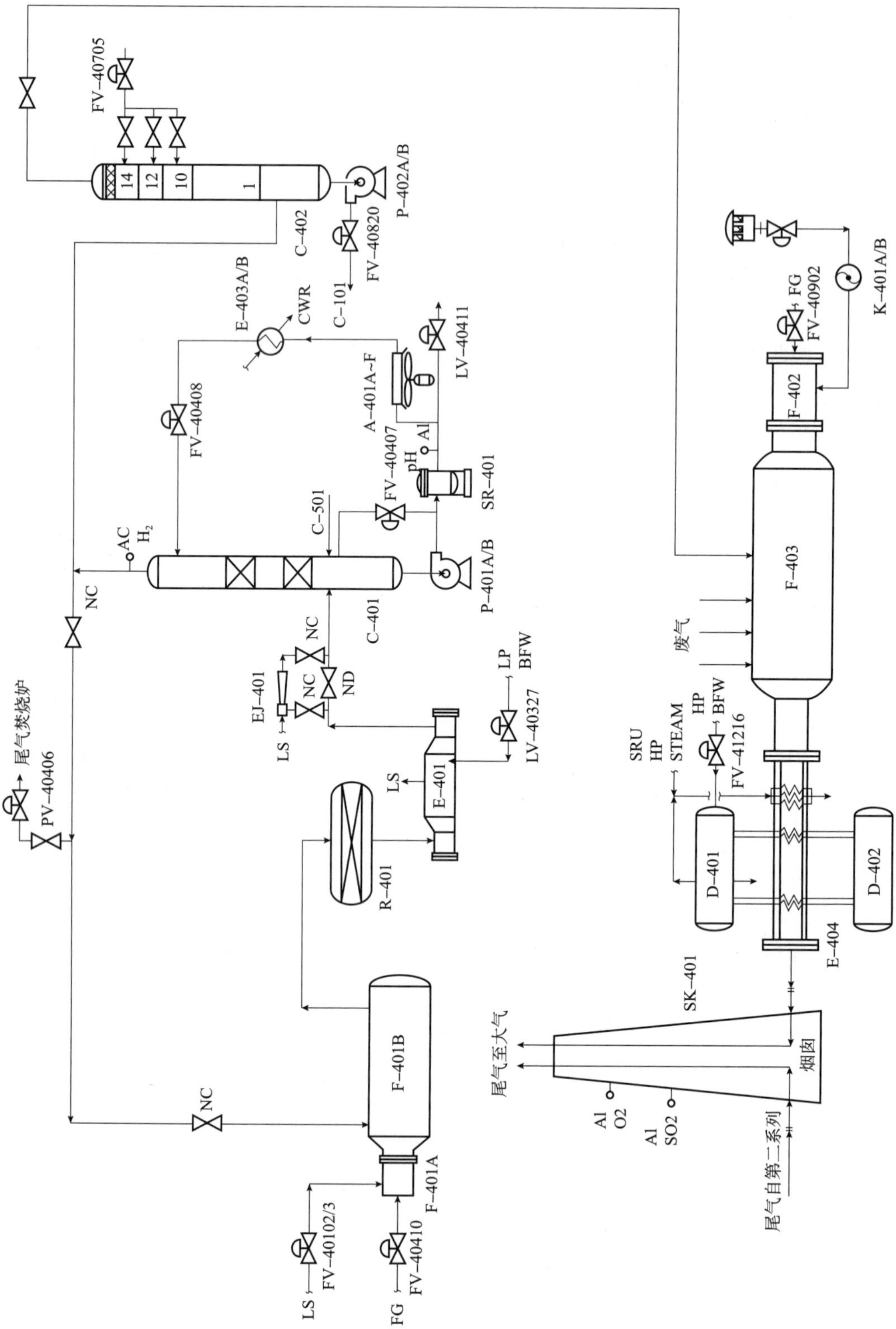

图2-5 尾气处理单元流程图

2）MDEA 吸收反应

离开加氢反应器（R－401）的尾气冷却后进入尾气吸收塔（C－402），用 50%（质量分数）MDEA 溶液对尾气中所含的 H_2S 进行选择性吸收。选择性吸收是通过缩短吸收接触时间获得的，因为 H_2S 的吸收速度比 CO_2 快得多。因此在尾气离开吸收塔时，其所含的大部分 CO_2 没有被溶剂吸收。吸收塔顶出口气体的 H_2S 含量 $<0.025\%$（体积分数），进入尾气焚烧炉焚烧后转化为 SO_2 排入大气。

尾气吸收塔中发生的总反应为：

$$H_2S + R_3-N = R_3-N-H^+ + HS^- \tag{2-38}$$

$$CO_2 + 2R_3-N = R_3-N-COO^- + R_3-N-H^+ \tag{2-39}$$

2.4.3 主要工艺技术特点

（1）采用斯科特加氢还原吸收工艺进行尾气处理，过程气中的 SO_2 在加氢反应器（R－401）中催化剂的作用下还原为 H_2S，随后在尾气吸收塔中被胺液吸收，降低尾气中硫含量的同时，提高了装置硫回收率。

（2）采用加氢进料燃烧炉发生次氧化反应提供加氢反应所需的热源及还原气体，相比过程气蒸汽加热工艺，无须额外提供还原气体。

（3）吸收塔的半富胺液作为脱硫单元的半贫胺液进一步利用，和第二级吸收塔出来的半富液混合后进入第一级吸收塔，以节约装置溶剂再生的蒸汽能耗。

（4）设置加氢反应器出口冷却器产生低压蒸汽回收余热，供装置用户使用，降低装置能耗。

（5）尾气焚烧部分采用热焚烧工艺，在尾气焚烧炉内补充燃料气达到适宜的反应温度，将尾气及装置产生的废气中残留的硫化物进一步氧化成 SO_2 后排放大气以满足环保要求。

（6）尾气焚烧部分设置高压蒸汽过热器，回收尾气焚烧炉产生的废热，同时将硫黄回收单元余热锅炉汽包（D－302）产生的高压蒸汽过热后送至系统管网，利用蒸汽透平回收能量以驱动克劳斯风机和半富胺液泵。

2.5 酸水汽提工艺

酸水汽提采用单塔低压汽提工艺，利用低压蒸汽直接进入汽提塔，汽提出酸性水中所含 H_2S 及 CO_2，汽提酸性气返回至尾气处理单元，汽提净化水用于循环水厂补水。

2.5.1 工艺流程

尾气处理单元急冷塔（C－401）连续排放的酸性水进入酸水缓冲罐（D－501），罐内的酸性水在 0.4MPa 压力下，经酸水汽提塔进料/产品换热器（E－501A/B）与来自酸水汽提塔底部的净化水换热升温后进入酸水汽提塔（C－501）。塔内酸性水与塔底直接通入的低压蒸汽在规整填料中逆流接触，汽提出所含的酸性气。酸水汽提塔塔顶气直接送往尾气处理单元急冷塔，经冷却后进入尾气吸收塔，回收循环的 H_2S。汽提后的净化水在酸水汽提塔底部流出，在液位控制下经净化水泵(P－501A/B)升压后进入酸水汽提塔进料/产品换热器，与进入酸水汽提塔之前的酸性水换热降温，然后在净化水冷却器(E－503)中被循环冷却水进一步冷却至50℃以下，送至循环水厂回用。酸水回收罐(D－503)用于收集两个系列的设备和液位仪表连通管排放的酸性水，通过酸水回收罐泵(P－502)送入酸水缓冲罐进行处理。

酸水汽提单元工艺流程见图2－6。

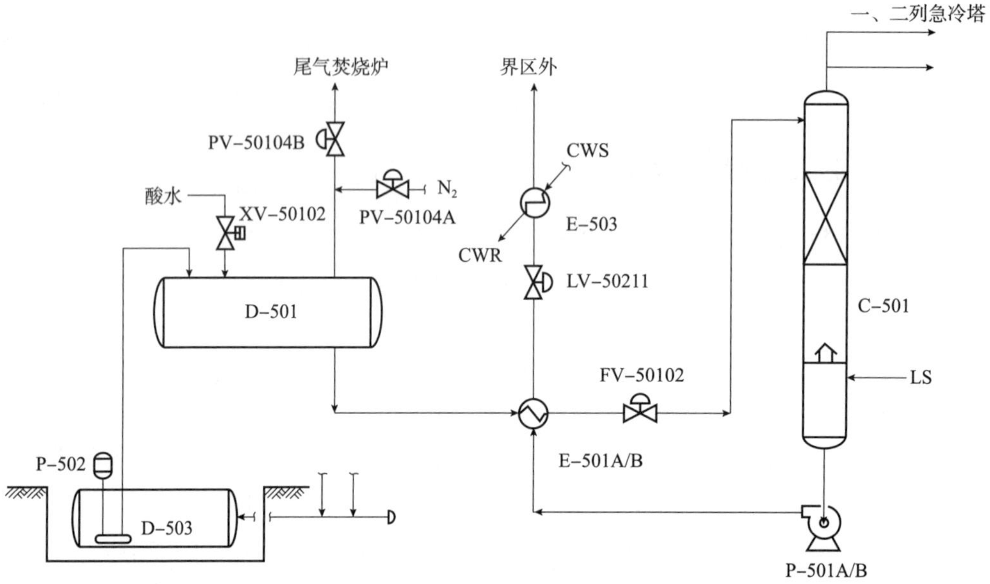

图2－6 酸水汽提单元工艺流程图

2.5.2 工艺原理

酸性水是一种含有 H_2S、NH_3 和 CO_2 等挥发性弱电解质的水溶液，其在水中以 NH_4HS、$(NH_4)_2CO_3$ 和 NH_4HCO_3 等铵盐形式存在，这些弱酸弱碱的盐在水中电离，同时又水解形成 H_2S、NH_3 和 CO_2 分子，这些分子还与气相中的分子呈平衡态，电离和水解都是可逆的，向汽提塔通入水蒸气，可以提高酸性水温度，同时降低液相中 H_2S、NH_3 和 CO_2 分压，酸性水温度应高于110℃，可以促进它们从液相转入气相，从而达到净化酸性水的目的。

2.5.3 主要工艺技术特点

(1)采用单塔低压汽提工艺，具有流程简单、操作简便、投资低、能耗低等优点。

(2)酸性水净化的效果稳定，净化水可以达到回用指标，外输后进入循环水管网，作为循环水的补充水，以节约能耗。

(3)采用注氨工艺，以应对异常工况下急冷水 pH 值的调节。

2.6 火炬系统

火炬系统是处理生产装置和辅助设施在正常生产、事故、开停车及紧急状况下排放的可燃性气体，使其燃烧的装置。各种工况下排放的放空气进入高、低压火炬系统，在火炬头被点燃，放空气中的烃类、H_2S 及其他硫化物成分转化为 CO_2 和 SO_2 及水等，以减少环境污染，达到环保要求。火炬系统共有两个火炬塔架，4 套火炬，高压火炬和高压备用火炬为一用一备，低压火炬和低压备用火炬为一用一备，高压火炬和低压备用火炬共用一个塔架，低压火炬和高压备用火炬共用一个塔架，高压和低压火炬系统均配备有单独的火炬分液罐及加热器、火炬水封罐，高压备用和低压备用火炬系统共用一套备用火炬分液罐和备用火炬水封罐。为保证全厂装置在紧急事故工况下始终保持燃烧，火炬采用长明灯形式。

2.6.1 工艺流程

高压火炬系统用于处理各排放源排放的高压火炬气，由火炬罐收集后通过总管送往火炬处理。正常运行时，高压放空总管的高压放空气与系统来的燃料气汇合后进入高压火炬分液罐(D－003)分液，放空气经加热器升温后，进入高压火炬水封罐(D－006、D－007)，随后冲破水封罐的水封进入高压火炬筒，经流体密封器后排出火炬头，并由自动点火系统或节能长明灯点燃。当高压火炬检修时，高压放空气进入备用火炬分液罐(D－004)分液，放空气经加热器升温后，进入备用火炬水封罐(D－008、D－009)，随后冲破水封罐的水封进入高压备用火炬筒，经流体密封器后排出火炬头，并由自动点火系统或节能长明灯点燃。

低压火炬系统用于处理低压排放气，各排放源排放的低压排放气由火炬罐收集后通过总管送往低压火炬处理。正常运行时，低压火炬气先进入低压火炬分液罐(D－005)分液，经加热器升温后，进入低压火炬水封罐(D－010)并冲破水封，进入低压火炬筒，经流体密封器后排出火炬头，并由自动点火系统或节能长明灯点燃。当低压火炬检修时，低压放空气可进入备用火炬分液罐(D－004)分液，放空气经加热器升温后，进入备用火炬水封罐(D－008、D－009)，随后冲破水封罐的水封进入低压备用火炬筒，经流体密封器后排出火炬头，并由自动点火系统或节能长明灯点燃。

燃料气由全厂管网接入火炬系统后，分别用作火炬头的长明灯燃烧气、地面爆燃点火系统点火用气、低压火炬助燃环补气以及低压火炬燃料气伴烧气，在酸性气热值低时向火炬头内补充燃料气使酸性气充分燃烧。

高、低压火炬放空系统工艺流程如图2－7所示。

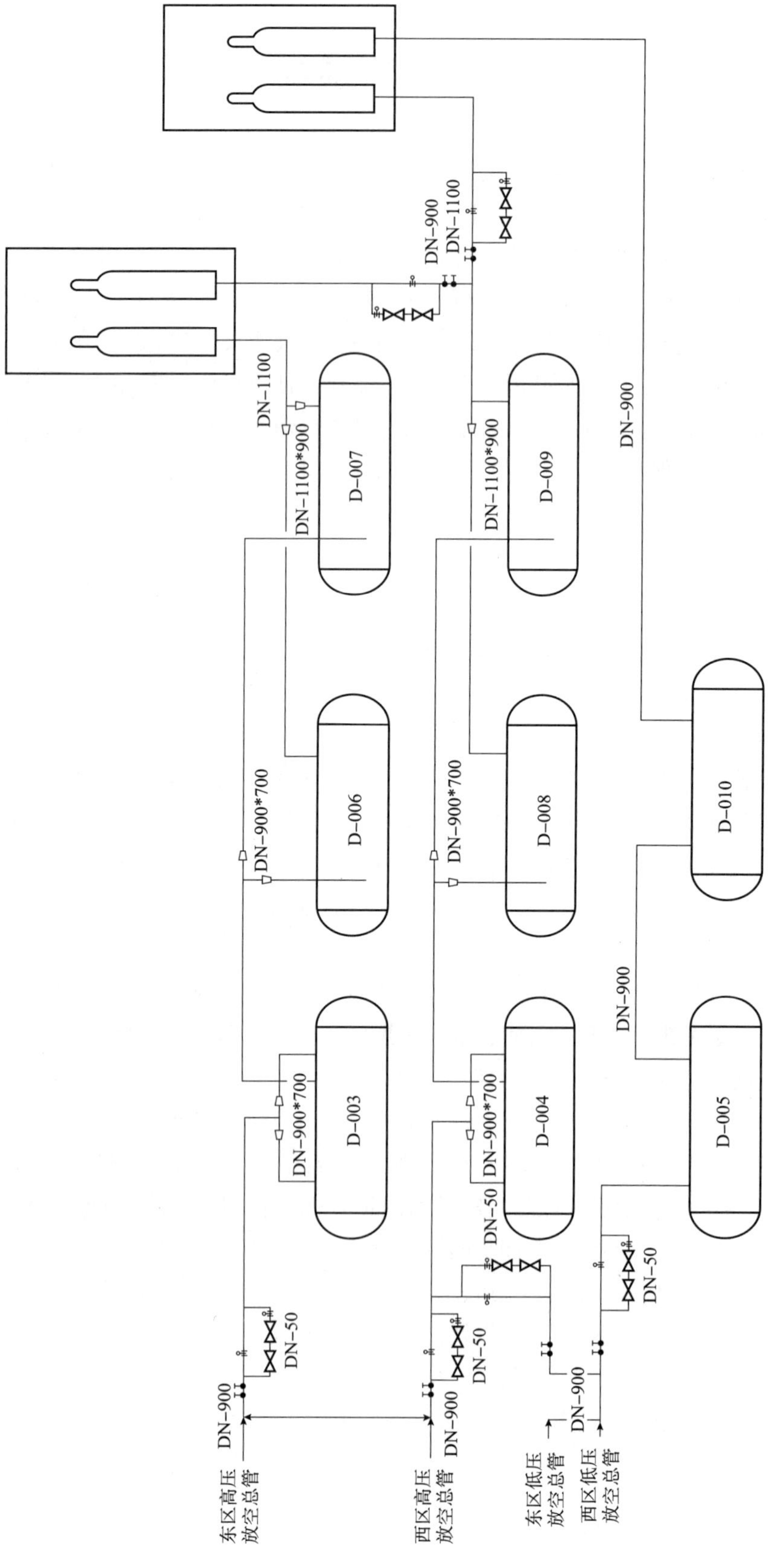

图2-7 高、低压火炬放空系统工艺流程图

2.6.2 工艺原理

1)火炬系统工作原理

放空管线设计5%下倾斜度，积液沿放空管线进入分液罐，同时增加管线外伴热，可有效防止出现管道积液、冻堵现象。水封罐是火炬放空系统的安全设备，通过水封将火炬系统和上游装置有效隔离，可防止回火。增设吹扫气和助燃气，以保证火炬稳定燃烧。火炬头作为一个燃烧器，可使放空气完全燃烧，采用大气扩散燃烧与预混燃烧相结合的方式，大大降低了噪声，火炬燃烧器头设置的4支长明灯既作为初期的点火源，也能在正常运行时为火炬气提供连续的稳定热源，保证低热值的排放气可靠点燃。

2)流体密封器工作原理

火炬在运行过程中，由于火炬头头部温度降低，空气沿着火炬头内壁逐渐向下移动，由于流体密封器的作用，空气逐渐改变它的方向，逆行流动回流体密封器顶部。与此同时，由于流体密封器的特殊结构设计，带压的密封气体(燃料气)由火炬头下部流动至流体密封器处，随着气相流通通道的逐渐变小，密封气体的流动速度随之增至最大，最终到达流体密封器的顶部而喷射出去。这样，带有较高速度的密封气体，把进入流体密封器顶部的空气不断夹带着回喷至火炬头顶部进入大气，防止氧气进入火炬筒体流体密封器下部，避免达到可燃气体爆炸极限发生爆炸事故。

2.6.3 主要工艺技术特点

(1)采用节能型高效火炬头，基本实现无烟燃烧排放，燃烧率≥98%，SO_2落地浓度≤$0.5mg/m^3$，H_2S落地浓度≤$0.3mg/m^3$(一级合格)，燃烧噪声≤90dB。

(2)设置高低压火炬分液罐，用于除去放空气中含有的液相组分，防止“火雨”事故。

(3)设置水封罐，能够保护全厂可燃排放气体系统，即使发生了回火事故，火焰传播至水封面即被阻止，阻火安全可靠。

(4)设置流体密封器，防止空气进入火炬筒体内发生爆炸事故，火炬筒体内通入燃料气作为密封气，把进入流体密封器顶部的空气不断夹带着回喷至火炬头顶部进入大气，从而达到防止回火的目的。

(5)在低压火炬头中设置助燃环，保证低压火炬气中的酸性气能够有较高的燃尽率并保持火焰燃烧稳定，同时运行过程中引入燃料气进行掺混，以提高低压火炬气的热值。

(6)每套火炬均设有低温自动点火、远程手动点火和地面爆燃点火3种点火方式。每支长明灯都配有铠装热电偶对其工况进行监测，当长明灯熄灭时能自动启动高空点火系统点燃长明灯。

2.7 胺液净化工艺

胺液净化利用树脂交换原理进行除氯离子、除阳离子、除热稳定盐操作，分别采用除氯树脂(Versalt－A)、除盐树脂(Versalt－B)、除阳树脂(Versalt－C)。除氯树脂、除盐树脂采用稀碱液再生，除阳树脂采用稀酸液再生。胺液中的热稳定性盐年生成速率约为4%(质量分数)，胺液中的热稳定性盐总含量控制指标为≤0.5%(质量分数)，氯离子脱除率>85%，阳离子脱除率>70%。

2.7.1 工艺流程

胺液净化装置设计为全自动操作系统，各工艺单元一用一备，保证系统连续运行。胺液净化工艺有3种模式，分别为过滤模式、过滤+除盐模式和过滤+除氯+除阳+过滤模式，根据3种运行模式有3种不同的工艺流程。

(1)过滤模式。待净化的贫胺液先进入SSX®工艺单元中脱除固体悬浮物，然后回到系统中。

(2)过滤+除盐模式。待净化的贫胺液先进入SSX®工艺单元中脱除固体悬浮物，后进入HSSX®除盐单元中脱除热稳定性盐阴离子，最后经树脂捕捉器(747-SR-002)去除携带的树脂后，由贫胺液泵(747-P-004A/B)送回系统。

(3)过滤+除氯+除阳+过滤模式。来自脱硫单元过滤后的再生贫胺液正向进入SSXTM罐(747-SR-001A/B/C)去除悬浮物，然后进入除氯、除阳离子单元，脱除胺液中氯离子、阳离子，再进入除盐单元去除热稳定盐和降解物。最后经树脂捕捉器(747-SR-002)去除携带的树脂后，由贫胺液泵(747-P-004A/B)送回系统。

2.7.2 工艺原理

胺液净化工艺3种运行模式中共有4个工艺模块，分别是过滤、除盐、除氯离子和除阳离子，工艺原理如下：

(1)过滤。采用SSX工艺，是一种纤维过滤工艺，用来去除胺液中的悬浮固体，并使过滤精度达到亚微米级。介质吸附悬浮物的能力是同体积过滤器的19倍。当失效后，SSX介质可以在线再生。

(2)除盐。HSSX®工艺是一种离子交换工艺，使用的是胺液专用的Versalt®树脂。可以从所有的烷醇胺中去除热稳态盐以及其他的降解产物。过滤介质可以在线再生。

(3)除氯离子。当系统受地矿水冲击时，氯离子等阴离子含量会升高，系统胺液进入HSSX® A工艺单元，去除胺液中进入的氯离子等极性强的阴离子。此单元与HSSX®阳和HSSX® B除盐单元串联运行。胺液先进入HSSX® A单元脱除氯离子，对后面的HSSX® B有一定的保护作用，能够有效地延长B型树脂的使用寿命。

(4)除阳离子。HSSX®阳工艺单元为新增工艺单元，当系统中阳离子累积至较高值时，可让系统胺液经HSSX® A除氯单元后进入HSSX®阳工艺单元，然后再去HSSX® B除盐单元去除胺液中的阳离子(如钠离子等)，同时平衡系统胺液的pH值。

胺液净化工艺流程如图2-8所示。

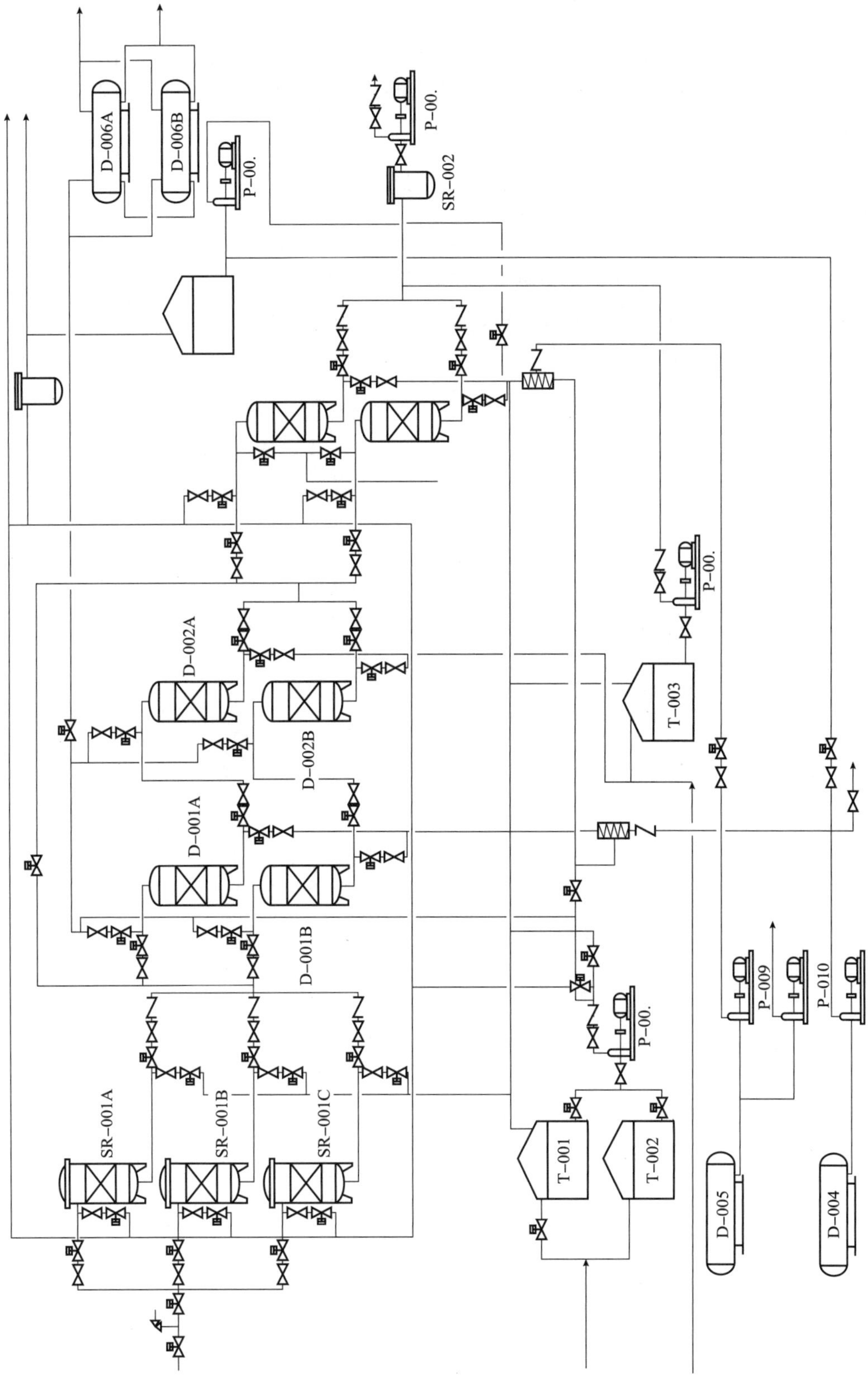

图2-8　胺液净化工艺流程图

2.7.3 主要工艺技术特点

(1)采用胺液专用的 Versalt®树脂，使用离子交换技术，胺液热稳定盐净化效率高。

(2)采用 HSSX® A 除氯和 HSSX®除阳工艺，可有效去除胺液中氯离子和阳离子，提高胺液运行效果。

思考与练习

1. 净化装置包括哪些单元？分别简述其工艺原理、特点及作用。
2. 为什么说火炬系统是极其重要的安全与环保设施？
3. 净化装置脱硫单元已有胺液过滤器，为什么还要设置胺液净化装置？
4. 克劳斯炉内发生的反应有哪些？

第3章　天然气净化设备

天然气净化设备主要用途是对原料气、酸性过程气、胺液等介质进行输送以及提供反应空间，通过化学与物理反应最终得到产品气和硫黄。净化设备分为动设备、静设备两类，主要包括泵、风机、汽轮机、空冷器、塔、罐和换热器等。本章以净化工艺流程为主线、结合设备的种类分别介绍各功能单元设备的基本情况、相关参数和工作特性等。

3.1　主要设备结构及原理

按照动、静设备的结构类型进行分类，包括泵、风机、汽轮机、空冷器、塔、换热器、反应器等主要设备，以下着重介绍净化装置主要动、静设备的作用、结构与工作原理。

3.1.1　主要动设备类

1)离心泵类(以贫胺液泵为例)

离心泵是指靠叶轮旋转时产生的离心力来输送液体的泵。离心泵的基本构造包括六部分，分别是叶轮、泵体、泵轴、轴承、密封环和填料函。净化装置含有多种不同结构、原理和功能的离心泵，比如贫胺液泵(P－101)、再生塔底贫胺液泵(P－102)、中间胺液泵(P－106)、胺液再生塔回流泵(P－103)、半富胺液泵(P－402)、液流产品泵(P－303)等。为体现离心泵的结构、原理和功能作用以贫胺液泵(P－101A)为例进行介绍。

贫胺液泵(P－101A)是将再生塔底贫胺液泵(P－102)出口胺液升压后送至第二级主吸收塔(C－102)，从而保证原料气 H_2S 和 CO_2 充分脱除。与贫胺液泵(P－101A)相连接的液力透平(HT－101)是将第一级主吸收塔(C－101)高压富胺液减压后送至富液闪蒸罐(D－102)，并将压力能转换为驱动贫胺液泵(P－101A)运转的机械能，从而降低贫胺液泵(P－101A)电耗。贫胺液泵和液力透平位于泵组的两侧外端，中间是电机。电机与液力透平中间设有超速离合器。泵采用电机和液力透平共同驱动的方式。

贫胺液泵(P－101A)属于双壳体多级高压离心泵，型号：HDO－6Stg。其主要部件包括：叶轮、泵轴、泵体、泵盖、密封环、轴封装置、平衡装置和托架等(图3－1)。双壳体泵结构是一个简单的圆柱形外筒，包着一个纵向分开的蜗形壳。外筒和内部蜗形壳体之间的空间充满要泵送的液体。只有外筒承受膨胀应力和拉伸应力，而里面的蜗形壳体仅承受压应力。由若干弯曲叶片组成的叶轮紧固在泵轴上，安装在蜗形壳的泵壳内。离心泵启动前应在泵壳内灌满所输送的液体，当电机带动泵轴旋转时，叶轮亦随之高速旋转(转速一般为1000～3000r/min)。叶轮的旋转迫使叶片间的液体在随叶轮做等角速旋转的同时向叶轮外缘做径向运动。在液体被甩出的过程中，流体通过叶轮获得能量，并以15～25m/s的速度进入泵壳。在蜗形壳中由于流道的逐渐扩大，又将大部分动能转变为静压强，使压强进一步提高，最终以较高的压强沿切向进入排出管道，实现输送的目的，此即为排液原理。当液体由叶轮中心流向外缘时，在叶轮中心处形成了低压。在液面压强与泵内压强差的作用下，液体经吸入管路进入泵的叶轮内，以填补被排出液体，此即为吸液原理。只要叶轮不停旋转，液体就被源源不断地吸入和排出，这就是离心泵的工作原理。

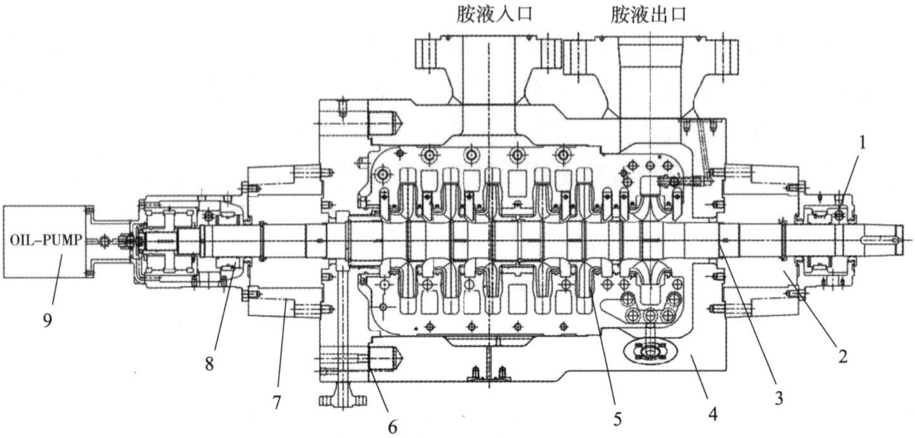

图3－1　贫胺液泵剖视图

1、8—轴承；2—驱动端机封；3—泵主轴；4—壳体；5—多级叶轮；
6—压盖；7—非驱动端机封；9—主油泵

液力透平，型号：8×10×14 HDO－4stg，工作原理是高压介质进入透平壳体内冲转转子，将压力能转换为轴功率输出，对外做功。透平泵组采用液力透平和电机共同驱动贫胺液泵的双驱动方案，主驱动机(电机)设计的额定功率在无液力透平的协助下可以单独驱动泵，液力透平与贫胺液泵组之间设有超速离合器，当液力透平的转速与主电机一致时，离合器闭合；当液力透平的转速小于主电机时，离合器脱开。超过脱扣转速时，离合器脱开。

液力透平是用液体驱动回收能量的设备，一般采用逆运行泵来充当透平。液力透平可降低电动机负荷50%～80%。同时，液力透平有一个具有调节能力的全流量旁通阀，可与液力透平入口调节阀共同作用实现分程控制。

液力透平与泵扬程－流量特性曲线的趋势相反，液力透平的曲线在零值输出功率以后，压头随流量的增加而迅速上升。泵作液力透平时，它的最佳效率值与作泵用的最佳效率值基本相等，但在较大的流量点处，而且在该点右侧效率下降缓慢，因此易于在最佳效率点或较大的流量下运行。液力透平主要由壳体、转子、轴承和超速脱扣机构组成。高压介质的减压与能量转换均在壳体内部完成。转子是能量转换的主要部件之一，同时起着输出功率的作用。超速脱扣机构可避免液力透平出现“飞车”事故。

液力透平结构特点：首先，出口管中的液体由于循环输送需要，仍有较高的压力，在叶轮中尽管存在着较低区域，但该区域的液体压力却高于操作温度下的液体汽化压力，产生气蚀的可能性小，叶轮出口附近也不能形成真空。其次，在运行中，由于联轴器断裂或突然甩掉负荷(如泵的进口突然关闭)，液力透平会出现“飞车”事故，因此在透平上设置超速脱扣机构。当液力透平转速超过规定值时，超速脱扣机构动作，使透平自动安全地停车。最后，液力透平转速允许在规定范围内波动，故机体本身不设或只设较简单的速度调节机构。

2)容积泵类(以TEG循环泵为例)

容积泵是指利用泵缸内容积的变化来输送液体的泵。主要有活塞泵、柱塞泵、隔膜泵、齿轮泵、螺杆泵等。净化装置中有多种不同结构、功能的容积泵，如TEG循环泵(P－201)、凝结水补充泵(P－107)、加药柱塞计量泵(PA－701)等。为体现容积泵的结构、原理和功能作用特以TEG循环泵为例进行介绍。

TEG循环泵是隔膜式柱塞泵，属于容积泵的一种类型。其作用是对贫TEG进行升压后输送至脱水塔(C－201)。隔膜式柱塞泵主要由泵缸、柱塞(或活塞)、隔膜和活门组成。柱塞在外力推动下做往复运动，由此改变泵缸内的容积和压强，交替地打开和关闭吸入、压出活门，达到输送液体的目的。TEG循环泵示意图如图3－2所示。

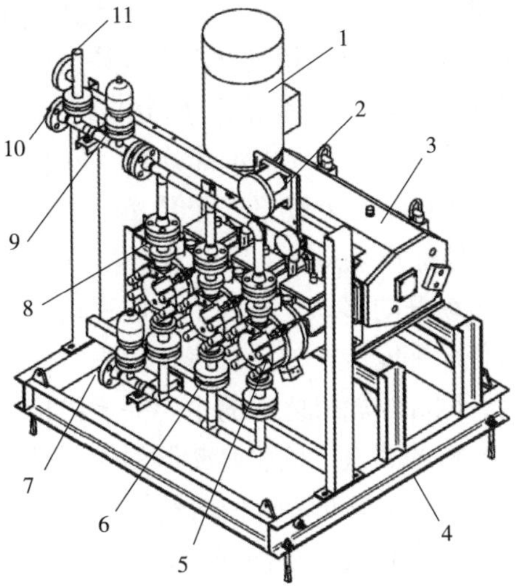

图3－2　TEG循环泵示意图

1—主电机；2—接线盒；3—油缸；4—泵支架；5—轴头柱塞缸；6—进口止回阀；7—TEG入口；8—出口止回阀；9—出口阻尼器；10—TEG出口；11—安全阀

TEG循环泵的结构特点是借助弹性隔膜将被输送液体与活柱隔开，从而使柱塞和泵缸得到保护。由于隔膜将被输送介质和传动机械件分开，所以介质绝对不会向外泄漏。且泵本身无轴封，使用寿命大大延长。隔膜左侧与液体接触的部分均由耐腐蚀材料制造或涂一层耐腐蚀物质，隔膜右侧充满水或油。当柱塞做往复运动时，迫使隔膜交替地向两侧弯曲，将被输送液体吸入或排出。弹性隔膜采用耐腐蚀橡胶或金属薄片制成。泵的流量由活塞往复的周期和冲程决定，可通过改变活塞往复的周期或者冲程，或者同时改变两者来实现。适用于：小流量，高压强定量输送剧毒、易燃、易爆、腐蚀性液体和悬浮液的场合。

3)风机类(以克劳斯风机汽驱为例)

风机是依靠输入的机械能，提高气体压力并排送气体的机械。风机主要结构部件有叶轮、机壳、进风口、支架、电机、齿轮、联轴器、消音器、传动件(轴承)等。风机包括通风机、透平鼓风机、罗茨鼓风机和透平压缩机等。根据动力源不同又分为蒸汽驱动和电力驱动。为体现风机的结构、原理和功能作用以克劳斯风机汽驱(K－301A)为例进行介绍。

克劳斯风机汽驱主要作用是为反应炉燃烧器(F－301)与加氢进料燃烧器(F－401)提供燃烧所需的空气，同时为液硫空气鼓泡系统提供空气动力源。克劳斯风机汽驱为离心式鼓风机机组，蒸汽透平驱动。机组主要包括离心式鼓风机、蒸汽透平、润滑油站及配套的控制系统、安保系统等。

蒸汽轮机是用蒸汽做功的一种旋转式热力原动机，它的优点是功率大、效率高、结构简单、易损件少，运行安全可靠，调速方便、振动小、噪声小、防爆等。

蒸汽轮机的主要元件由喷嘴(也称静叶)与动叶(也称叶片)组成。喷嘴固定在机壳或隔板上，动叶固定在轮盘上。蒸汽通过喷嘴时，压力下降，体积膨胀形成高速汽流，推动叶轮旋转而做功。如果蒸汽在叶片中压力不再降低，也就是蒸汽在叶片通道中的流速(即相对速度)不变化，只是依靠汽流对叶片的冲击力而推动转子转动，这类汽轮机称为冲动式，也称压力级。克劳斯风机汽轮机是由几个喷嘴和叶片串联起来组成的多级汽轮机。由于高压蒸汽一次降压后汽流速度极高，因而叶轮转速极高，将超过材料允许的强度。因此采用压力分级法，每次在喷嘴中压力降都不大，因而汽流速度也不高，高压蒸汽经多级叶轮后能量既充分得到利用而叶轮转速也不超过材料强度许可范围。

蒸汽轮机本体包括：静体和轴承。静体(固定部分)：汽缸、喷嘴、隔板、汽封等；转子(转动部分)：轴、叶轮、叶片等；轴承(支承部分)：径向轴承和止推轴承。

蒸汽轮机的调速控制系统由启动装置、安全装置、保安装置、调速器、监视装置、505面板组成。启动装置作用是打开速关阀。启动装置由危急保安装置供给的压力油作为启动油进入启动装置，随着操纵杆的移动，滑阀也相应移动，依次接通启动油压和速关油压，将速关阀打开。速关阀是水平安装在汽轮机汽缸的进汽管路上，由阀体、滤网和油缸等部分组成。速关阀是蒸汽管网和汽轮机之间的主要关闭机构，在运行中出现事故时，它能在最短时间内切断进入汽轮机的蒸汽。危急遮断器的作用是当汽轮机转速超过最高连续运行转速的9%～11%时，通过危急保安装置使汽轮机停机。505面板是以微处理器为基础的数字式调节器。根据每一台汽轮机的特性和参数对505面板进行组态。505面板接收转速探头送来的频率信号，经内部频率/电压转换器转换后与设定值比较，产生相应的4～20mA模拟信号，输出至电液转换器(I/H)。电液转换器把模拟信号转换成相应的二次油压(1.5～4.5bar)。二次油压控制错油门进而控制调阀开度，控制蒸汽流量，调整汽轮机出力，使转速稳定在设定值。

克劳斯风机为离心式压缩机，主要由定子和转子两大部分组成，具体包括气缸、隔板、叶轮、联轴器、气封、油封、进口导叶、大小齿轮和轴承等。气缸是压缩机的壳体，又称为机壳，由壳体和进排气室组成，内装有隔板、密封体、轴承等零部件。隔板是形成固定元件的气体通道。根据隔板在压缩机所处的位置，进气隔板和气缸形成进气室，将气体导流到第一级叶轮入口，对于采用可调节的压缩机，在进气隔板上安装可调叶片，以改变气流的方向。气封作用是实现密封段与段、级与级之间的静密封。离心压缩机轴承分径向轴承和止推轴承两种。径向轴承的作用是承受转子重量和其他附加径向力，保持转子转动中心和气缸中心一致，并且在一定转速下正常旋转。止推轴承的作用是承受转子的轴向力，限制转子的轴向转动，保持转子在气缸中的轴向位置。增速齿轮箱采用铸铁制造，大、小齿轮径向轴承均采用椭圆瓦，大、小齿轮非联轴器端带有止推轴承。克劳斯风机示意图如图3－3所示。

4）空冷器类（以贫胺液空冷器为例）

空冷器全称为空气冷却器，是一种利用空气作为冷却介质的散热设备。它通过将热量从热流体（如水、油或气体）传递到周围的空气中，以达到冷却流体的目的。其主要结构包括以下部分：翅片管、接管箱、框架和支撑结构、风扇、百叶窗和驱动系统。净化装置中有多种类型的空冷器，如贫胺液空冷器（A－101）、胺液再生塔顶空冷器（A－102）、解反应器出口空冷器（A－103）、急冷水空冷器（A－401）和乏气空冷器（A－701）。为体现空冷器的结构、原理和功能作用以贫胺液空冷器为例进行介绍。贫胺液空冷器示意图如图3－4所示。

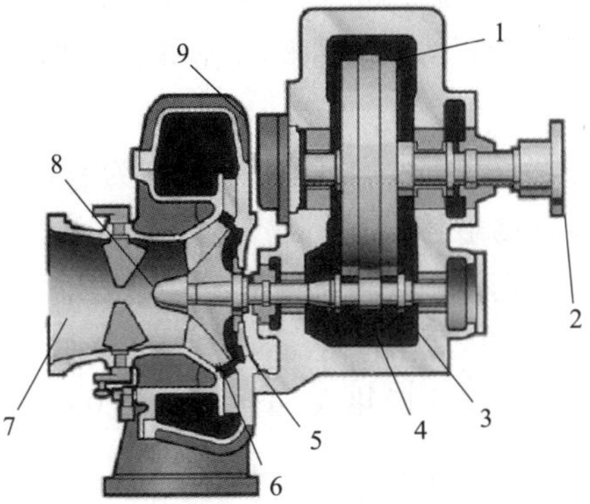

图3－3　克劳斯风机示意图

1—大齿轮；2—联轴器；3—推力环；4—小齿轮；5—油封；6—气封；7—进口导叶；8—叶轮；9—主轴驱动的油泵

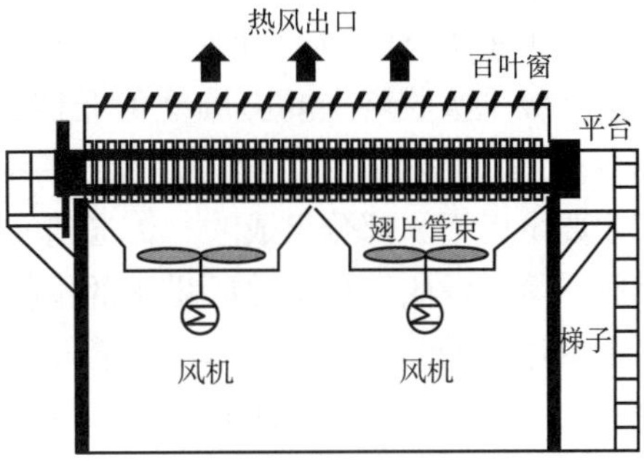

图3－4　贫胺液空冷器示意图

贫胺液空冷器主要作用是对贫胺液进行降温，贫胺液经贫胺液空冷器（A－101A）进一步冷却至55℃，有利于胺液的吸收。利用空气作为冷却介质进行散热降温。

（1）翅片管。翅片管是空冷器的核心部分，由一系列金属管组成，管外表面附着有铝制或铜制的翅片。

（2）框架和支撑结构。翅片管和翅片被固定在一个框架内，该框架支撑整个空冷器，并使其能够抵御外部环境的影响。

（3）风扇。为了提高冷却效率，空冷器通常会配备风扇，以增加空气流动速度，提高热交换效率。

（4）接管箱。接管箱是热流体进出空冷器的部分，通常包括入口和出口管道、阀门、流量计等组件，用于控制热流体的流量和压力。

（5）驱动系统。风扇可以通过电动机或其他驱动系统来驱动。而贫胺液空冷器驱动动力为电动机驱动。

（6）百叶窗。空冷器百叶窗是一种安装在空冷器（空气冷却器）上的装置，用于调节空气流动和导向。它通常由一系列平行的叶片组成，这些叶片可以转动或固定，以控制进入空冷器的空气量和方向。

3.1.2　主要静设备类

1）板式塔类（以第一级主吸收塔为例）

板式塔是用于气液或液液系统的分级接触传质设备，由圆筒形塔体和按一定间距水平装置在塔内的若干塔板组成。操作时液体在重力作用下，自上而下依次流过各层塔板，至塔底排出；气体在压力差推动下，自下而上依次穿过各层塔板，至塔顶排出。每块塔板上保持着一定深度的液层，气体通过塔板分散到液层中，进行相际接触传质。板式塔的结构组成包括塔壳体、塔板、溢流堰、降液管和受液盘等。净化装置中含有多种类型的板式塔，如第一级主吸收塔(C－101)、第二级主吸收塔(C－102)和尾气吸收塔(C－402)。为体现板式塔的结构、原理和功能作用以第一级主吸收塔为例进行介绍。

第一级主吸收塔属于板式塔的一种类型。第一级主吸收塔设置一个胺液入塔口，各联合装置第一系列设五层塔板，第二系列设七层塔板。在塔中酸性天然气与半富胺液进行逆流接触反应。进入第一级主吸收塔的半富胺液分别来自第二级主吸收塔和尾气吸收塔，吸收 H_2S 和 CO_2 后的富胺液从底部流出进入闪蒸罐(D－102)。

第一级主吸收塔主要由圆柱形壳体、塔板等部件构成。壳体和封头均为 Q345R 堆焊 S31603 材质。塔板又称塔盘，是板式塔中气液两相接触传质的部位，决定塔的操作性能，通常主要由以下 3 部分组成：气体通道、溢流堰和降液管。第一级主吸收塔的塔板上有很多浮阀，简称浮阀塔板。浮阀塔板的结构特点是在塔板上开有若干阀孔，每个阀孔装有一个可上下浮动的阀片，阀片本身连有几个阀腿，插入阀孔后将阀腿底脚拨转 90°，以限制阀片升起的最大高度，并防止阀片被气体吹走。阀片周边冲出几个略向下弯的定距片，当气速很低时，由于定距片的作用，阀片与塔板呈点接触而坐落在阀孔上，在一定程度上可防止阀片与板面的黏结。操作时，由阀孔上升的气流经阀片与塔板间隙沿水平方向进入液层，增加了气液接触时间，浮阀开度随气体负荷而变。在低气量时，开度较小，气体仍能以足够的气速通过缝隙，避免过多的漏液。在高气量时，阀片自动浮起，开度增大，使气速不致过大。浮阀塔板的优点是结构简单、造价低，生产能力大、操作弹性大、塔板效率较高。缺点是处理易结焦、高黏度的物料时，阀片易与塔板黏结；在操作过程中有时会发生阀片脱落或卡死等现象，使塔板效率和操作弹性下降。吸收塔及塔盘示意图如图 3－5 所示。

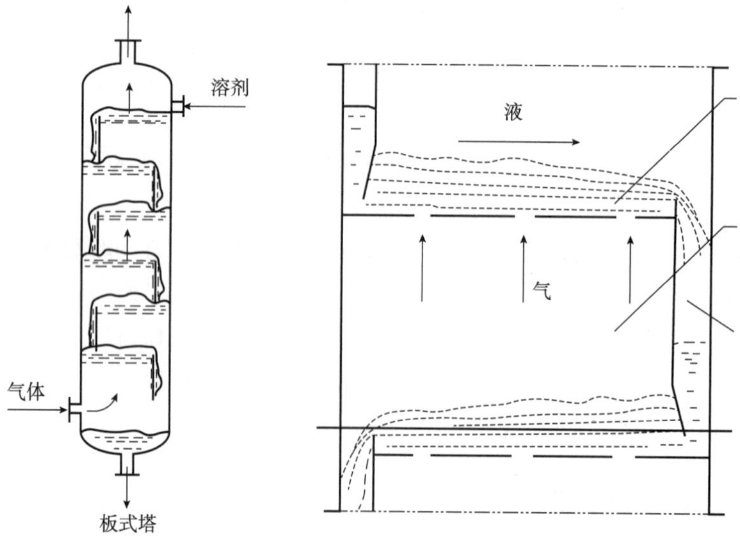

图 3－5　吸收塔及塔盘示意图

2)填料塔类(以胺液再生塔为例)

填料塔是以塔内的填料作为气液两相间接触构件的传质设备。填料塔的塔身是直立式圆筒形，底部装有填料支承板，填料以乱堆或整砌的方式放置在支承板上。填料的上方安装填料压板，以防被上升气流吹动。液体从塔顶经液体分布器喷淋到填料上，并沿填料表面流下。气体从塔底送入，经气体分布装置(小直径塔一般不设气体分布装置)分布后，与液体呈逆流连续通过填料层的空隙，在填料表面，气液两相密切接触进行传质。填料塔属于连续接触式气液传质设备，两相组成沿塔高连续变化，在正常操作状态下，气相为连续相，液相为分散相。当液体沿填料层向下流动时，有逐渐向塔壁集中的趋势，使得塔壁附近的液流量逐渐增大，这种现象称为壁流。壁流效应造成气液两相在填料层中分布不均，从而使传质效率下降。因此，当填料层较高时，需要进行分段，中间设置再分布装置。液体再分布装置包括液体收集器和液体再分布器两部分，上层填料流下的液体经液体收集器收集后，送到液体再分布器，经重新分布后喷淋到下层填料上。

根据装填方式的不同，填料可分为规整填料和散装填料。规整填料指按一定的几何构型排列，整齐堆砌的填料。规整填料种类很多，根据几何结构可分为格栅填料、波纹填料和脉冲填料。填料塔结构主要包括：塔体、填料、填料支承装置、填料压紧装置、液体分布装置、液体收集再分布装置和气体液体出口接管等。填料塔具有生产能力大、分离效率高，压降小、持液量小、操作弹性大等优点。净化装置中有多种类型的填料塔，如胺液再生塔(C－104)、脱水塔(C－201)、急冷塔(C－401)和酸水汽提塔(C－501)等。为体现填料塔的结构、原理和功能作用以胺液再生塔(C－104)为例进行介绍。胺液再生塔及规整填料示意图如图3－6所示。

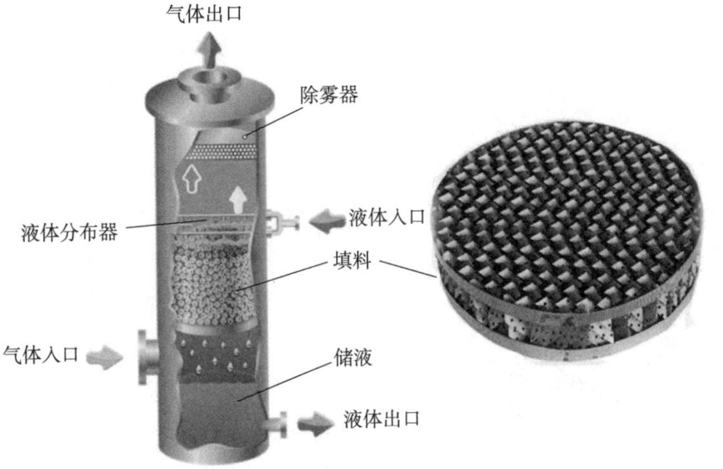

图3－6　胺液再生塔及规整填料示意图

胺液再生塔属于填料塔，根据其装填方式可知属于规整填料。胺液再生塔主要作用是把来自富胺液闪蒸罐的富液中的H_2S和CO_2气体用重沸器内产生的汽提气解吸出来并从塔顶流出，塔顶气经胺液再生塔顶空冷器(A－102A～H)冷却后进入胺液再生塔顶回流罐(D－103)进行分液，分离出的酸性水回流至再生塔，分液后的酸性气被送入硫黄回收单元。其内件主要包括：填料支承装置、填料压紧装置、液体分布装置、液体收集再分布装置。胺液再生塔上部筒体和封头材料采用Q345R＋304L复合钢板，下部筒体和封头材料采用 Q345R 板材。胺液再生工作原理是胺液从位于再生塔底部的集液箱进入胺液再生塔重沸器(E－104A/B)，在重沸器内用 0.45MPa 饱和低压蒸汽对胺液进行加热升温，胺液再生出来的再生气从重沸器顶部返回再生塔底部的气相空间，重沸器内未汽化的胺液从釜内溢流堰上部流出并返回再生塔底部。再生合格后的贫胺液从再生塔底部流出经再生塔底贫胺液泵(P－102)升压后输送至各个吸收塔中。

3)管壳式换热器类(以贫富胺液换热器为例)

管壳式换热器又称列管式换热器，是以封闭在壳体中管束的壁面作为传热面的间壁式换热器。它由壳体、传热管束、管板、折流板(挡板)和管箱等部件组成。壳体多为圆筒形，内部装有管束，管束两端固定在管板上。进行换热的冷热两种流体，一种在管内流动，称为管程流体；另一种在管外流动，称为壳程流体。为提高管外流体的传热分系数，通常在壳体内安装若干挡板。挡板可提高壳程流体速度，迫使流体按规定路程多次横向通过管束，增强流体湍流程度。换热管在管板上可按等边三角形或正方形排列。等边三角形排列较紧凑，管外流体湍动程度高，传热分系数大；正方形排列则管外清洗方便，适用于易结垢的流体。

管壳式换热器根据结构类型不同，分为固定管板式换热器、浮头式换热器、U 形管式换热器和涡流热膜换热器等。净化装置中有多种类型的管壳式换热器，如贫富胺液换热器(E－101)、中间胺液换热器(E－105)、贫胺液换热器(E－106)和再生塔重沸器(E－104)等。为体现管壳式换热器的结构、原理和功能作用以贫富胺液换热器(E－101A～F)为例进行介绍。

贫富胺液换热器主要作用是将闪蒸后的富胺液与来自胺液再生塔底的贫胺液进行热量交换。其中，管程走富胺液，壳程走贫胺液。贫富胺液换热器属于管壳式换热器类型。管壳式换热器主要用于两种流体之间的热量交换，可以是液体与液体，也可以是液体与气体之间的热交换。管壳式换热器以其结构坚固、适用范围广、易于清洗和维护等优点而受到青睐。

贫富胺液换热器的基本结构包括以下几个部分：壳体、管束、管板、头盖、膨胀节以及支座等。壳体是换热器的主体部分，通常由低碳钢或不锈钢制成，呈圆形或方形，用于容纳流体并承受工作压力。管束是换热器的核心部分，由许多平行排列的管子组成，管子可以是直管或盘管，流体在管内流动，通过管壁与壳体中的另一种流体进行热量交换。管板用于将管束固定在壳体中，同时也起到隔离两种流体的作用。头盖位于壳体的两端，用于封闭壳体，通常可以拆卸以便于维护和清洗。由于温度变化会导致管束和壳体的热膨胀不同，膨胀节则用于补偿这种热膨胀差，防止设备损坏。支座用于支撑整个换热器的重量，并使其固定在基础上。管壳式换热器示意图如图 3－7 所示。

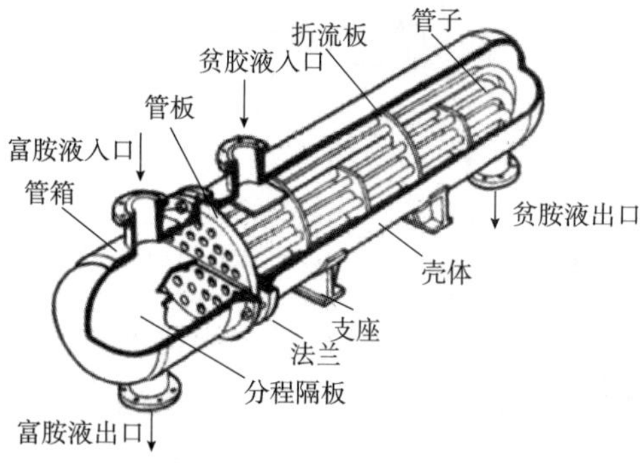

图 3－7　管壳式换热器示意图

管壳式换热器工作原理基于热传导和对流。具体如下：“热量传递”指两种不同温度的流体分别进入换热器的壳体和管束。热量从高温流体通过管壁传递到低温流体，完成热量交换。"对流"指流体在管内流动时，通过对流将热量带至管壁，同时在壳体内的流体通过对流将热量从管壁带走。"连续流动"指流体在换热器内连续流动，不断进行热量交换，直到达到预定的温度或热交换效率。

4)平板式换热器类(以贫富 TEG 换热器为例)

平板式换热器简称板式换热器，是由一组长方形的薄金属板平行排列，组装于支架上而构成。两相邻板片的边缘衬有垫片，压紧后板间形成密封的流体通道，且可用垫片的厚度调节通道大小。每块板的四个角上，各开一个圆孔，其中有一对圆孔和一组板间流道相通，另外一对圆孔则通过在孔的周围放置垫片而阻止流体进入该组板间的通道。这两对圆孔的位置在相邻板上是错开布置的，分别形成两流体通道。冷热流体交错地在板片两侧流过，通过板片进行换热。板片厚度为 0.5～3mm，通常压制成凹凸的波纹状。增加了板的刚度以防止板片受压时变形，同时又使流体分布均匀，增强流体湍动程度和加大传热面积，有利于传热。

平板式换热器由以下部件组成：传热板片、固定宽框架板、压力板、紧固螺栓、携带栓、导向栓、支撑和固定框架等。具有结构紧凑、材料消耗低、传热系数大、操作灵活性大，检修、清洗比较方便等优点。现以贫富 TEG 换热器(E－201A/C)为例进行介绍。贫富 TEG 换热器示意图如图 3－8 所示。

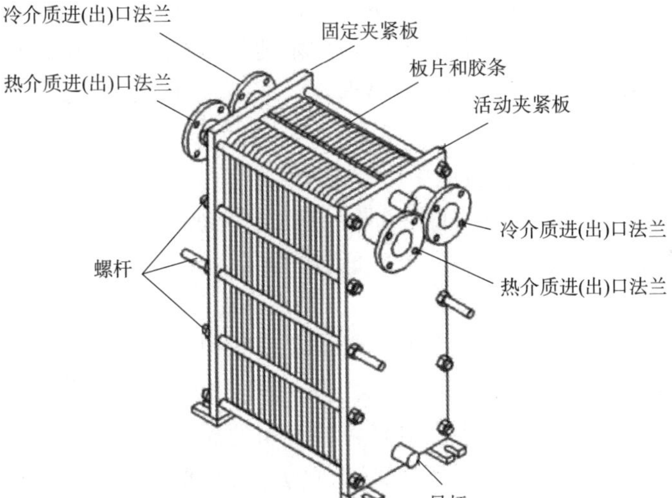

图 3－8　贫富 TEG 换热器示意图

贫富 TEG 换热器(E－201A/C)主要作用是对富 TEG 和贫 TEG 进行热量交换，对富 TEG 进行升温，有利于再生；对贫 TEG 进行降温，有利于吸收。贫富 TEG 换热器属于平板式换热器类型。

5)罐类(以闪蒸罐为例)

闪蒸罐(D－102)是一种常见的化工设备，主要用于液体的分离和浓缩。它的原理基于在降低压力时，液体内溶解的或混合的挥发性成分迅速蒸发，从而实现混合物的分离。闪蒸罐通常由以下几个主要部分组成：外壳、进料口、减压装置、分离室和排气口等。外壳是闪蒸罐的主体部分，能够承受操作过程中的压力和温度。进料口用于将含有挥发性成分的混合物引入闪蒸罐。减压装置是闪蒸罐的关键部分，通过降低罐内的压力，使液体中的挥发性成分迅速蒸发。分离室是蒸发后的气体和剩余的液体进行分离的场所。挥发性成分随气体排出，而剩余的液体则从底部排出。挥发性成分蒸发后的气体通过排气口排出。富胺液闪蒸罐示意图如图 3－9 所示。

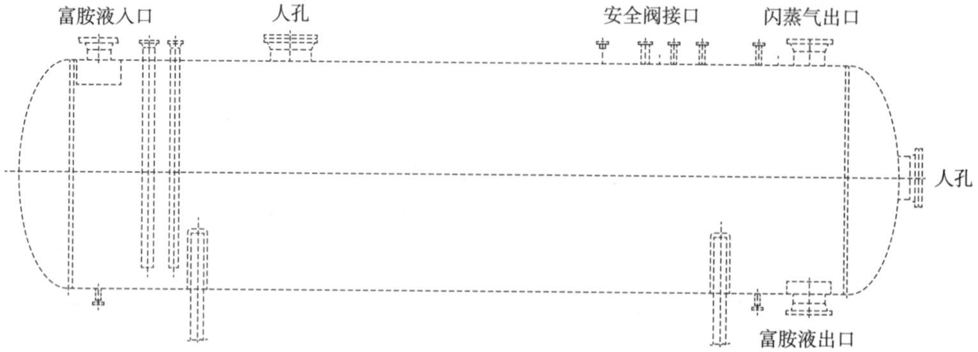

图 3－9　富胺液闪蒸罐示意图

闪蒸罐工作原理基于闪蒸现象，即在压力突降时，液体中挥发性成分的沸点降低，导致这些成分迅速蒸发。具体过程如下：第一步，进料。进料含有挥发性成分的混合物从进料口进入闪蒸罐。第二步，减压。通过减压装置降低罐内的压力，通常这会使罐内压力小于外部大气压。第三步，蒸发。压力降低，混合物中的挥发性成分迅速蒸发，转化为气体。第四步，分离。蒸发后的气体与剩余的液体在分离室中分离。气体上升并通过排气口排出，而液体则从底部排出。第五步，浓缩。挥发性成分蒸发，剩余的液体得到浓缩。

闪蒸罐主要作用是闪蒸出富胺液中可能携带的烃类物质。从第一级主吸收塔底部来的富胺液进入富胺液透平（HT－101）减压膨胀后进入富胺液闪蒸罐，在罐内闪蒸出所携带的轻烃物质，闪蒸气经压力控制送入燃料气公用管网。

6）反应器类

反应器是一种实现反应过程的设备，用于实现液相单相反应过程和液液、气液、液固、气液固等多相反应过程。常见反应器类型有：管式反应器、釜式反应器、固体颗粒床层反应器和塔式反应器等。净化装置中有多种类型的反应器，如水解反应器（R－101）、一二级反应器（R－301/302）和加氢反应器等。为体现反应器的结构、原理和功能作用以水解反应器为例进行介绍。

水解反应器的作用是把经过水解反应器预热器（E－107）加热后的天然气中的羰基硫（COS）进行水解反应。羰基硫（COS）与水蒸气反应生成 H_2S 和 CO_2，该水解反应受化学平衡限制，同时升温可促进反应进行。离开水解反应器的气体经水解反应器进出料换热器降温后进入水解反应器出口空冷器，进一步冷却后进入第二级主吸收塔。

水解反应器是一种化学反应器，专门用于进行水解反应。水解反应是水分子加入到有机化合物中，将有机化合物分解为两个或多个物质的化学反应。水解反应器的设计和工作特点需要考虑到反应物的特性、反应条件以及安全与效率等因素。

水解反应器结构包括筒体、球形封头、进出口弯头、出口收集器、人孔、裙座等附件。内部装填瓷球与催化剂，水解反应器示意图如图 3－10 所示。

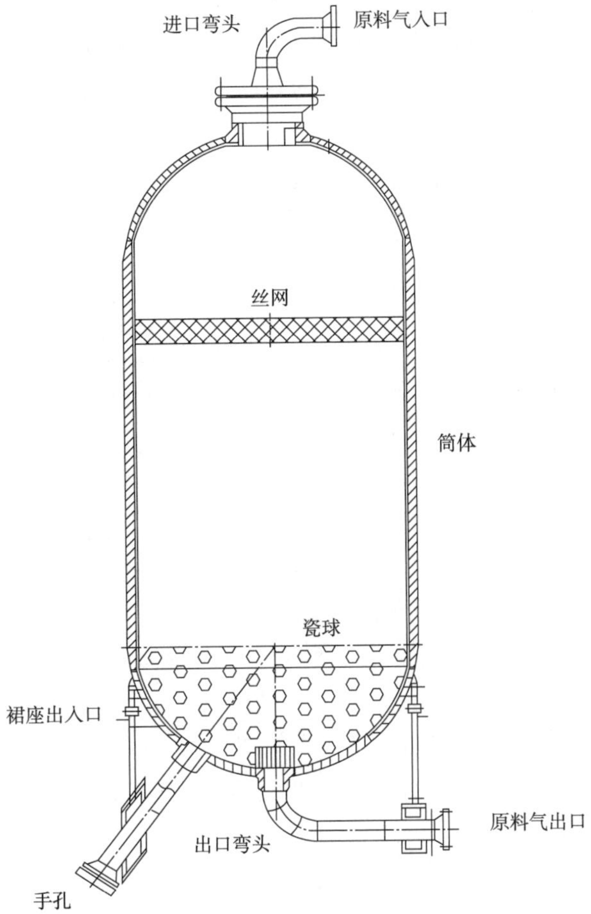

图3-10　水解反应器示意图

3.2　脱硫、脱水及酸水汽提单元设备

3.2.1　脱硫单元设备

脱硫单元主要设备有板式吸收塔、水解反应器、管壳式换热器、过滤器、离心泵和空冷器等多种类型设备。

1)塔类设备

(1)第一级主吸收塔(C-101)。

第一级主吸收塔主要作用是脱除原料气中含有的H_2S和CO_2气体。第一级主吸收塔属于浮阀板式塔，它主要由圆柱形壳体、塔板等部件构成。塔内件包含气体通道、溢流堰和降液管以及塔顶除沫器。筒体和封头均为Q345R(HIC)堆焊S31603材质；塔内件采用316L材质。吸收塔设置一个胺液入塔口，各联合装置第一系列设五层塔板，第二系列设七层塔板。从天然气进料过滤聚结分离器(SR-101C)出来的酸性天然气从塔盘底部进入第一级主吸收塔，与顶部进入第一级主吸收塔的半富胺液在塔盘进行逆流接触反应。脱除大部分 H_2S 和 CO_2 气体的酸性气从塔顶流出，随后进入水解反应器进出料换热器(E－109)而被升温，而吸收 H_2S 和 CO_2 气体后的富胺液从塔底部流出进入闪蒸罐(D－102)。其参数和结构图分别见表3－1和图3－11。

表3－1　第一级主吸收塔参数

操作介质		温度/℃		压力/MPa		规格及内部结构	主体材质
酸性天然气/(m^3/h)	胺液/(t/h)	设计	操作	设计	操作		
(6.0～12.5)×10^4	200～500	85	60	9.1/FV	8.3	Φ3700×12600T/T	壳体：SA516－70(N)＋316L 内件：316L

注：FV 指全真空状态，本章其余表相同。

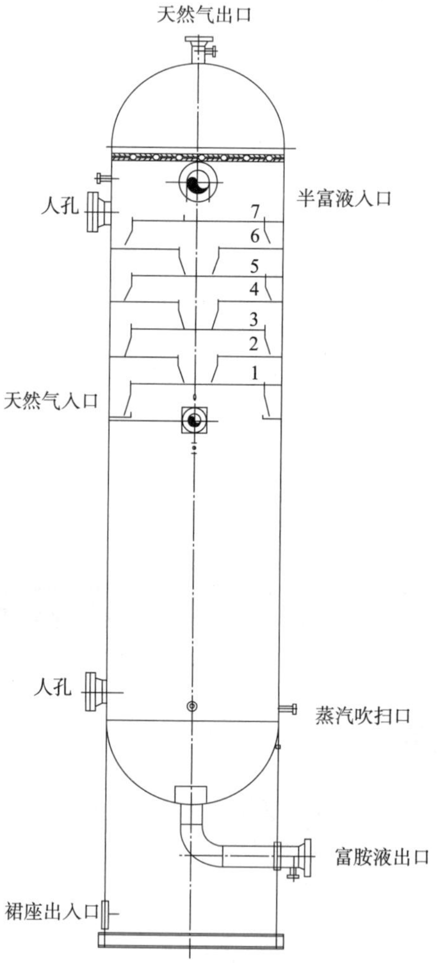

图3－11　第一级主吸收塔结构图

(2)第二级主吸收塔(C－102)。

第二级主吸收塔主要作用是进一步脱除原料气中剩余的 H_2S 和 CO_2 气体。第二级主吸收塔属于浮阀板式塔，结构与第一级主吸收塔相同，二级脱硫塔筒体和封头材料采用Q345R(HIC)＋S31603复合板。塔内设置十一层塔板，四个胺液入塔口。离开水解反应器的原料气经水解反应器进出料换热器(E－109)换热后进入水解反应器出口空冷器(A－103)，被进一步冷却降温后进入第二级主吸收塔，与进入第二级主吸收塔的贫胺液在塔内发生逆流接触反应，致使原料气中含有的H_2S和CO_2气体被进一步吸收，达到产品气质量要求后进入脱水单元。吸收H_2S和CO_2后的半富胺液从塔底部经半富胺液泵(P－106A/B)再次升压后进入第一级主吸收塔。第二级主吸收塔参数和结构图分别见表3－2和图3－12。

表3－2　第二级主吸收塔参数

操作介质		温度/℃		压力/MPa		规格及内部结构	主体材质
酸性天然气/(m^3/h)	胺液/(t/h)	设计	操作	设计	操作		
$(6.0\sim12.5)\times10^4$	190～280	100	43	9.1/FV	8.1	Φ2500×15600T/T	壳体：SA516－70(N)+316L
							内件：316L

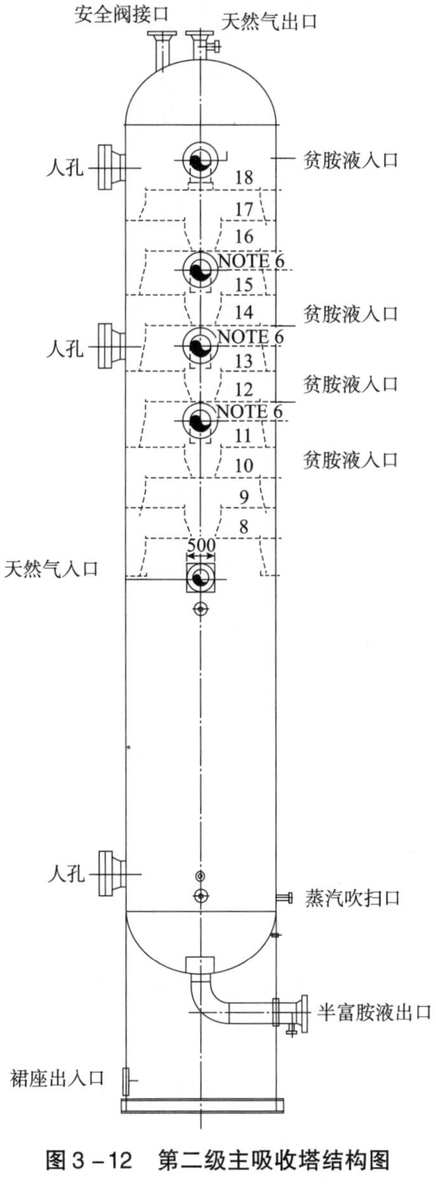

图3－12　第二级主吸收塔结构图

(3)闪蒸气吸收塔(C－103)。

闪蒸气吸收塔主要作用是用补充胺液(小股贫液)吸收闪蒸罐闪蒸出的 H_2S 和 CO_2 气体。闪蒸气吸收塔属于散堆填料塔。吸收 H_2S 和 CO_2 气体后的闪蒸气经压力控制送入燃料气公用管网，吸收闪蒸气中 H_2S 和 CO_2 气体后的半富胺液进入闪蒸罐。其参数及结构图分别见表 3－3 和图 3－13。

表 3－3　闪蒸气吸收塔参数

操作介质		温度/℃		压力/MPa		规格及内部结构	主体材质
闪蒸气/(m^3/h)	胺液/(t/h)	设计	操作	设计	操作		
100～1500	10～40	90	40	1.2/FV	0.6	Φ800×6650T/FF	壳体：16MnR＋316L
							内件：316L

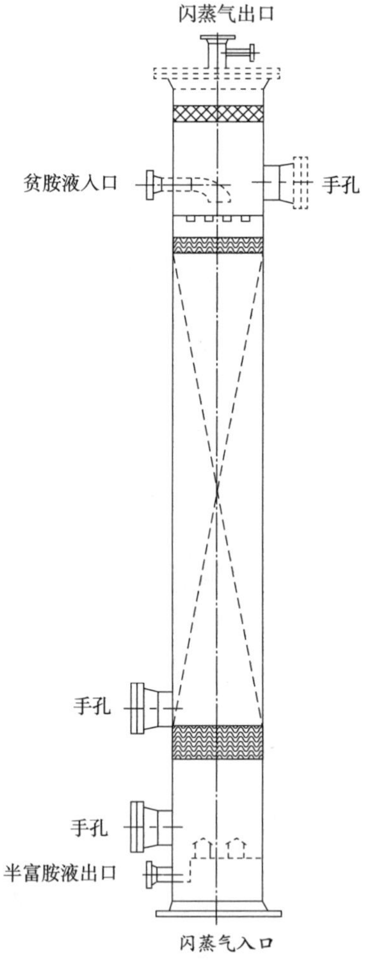

图 3－13　闪蒸气吸收塔结构图

(4)胺液再生塔(C－104)。

胺液再生塔参数和结构图分别见表 3－4 和图 3－14。

表3-4 胺液再生塔参数

操作介质		温度/℃		压力/MPa		规格及内部结构	主体材质
酸性气/(m^3/h)	胺液/(t/h)	设计	操作	设计	操作		
$(1.0\sim3.6)\times10^4$	200~550	160	124	0.4/FV	0.1	Φ3500×43400T/T	上部壳体：16MnR+304L 下部壳体：SA516-65(注)-国产板内件：304L

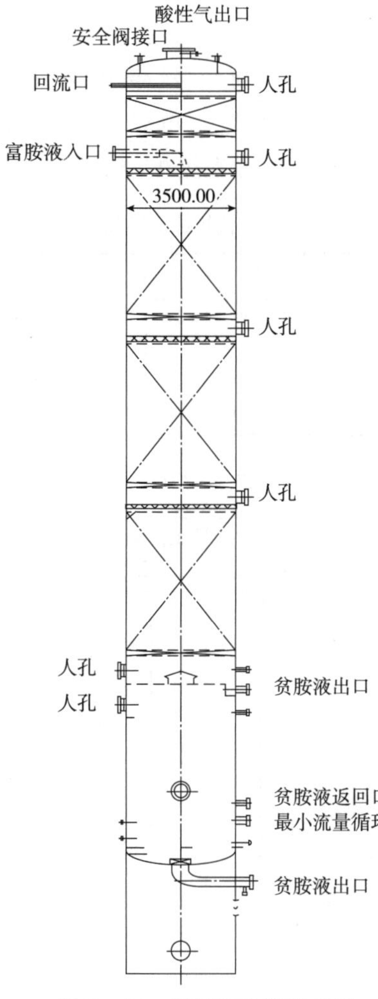

图3-14 胺液再生塔结构图

2)反应器类设备

水解反应器(R-101)主要作用是把经过水解反应器预热器(E-107)加热后的天然气中的羰基硫(COS)、二硫化碳(CS_2)进行水解反应。水解反应器属于立式反应器，其内部安装催化剂瓷器和水解催化剂。在水解催化剂作用下，原料气中含有的羰基硫(COS)、二硫化碳(CS_2)与水蒸气反应生成 H_2S 和 CO_2 气体，该水解反应受化学平衡限制，同时升温可促进反应进行。离开水解反应器的气体经水解反应器进出料换热器(E-109)换热后进入水解反应器出口空冷器(A-103)，进一步冷却后进入第二级主吸收塔(C-102)。其参数和结构图分别见表3-5和图3-10。

表 3-5　水解反应器参数

操作介质	温度/℃		压力/MPa		规格及内部结构	主体材质
酸性天然气/(m^3/h)	设计	操作	设计	操作		
$(6.0\sim12.5)\times10^4$	170	140	9.1/FV	8.3	Φ3100×4900T/T(立)	内件：316L
						壳体：SA516-70(N)+316L

3)容器类设备

(1)脱硫气体分离罐(D-101)。

脱硫气体分离罐主要作用是把从第二级主吸收塔出来的湿净化天然气中可能携带的胺液进行分离，分离后的湿净化天然气进入脱水单元，分离出的胺液被回收至胺液回收罐(D-105)。其参数与结构图分别见表 3-6 和图 3-15。

表 3-6　脱硫气体分离罐参数

操作介质	温度/℃		压力/MPa		规格及内部结构	主体材质
脱硫天然气/(m^3/h)	设计	操作	设计	操作		
$(6.0\sim12.5)\times10^4$	70	43	9.1/FV	8.1	Φ800×4000FF/T(立)	壳体：16MnR+316L
						内件：316L

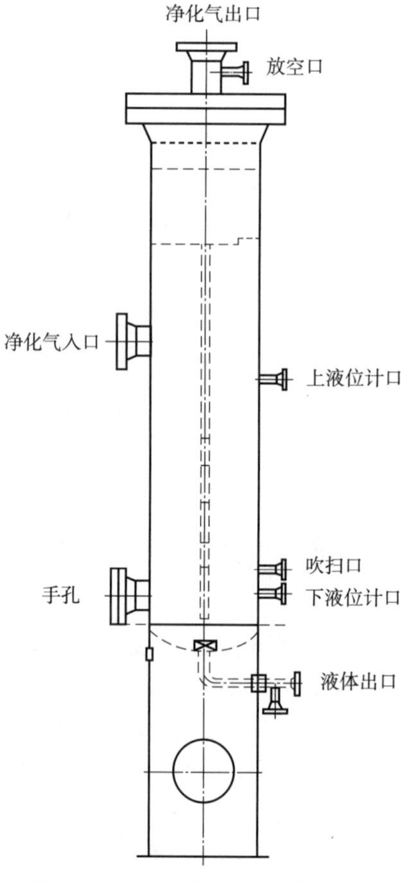

图 3-15　脱硫气体分离罐结构图

(2)富胺液闪蒸罐(D－102)。

富胺液闪蒸罐主要作用是闪蒸出富胺液中可能携带烃类物质。其参数和结构图分别见表3－7和图3－9。

表3－7　富胺液闪蒸罐参数

操作介质		温度/℃		压力/MPa		规格及内部结构	主体材质
闪蒸气/(m^3/h)	富胺液/(t/h)	设计	操作	设计	操作		
100～1500	200～550	90	59	1.2/FV	0.6	Φ3500×15100T/T(卧)	20R 内件：316L

(3)胺液再生塔顶回流罐(D－103)。

胺液再生塔顶回流罐主要作用是把再生塔塔顶气进行分液，分离出的酸性水被回流至再生塔内，分液后的酸性气被送入硫黄回收单元。其参数及结构图分别见表3－8和图3－16。

表3－8　胺液再生塔顶回流罐参数

操作介质		温度/℃		压力/MPa(表压)		规格及内部结构	主体材质
酸性气/(m^3/h)	水/(t/h)	设计	操作	设计	操作		
$(1.0～3.6)\times10^4$	10～30	160	50	0.4/FV	0.1	Φ2100×5750T/T(立)	壳体20R+304L 内件：316L

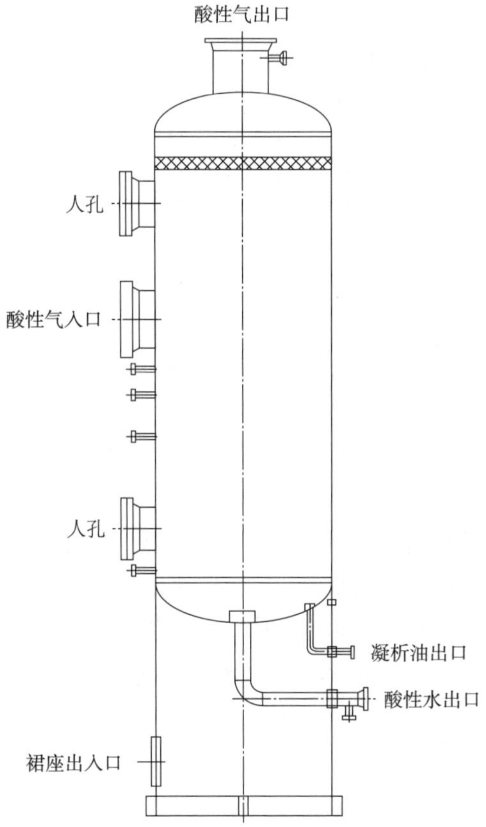

图3－16　胺液再生塔顶回流罐结构图

(4)凝结水罐(D－104A/B)。

凝结水罐主要作用是把胺液再生塔重沸器低压蒸汽冷凝过程中释放的热量所产生的凝结水经液位控制送入凝结水回收罐，然后经凝结水泵送出单元界区。其参数及结构图分别见表3－9和图3－17。

表3－9　凝结水罐参数

操作介质		温度/℃		压力/MPa		规格及内部结构	主体材质
蒸汽/(t/h)	凝结水/(t/h)	设计	操作	设计	操作		
5～35	5～35	200	143	0.7/FV	0.3	Φ900×2300T/T(立)	20R

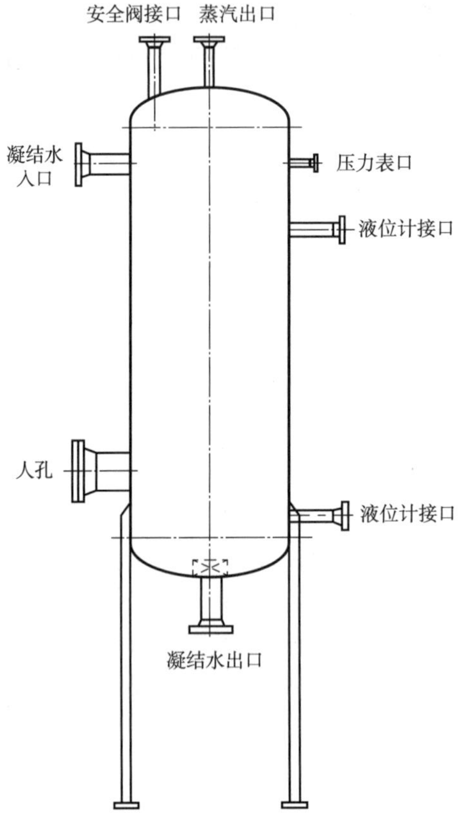

图3－17　凝结水罐结构图

(5)胺液回收罐(D－105)。

胺液回收罐主要作用是将塔器、机泵、罐、过滤器、换热器、取样以及维修时排出的胺液收集起来，这部分胺液通过胺液回收泵(P－104)抽出，经回收胺液过滤器(SR－102)过滤后，返回胺液循环系统使用或输送至胺液罐区。其参数及结构图分别见表3－10和图3－18。

表3－10　胺液回收罐参数

操作介质	温度/℃		压力/MPa		规格及内部结构	主体材质
胺液/(t/h)	设计	操作	设计	操作		
5～50	160	40	0.4/FV	0.1	Φ1700×6800T/T	20R

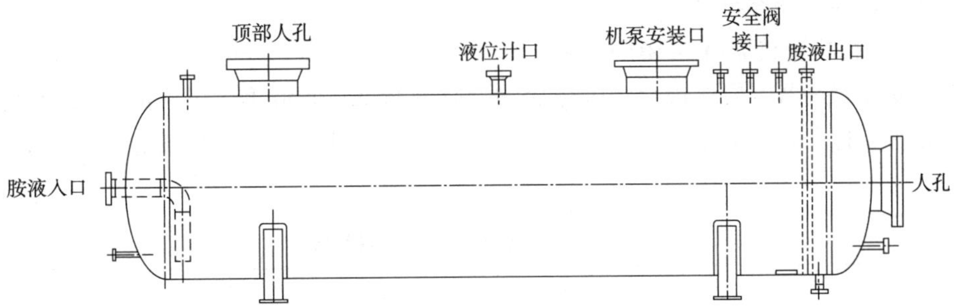

图3-18　胺液回收罐结构图

(6)水解反应器入口分离器(D-106)。

水解反应器入口分离器主要作用是把经过水解反应器进出料换热器(E-109A/B/C)换热升温后的气体分离出其所携带的胺液，分离出的胺液被回收至胺液回收罐(D-105)，分液后的原料气进入水解反应器预热器。其参数及结构图分别见表3-11和图3-19。

表3-11　水解反应器入口分离器参数

操作介质	温度/℃		压力/MPa		规格及内部结构	主体材质
酸性天然气/(m^3/h)	设计	操作	设计	操作		
$(6.0\sim12.5)\times10^4$	170	124	9.1/FV	8.1	Φ1400×4200T/T(立)	壳体：16MnR+316L
						内件：316L

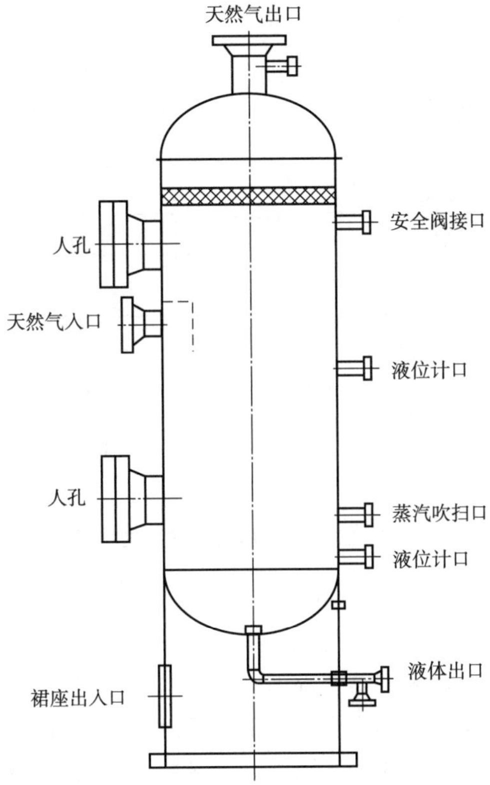

图3-19　水解反应器入口分离器结构图

4)管壳式换热器类设备

(1)贫富胺液换热器(E－101A～F)。

贫富胺液换热器主要作用是将闪蒸后的富胺液与来自胺液再生塔底的贫胺液进行热量交换。其中，管程介质为富胺液，壳程介质为贫胺液。其参数及结构图分别见表3－12和图3－20。

表3－12　贫富胺液换热器参数

操作介质		温度/℃				压力/MPa				规格型号	主体材质
管程(富胺液)/(t/h)	壳程(贫胺液)/(t/h)	管程		壳程		管程		壳程			
		进	出	进	出	进	出	进	出		
100～550	100～550	59	105	128	70	0.6	0.5	1.1	1.0	LBEU1700×6000	筒体：20R 管束：304L 管箱壳体：16MnR＋304L 内件：304L

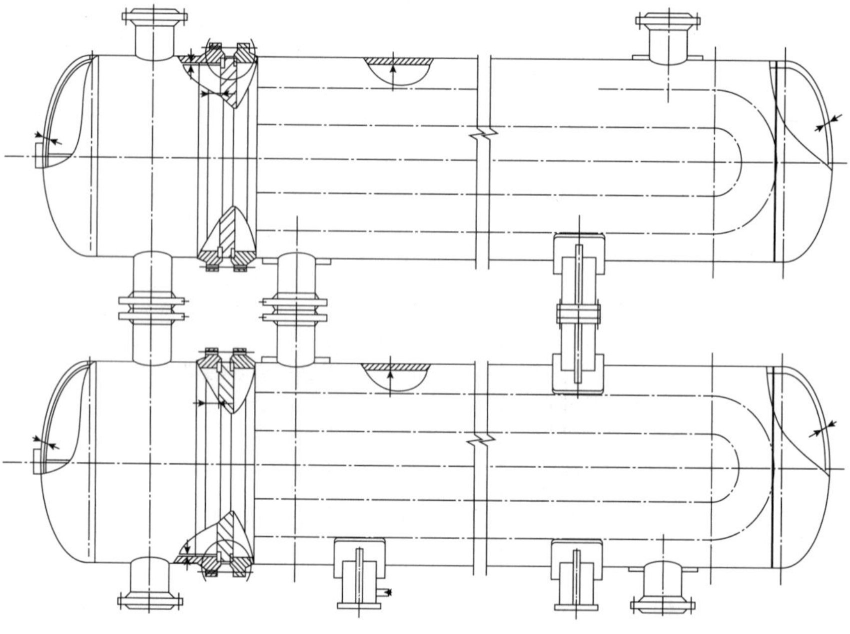

图3－20　贫富胺液换热器结构图

(2)胺液再生塔重沸器(E－104A/B)。

胺液再生塔重沸器主要作用是在重沸器内用0.45MPa的饱和低压蒸汽对胺液进行加热，胺液再生出来的再生气从重沸器顶部返回再生塔底部的气相空间，重沸器内未汽化的胺液从釜内溢流堰上部流出并返回再生塔底部。胺液再生塔重沸器属于管壳式换热器，管程介质是低压饱和蒸汽，壳程介质是贫胺液。其参数及结构图分别见表3－13和图3－21。

表 3－13　胺液再生塔重沸器参数

操作介质		温度/℃				压力/MPa				规格型号	主体材质
管程(蒸汽)/(t/h)	壳程(贫胺液)/(t/h)	管程		壳程		管程		壳程			
		进	出	进	出	进	出	进	出		
5～40	100～550	140	139	127	128	0.3	0.2	0.1	0.1	BKU2000/3000×12000(卧)	管束：304L 壳体：SA516－65(注)－国产板

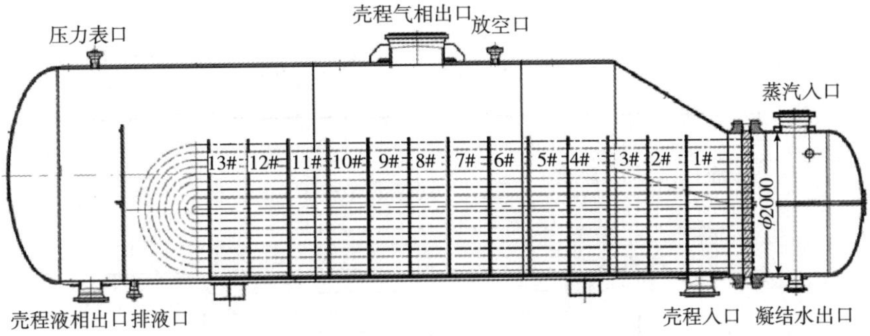

图 3－21　胺液再生塔重沸器结构图

(3)中间胺液冷却器(E－105)。

中间胺液冷却器主要作用是通过利用循环水作为冷却介质，把从第二级主吸收塔和尾气吸收塔(C－402)来的半富胺液降温，从而实现胺液对酸性气的充分吸收。壳体材质为Q345R(HIC)，换热管形式改为直管，材质为10#钢，管束管程侧涂刷SHY－99防腐涂料，管板材质为16Mn(HIC)。管程介质为循环水，壳程介质为半富胺液。其参数及结构图分别见表3－14和图3－22。

表 3－14　中间胺液冷却器参数

操作介质		温度/℃				压力/MPa				规格型号	主体材质
管程(循环水)/(m^3/h)	壳程(半富胺液)/(t/h)	管程		壳程		管程		壳程			
		进	出	进	出	进	出	进	出		
100～1000	100～550	33	40	47	39	0.4	0.3	8.4	8.4	BFU1800×6800	壳体：Q345R(HIC) 管束：304L

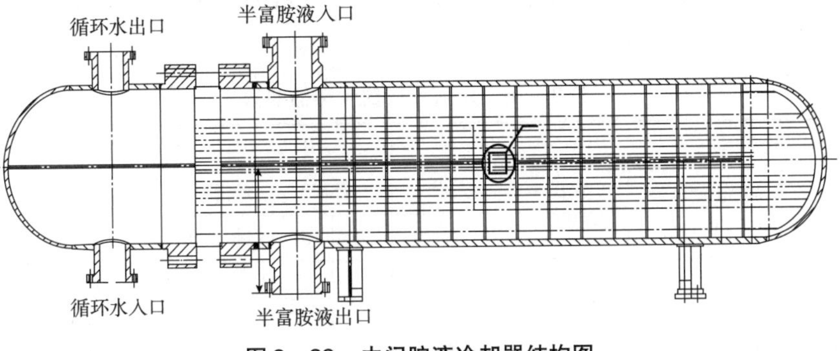

图 3－22　中间胺液冷却器结构图

(4)贫胺液后冷器(E－106A/B)。

贫胺液后冷器主要作用是利用循环水作为冷却介质，把再生塔底出来的贫胺液再次进行冷却降温，以提高贫胺液对酸性气的吸收能力。其中管程介质为循环水，壳程介质为贫胺液。其参数及结构图分别见表3－15和图3－23。

表3－15　贫胺液后冷器参数

操作介质		温度/℃				压力/MPa				规格型号	主体材质
管程(循环水)/(m^3/h)	壳程(贫胺液)/(t/h)	管程		壳程		管程		壳程			
		进	出	进	出	进	出	进	出		
100～1000	100～550	33	40	55	39	0.4	0.4	0.6	0.5	LBEU1800×6000	壳体：20R 管束：304L

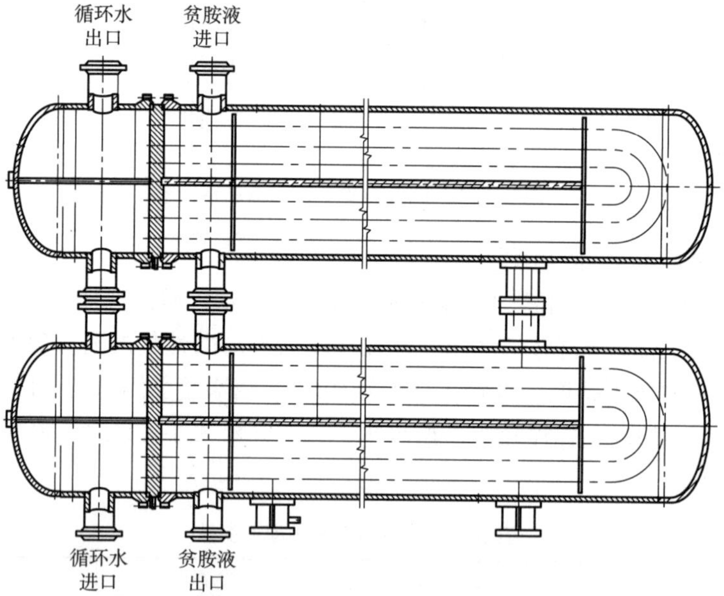

图3－23　贫胺液后冷器结构图

(5)水解反应器预热器(E－107)。

水解反应器预热器主要作用是将经第一级主吸收塔部分脱硫后的天然气进行加热，温度由110℃升至140℃，预热器采用饱和中压蒸汽作为加热介质，气体被加热后可防止在水解反应器中产生凝液。其中，管程介质为天然气，壳程介质为饱和中压蒸汽。其参数及结构图分别见表3－16和图3－24。

表3－16　水解反应器预热器参数

操作介质		温度/℃				压力/MPa				规格型号	主体材质
管程(天然气)/(m^3/h)	壳程(蒸汽)/(t/h)	管程		壳程		管程		壳程			
		进	出	进	出	进	出	进	出		
$(6.0～12.5)\times10^4$	0.5～2.5	110	141	240	240	8.2	8.2	3.2	3.2	BEM500×2500	管束：316L

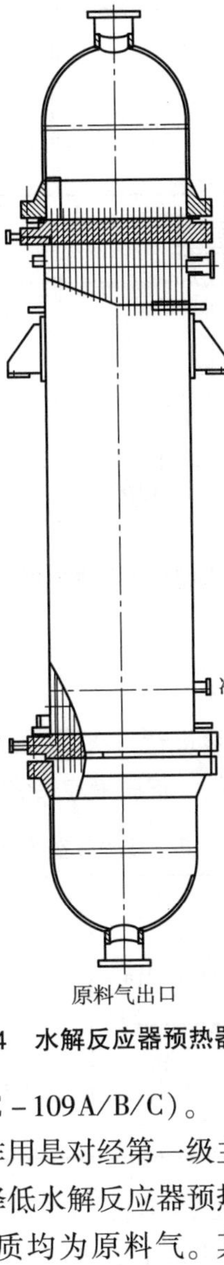

图3－24　水解反应器预热器结构图

(6)水解反应器进出料换热器(E－109A/B/C)。

水解反应器进出料换热器主要作用是对经第一级主吸收塔部分脱硫后的原料气和水解反应器出口原料气进行换热，从而降低水解反应器预热器蒸汽耗量以及水解反应器出口空冷器的热负荷。其中，管、壳程介质均为原料气。其参数及结构图分别见表3－17和图3－25。

表3－17　水解反应器进出料换热器参数

操作介质		温度/℃				压力/MPa				规格型号	主体材质
管程(天然气)/(m^3/h)	壳程(天然气)/(m^3/h)	管程		壳程		管程		壳程			
		进	出	进	出	进	出	进	出		
$(6.0\sim12.5)\times10^4$	$(6.0\sim12.5)\times10^4$	43	124	141	72	8.2	8.2	8.1	8.1	BEU1200×5000	管束：316L 壳体：16MnR+316L

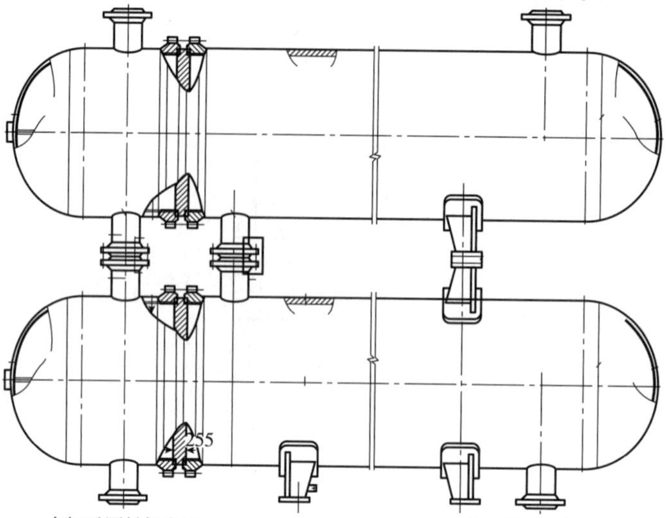

图 3－25　水解反应器进出料换热器结构图

5)空冷器类设备

(1)贫胺液空冷器(A－101A～H)。

贫胺液空冷器主要作用是对贫胺液进行再次降温，贫胺液经贫胺液空冷器进一步冷却至55℃，从而有利于胺液对原料气的吸收。贫胺液空冷器参数见表 3－18。

表 3－18　贫胺液空冷器参数

操作介质	操作条件			管束	风机
贫胺液/(t/h)	温度/℃		压力/MPa		
	进口	出口			
100～550	70	55	0.4	GP9×3－6－193 2.5S－23.4/DR－IVa 9780×8	TF36B6－Vs30 1980×8

(2)胺液再生塔顶空冷器(A－102A～H)。

胺液再生塔顶空冷器主要作用是将再生塔塔顶气冷却至35℃左右，酸性气进入胺液再生塔顶回流罐(D－103)进行分液，分离出的酸性水回流至再生塔，分液后的酸性气送入硫黄回收单元。胺液再生塔顶空冷器参数见表 3－19。

表 3－19　胺液再生塔顶空冷器参数

操作介质	操作条件			管束	风机
酸性气/(m^3/h)	温度/℃		压力/MPa		
	进口	出口			
$(1.0～3.6)\times10^4$	98	50	0.1	GP10.5×3－6－226 2.5S－23.4/DR－Ia 11013×8	TF39B6－Vs37 2090×8

(3)水解反应器出口空冷器(A－103A/B)。

水解反应器出口空冷器主要作用是降低经水解反应后原料气的温度，温度控制在30～50℃之间，促进胺液对原料气的吸收。水解反应器出口空冷器参数见表3－20。

表3－20　水解反应器出口空冷器参数

操作介质	操作条件			管束	风机
天然气/(m^3/h)	温度/℃		压力/MPa		
	进口	出口			
(6.0～12.5)×10^4	72	50	8.1	GP6×3－6－127	G－TF24B4－Vs11

6)泵类设备

(1)贫胺液泵(P－101A/B)。

贫胺液泵主要作用是将再生塔底贫胺液泵出口胺液升压后送至第二级胺液主吸收塔，从而保证原料气 H_2S 和 CO_2 充分脱除。贫胺液泵规格型号为8×10×14BB5型6级离心泵。贫胺液泵参数见表3－21。

表3－21　贫胺液泵参数

操作介质	操作条件				机泵轴功率/kW	原动机型号
	流量/(m^3/h)	温度/℃	压力/MPa			
			进口	出口		
贫胺液	215	39	1.1	8.3	726	1100

(2)富胺液透平(HT－101)。

液力透平主要作用是将第一级主吸收塔高压富胺液减压后送至富胺液闪蒸罐(D－102)，将压力能转换为机械能，用于驱动贫胺液泵运转，从而降低贫胺液泵电耗。富胺液透平参数见表3－22。

表3－22　富胺液透平参数

操作介质	操作条件			
	流量/(m^3/h)	温度/℃	压力/MPa	
			进口	出口
富胺液	562	59	8.2	1.0

(3)再生塔底贫胺液泵(P－102A/B)。

再生塔底贫胺液泵主要作用是将胺液再生塔底部的贫胺液增压后输送到贫胺液泵(P－101A/B)、尾气吸收塔(C－402)以及闪蒸气吸收塔(C－103)，是脱硫单元胺液循环的关键机泵。再生塔底贫胺液泵型号为12×16×23A－BBTD，2级压缩、卧式、首级、双吸型离心泵。润滑方式：抛油环。机械密封采用Plan53B冲洗辅助系统。再生塔底贫胺液泵参数见表3－23。

表 3-23 再生塔底贫胺液泵参数

操作介质	操作条件				机泵轴功率/kW	原动机型号
	流量/(m^3/h)	温度/℃	压力/MPa			
			进口	出口		
贫胺液	599	124	0.2	2.1	471	630

(4)胺液再生塔回流泵(P-103A/B)。

胺液再生塔回流泵属于磁力泵，其主要作用是将胺液再生塔顶回流罐(D-103)分离出的酸水输送至胺液再生塔顶部，从而控制胺液再生塔塔顶温度。磁力泵主要部件包括：磁力驱动器、隔离套、泵体、叶轮、泵轴、轴承、密封部件和底座等。胺液再生塔回流泵参数见表 3-24。

表 3-24 胺液再生塔回流泵参数

操作介质	操作条件				机泵轴功率/kW	原动机型号
	流量/(m^3/h)	温度/℃	压力/MPa			
			进口	出口		
酸性水	21.9	50	0.1	0.7	7.2	15

(5)胺液回收泵(P-104)。

胺液回收泵为液下泵，主要作用是将胺液回收罐(D-105)内胺液输送至胺液闪蒸罐(D-102)或输送至胺液罐区。液下泵主要部件包括：泵体、叶轮、泵轴、机械密封、轴承和安全保护系统。胺液回收泵参数见表 3-25。

表 3-25 胺液回收泵参数

操作介质	操作条件				机泵轴功率/kW	原动机型号
	流量/(m^3/h)	温度/℃	压力/MPa			
			进口	出口		
胺液	14.8	25	0.1	0.9	13.4	22

(6)中间胺液泵(P-106A/B)。

中间胺液泵主要作用是将第二级主吸收塔底部的半富胺液增压后与尾气吸收塔出口的半富胺液汇合一并输送到第一级主吸收塔中。中间胺液泵规格型号为 HVN-S 8×15 的单级双吸离心泵。中间胺液泵参数见表 3-26。

表 3-26 中间胺液泵参数

操作介质	操作条件				机泵轴功率/kW	原动机型号
	流量/(m^3/h)	温度/℃	压力/MPa			
			进口	出口		
胺液	219	47	8.1	8.6	46	110

7)过滤器类设备

(1)天然气进料分离器(SR-101)。

天然气进料分离器有两种类型，分别是天然气进料过滤分离器(SR－101A/B)和天然气进料聚结分离器(SR－101C)。它们的主要作用是过滤出原料气中携带的固体颗粒杂质、游离态的水和油类杂物，过滤精度分别为1μm和0.3μm。天然气进料分离器主要结构包括：筒体、过滤滤芯、端盖、支撑架、进出口管道、排放系统以及密封部件等。天然气进料过滤分离器为立式预过滤器，进入方式为高进低出；天然气进料聚结分离器(SR－101C)为聚结过滤器，进入方式为低进高出。天然气进料分离器参数及结构图分别见表3－27和图3－26。

表3－27　天然气进料分离器参数

操作介质	温度/℃		压力/MPa		规格及内部结构	主体材质
酸性天然气/(m^3/h)	设计	操作	设计	操作		
$(6.0\sim12.5)\times10^4$	85	40	9.1/FV	8.3	Φ610×2500T/T(立) Φ863×3500T/T(立)	SA516－70(N)+316L

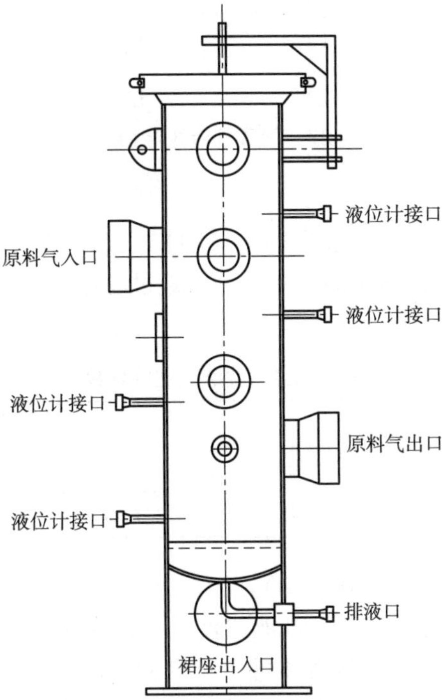

图3－26　天然气进料分离器结构图

(2)回收胺液过滤器(SR－102)。

回收胺液过滤器主要作用是从胺液回收罐抽出的胺液过滤，过滤后的胺液返回胺液循环系统使用。回收胺液过滤器参数及结构图分别见表3－28和图3－27。

表3－28　回收胺液过滤器参数

操作介质	温度/℃		压力/MPa		主体材质
胺液/(t/h)	设计	操作	设计	操作	
5~30	160	25	1.4/FV	0.9	SA－516－65N

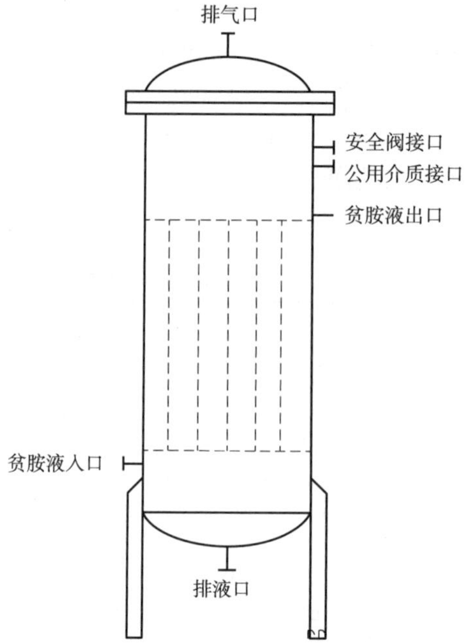

图3-27　回收胺液过滤器结构图

(3)胺液过滤器(SR-103A/B)。

胺液过滤器主要作用是过滤胺液中的固体颗粒等机械杂质，过滤精度为25μm，正常生产时为一备一用，从而确保胺液品质良好。胺液过滤器参数及结构图分别见表3-29和图3-27。

表3-29　胺液过滤器参数

操作介质	温度/℃		压力/MPa		主体材质
贫胺液/(t/h)	设计	操作	设计	操作	
50~250	100	55	2.4/FV	2.1	碳钢

(4)胺液活性炭过滤器(SR-104A/B)。

活性炭过滤器位于脱硫单元，与胺液过滤器(SR-103A/B)、胺液后过滤器(SR-105A/B)配合使用。其主要作用是脱除贫胺液携带的腐蚀降解产物、烃类物质及热稳定性盐(HSS)等物质，目的是防止胺液发泡以及因胺液发泡导致的胺液吸收和再生问题。活性炭过滤器主要结构包括：过滤容器、活性炭、支撑层以及上进水/出水系统。胺液活性炭过滤器参数及结构图分别见表3-30和图3-28。

表3-30　胺液活性炭过滤器参数

操作介质	温度/℃		压力/MPa		规格及内部结构	主体材质
贫胺液/(t/h)	设计	操作	设计	操作		
50~250	100	55	2.4/FV	2.1	Φ3700×4800T/T(立)	筒体：16MnR 内件：S.S

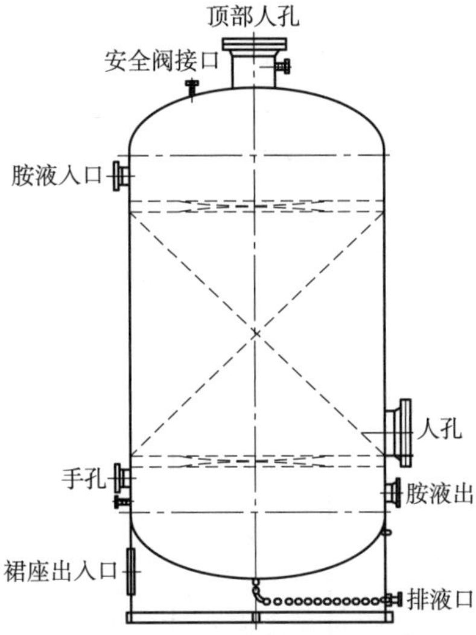

图3-28 胺液活性炭过滤器结构图

(5)胺液后过滤器(SR-105A/B)。

胺液后过滤器主要作用是过滤炭渣等固体颗粒，过滤精度为5μm，正常生产时为一备一用，从而确保胺液品质良好。胺液后过滤器参数及结构图分别见表3-31和图3-27。

表3-31 胺液后过滤器参数

操作介质	温度/℃		压力/MPa		主体材质
贫胺液/(t/h)	设计	操作	设计	操作	
50~250	100	55	2.4/FV	2.1	内件：S.S 筒体：SA-516-65N

3.2.2 脱水单元设备

脱水单元设备有填料脱水塔、过滤器、管壳式换热器、板式换热器、离心泵和隔膜式柱塞泵等多种类型设备。

1)塔类设备

(1)脱水塔(C-201)。

脱水塔主要作用是利用TEG的高效脱水性能，对来自两列脱硫装置经过脱硫后的湿净化天然气与高纯度三甘醇(TEG)在规整填料中进行逆流接触，脱除携带的水分，使天然气的水露点达到质量要求。脱水塔属于填料塔，主要组成部分包括：塔体、填料支撑板、填料、液体分布器、进出口管道以及除沫装置等。脱水塔参数及结构图分别见表3-32和图3-29。

表3-32 脱水塔参数

操作介质		温度/℃		压力/MPa		规格及内部结构	主体材质
脱硫天然气/(m^3/h)	TEG/(t/h)	设计	操作	设计	操作		
$(6.0\sim20.5)\times10^4$	1.0~4.0	90	43	9.1/FV	8.1	Φ1700×11000T/T	上部筒体：16MnR 内件：316L
							下部筒体：16MnR+316L

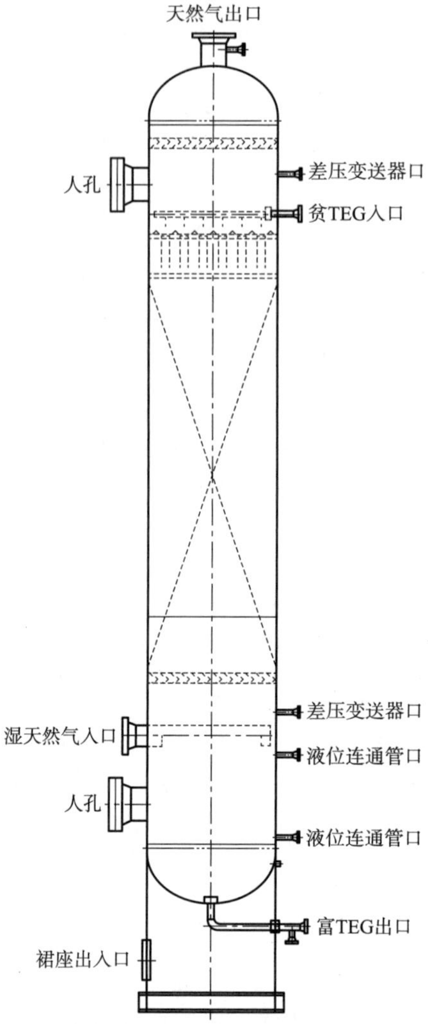

图 3－29　脱水塔结构图

(2)TEG 再生塔(C－202)。

TEG 再生塔是散堆填料塔，主要作用是预热后的富 TEG 向下流经再生塔中的散堆填料，进入 TEG 重沸器(E－202)进行升温再生，将富 TEG 中含有的水分进行解析。同时，TEG 再生塔顶部设置起冷却作用的散热片，产生回流以尽量减少 TEG 损失。TEG 再生合格后，再生气进入尾气焚烧炉进行燃烧，再生合格后的贫 TEG 进入 TEG 缓冲罐(D－202)。TEG 再生塔参数和结构图分别见表 3－33 和图 3－30。

表 3－33　TEG 再生塔参数

操作介质	温度/℃		压力/MPa		规格及内部结构	主体材质
	设计	操作	设计	操作		
富 TEG	235	204	0.4/FV	0.1	Φ400×7200T/FF	壳体：16MnR＋316L
						内件：316L

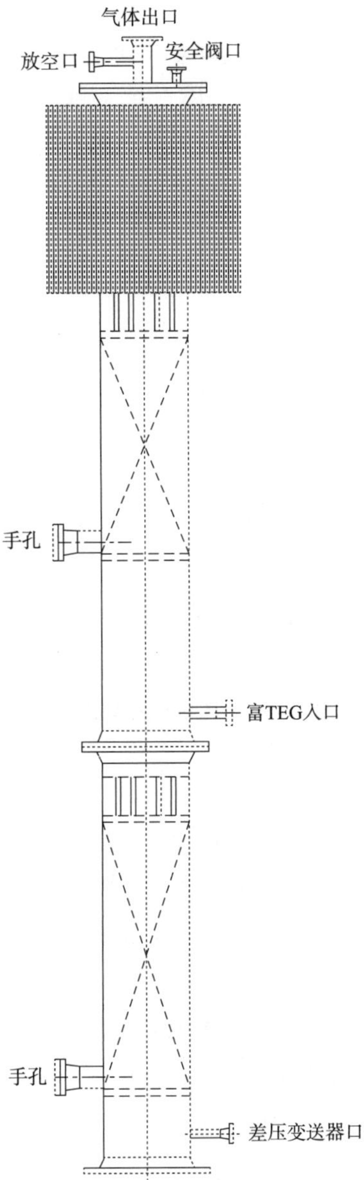

图3-30 TEG再生塔结构图

(3)TEG汽提塔(C-203)。

TEG汽提塔主要作用是将来自重沸器(E-202)中的TEG与汽提气在散堆填料中逆流接触进一步脱除残余水分，离开TEG汽提塔的TEG纯度为99.5%，TEG汽提塔使用的汽提气介质为0.45MPa的燃料气气体。TEG汽提塔参数见表3-34和图3-31。

表3-34 TEG汽提塔参数

操作介质		温度/℃		压力/MPa		规格及内部结构	主体材质
燃料气/(m^3/h)	TEG/(t/h)	设计	操作	设计	操作		
2.0~20.0	1.0~4.0	235	204	0.4/FV	0.1	Φ350×2590FF/FF	筒体：C.S
							内件：316L

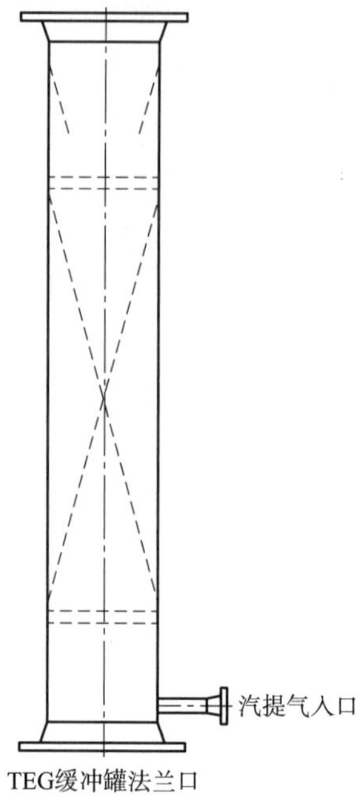

图3-31　TEG汽提塔结构图

2)容器类设备

(1)TEG闪蒸罐(D-201)。

TEG闪蒸罐主要作用是对来自脱水塔的富TEG进行闪蒸，在罐内闪蒸以脱除溶解的天然气，闪蒸出的天然气送入尾气焚烧炉焚烧，焚烧所产生的热量通过产生高压蒸汽进行回收。闪蒸后的富TEG进入TEG再生塔进行再生。TEG闪蒸罐参数及结构图分别见表3-35和图3-32。

表3-35　TEG闪蒸罐参数

操作介质		温度/℃		压力/MPa		规格及内部结构	主体材质
闪蒸气/(m^3/h)	富TEG/(t/h)	设计	操作	设计	操作		
5.0~50.0	1.0~4.0	90	46.7	0.6/FV	0.4	Φ900×2200T/T(卧)	20R 内件：316L

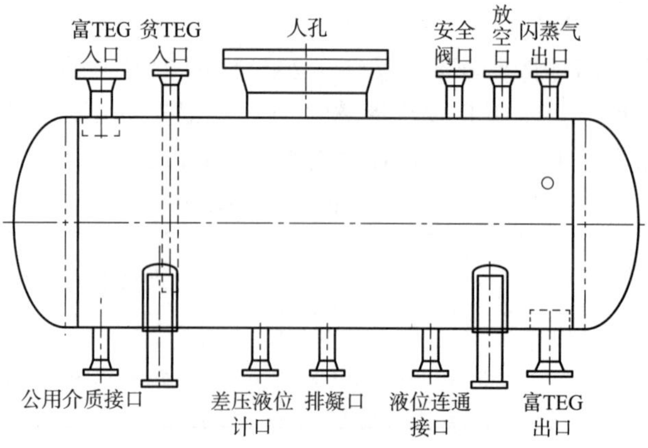

图3-32　TEG闪蒸罐结构图

(2)TEG缓冲罐(D－202)。

TEG缓冲罐主要作用是储存、缓冲再生合格的贫TEG。TEG缓冲罐参数及结构图分别见表3－36和图3－33。

表3－36 TEG缓冲罐参数

操作介质	温度/℃		压力/MPa		规格及内部结构	主体材质
贫TEG/(t/h)	设计	操作	设计	操作		
1.0～4.0	235	204	0.4/FV	0.1	Φ800×2900T/T(卧)	20R

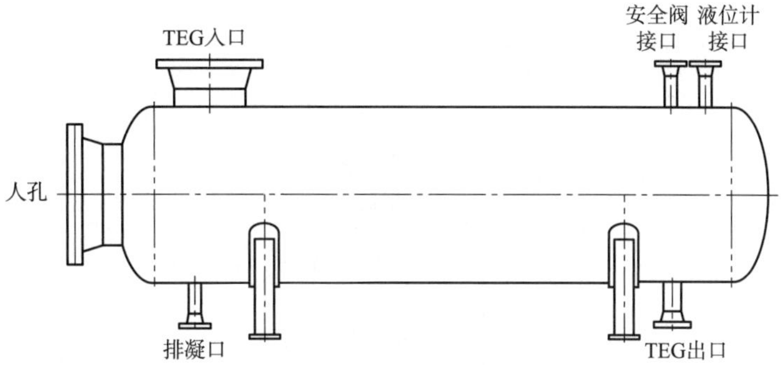

图3－33 TEG缓冲罐结构图

(3)TEG分液罐(D－203)。

TEG分液罐主要作用是把TEG再生塔塔顶再生出来的混合气体进行分液，将废气中携带的TEG溶液分离出来，同时对分离出的TEG溶液进行回收利用。TEG分液罐参数及结构图分别见表3－37和图3－34。

表3－37 TEG分液罐参数

操作介质	温度/℃		压力/MPa		规格及内部结构
	设计	操作	设计	操作	
富TEG	235	96	0.5/FV	0.1	Φ800×2000T/T(卧)

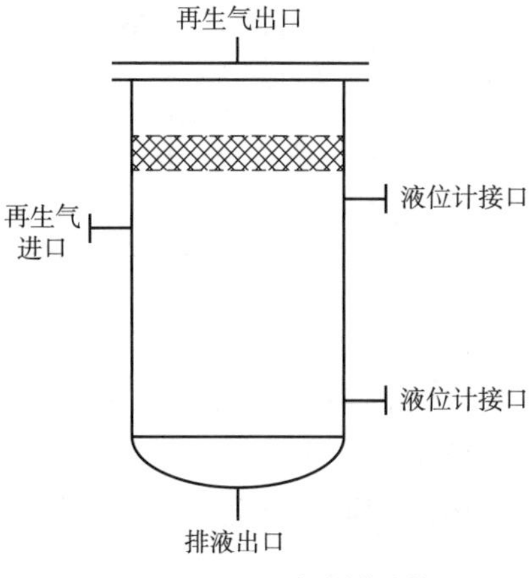

图3－34 TEG分液罐结构图

(4)TEG净化天然气分液罐(D-204)。

净化天然气分液罐主要作用是对脱水后的天然气脱除携带的TEG溶液，避免下游产品气管线受脱水塔操作波动的影响，同时对分离出的TEG溶液进行回收利用。净化天然气分液罐参数及结构图分别见表3-38和图3-35。

表3-38 净化天然气分液罐参数

操作介质	温度/℃		压力/MPa		规格及内部结构	主体材质
净化天然气/(m^3/h)	设计	操作	设计	操作		
(6.0~20.5)×10^4	70	45	9.1/FV	8.1	Φ1200×3800T/T(立)	筒体：16MnR 内件：304L

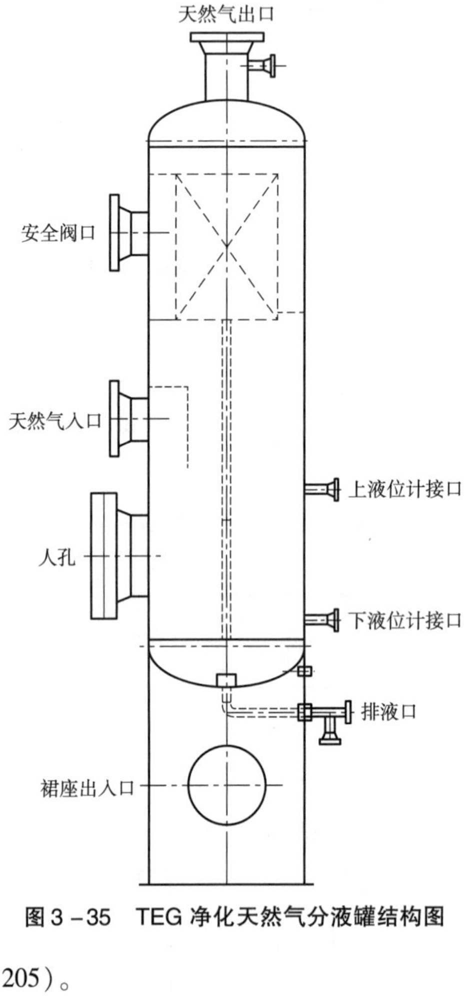

图3-35 TEG净化天然气分液罐结构图

(5)TEG回收罐(D-205)。

TEG回收罐主要作用是收集设备(塔器、罐、过滤器、机泵等)和液位仪表连通管排放的TEG溶液，避免大量TEG被排放到含油污水系统中，同时可通过罐内设置的液下泵将存储的TEG输送回TEG闪蒸罐或TEG罐区进行重复利用。TEG回收罐参数及结构图分别见表3-39和图3-36。

表3-39　TEG回收罐参数

操作介质	温度/℃		压力/MPa		规格及内部结构	主体材质
TEG/(t/h)	设计	操作	设计	操作		
5~20	210	20	0.4/FV	0.1	Φ1100×3000T/T(卧)	内件：304L 筒体：20R

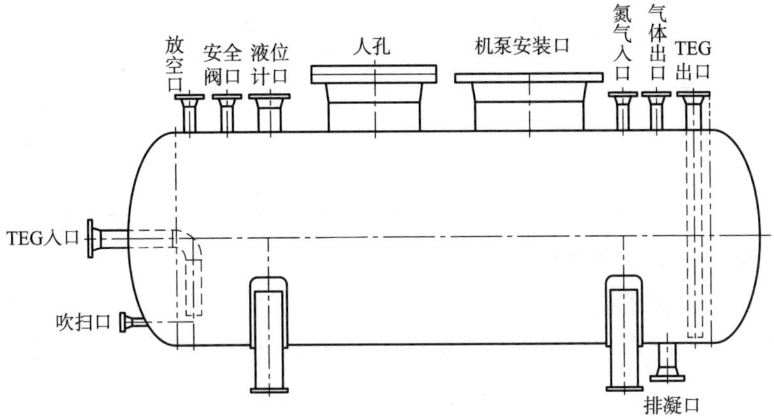

图3-36　TEG回收罐结构图

3)换热器类设备

(1)TEG重沸器(E-202)。

TEG重沸器为釜式重沸器，主要作用是采用饱和中压蒸汽[3.5MPa(表压)]加热富TEG以脱除其中所含的水和烃类物质，将TEG加热至200℃左右，从而提高脱除效率。管程介质为饱和中压蒸汽，壳程介质为富TEG溶剂。TEG重沸器参数及结构图分别见表3-40和图3-37。

表3-40　TEG重沸器参数

操作介质		温度/℃				压力/MPa				规格型号
管程(热侧)	壳程(冷侧)	管程(热侧)		壳程(冷侧)		管程(热侧)		壳程(冷侧)		
蒸汽/(t/h)	富TEG/(t/h)	进	出	进	出	进	出	进	出	BKU300/ 550×4500
0.1~1.0	1.0~4.0	234	234	167	204	2.9	2.9	0.1	0.1	

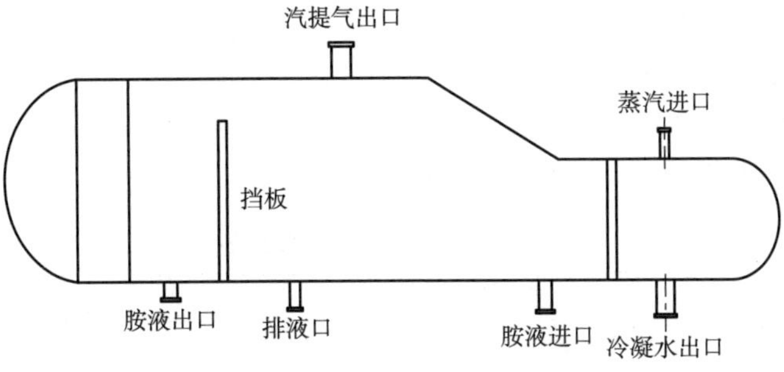

图3-37　TEG重沸器结构图

(2)贫富 TEG 换热器(E－201A/C)。

贫富 TEG 换热器主要作用是对富 TEG 和贫 TEG 进行热量交换，对富 TEG 进行升温，有利于再生；对贫 TEG 进行降温，有利于吸收。贫富 TEG 换热器属于板式换热器，其主要部件包括：传热板片、固定宽框架板、压力板、紧固螺旋栓、携带栓、导向栓、支撑和固定框架等。板式换热器具有结构紧凑，材料消耗低，传热系数大、操作灵活，检修、清洗比较方便等优点。贫富 TEG 换热器参数及结构图分别见表 3－41 和图 3－8。

表 3－41　贫富 TEG 换热器参数

操作介质		温度/℃				压力/MPa				规格型号
管程(热侧)	壳程(冷侧)	管程(热侧)		壳程(冷侧)		管程(热侧)		壳程(冷侧)		
贫 TEG/(t/h)	富 TEG/(t/h)	进	出	进	出	进	出	进	出	AlfaNoVa 400－210H
1.0~4.0	1.0~4.0	197	66	46	182	0.1	0.1	0.3	25	

(3)贫液后冷器(E－201B/D)。

贫液后冷器主要作用是对贫 TEG 通过循环水进行再次降温冷却，有利于后续对湿净化天然气的吸收。其结构同样属于板式换热器。贫液后冷器参数见表 3－42。

表 3－42　贫液后冷器参数

操作介质		温度/℃				压力/MPa				规格型号
管程(热侧)	壳程(冷侧)	管程(热侧)		壳程(冷侧)		管程(热侧)		壳程(冷侧)		
贫 TEG/(t/h)	冷却水/(m^3/h)	进	出	进	出	进	出	进	出	AlfaNoVa76
1.0~4.0	10~100	66	55	33	43	0.1	0.1	0.4	0.4	

4)泵类设备

(1)TEG 循环泵(P－201A/B)。

TEG 循环泵属于隔膜式柱塞泵，其主要作用是对贫 TEG 进行升压后输送至脱水塔。隔膜式柱塞泵主要部件包括：泵体、柱塞、隔膜、驱动机构、密封件和安全控制系统(变频调节)等。TEG 循环泵参数见表 3－43。

表 3－43　TEG 循环泵参数

操作介质	操作条件				机泵轴功率/kW	原动机型号
	流量/(m^3/h)	温度/℃	压力/MPa			
			进口	出口		
TEG 溶剂	5.6	55	0.1	8.1	25	55

(2)TEG 回收泵(P－203)。

TEG 回收泵是脱水单元退、补液关键设备，其结构属于液下泵。主要用于脱水系统的 TEG 补充和系统的退液。TEG 回收泵参数见表 3－44。

表 3－44　TEG 回收泵参数

操作介质	操作条件				机泵轴功率/kW	原动机型号
	流量/(m^3/h)	温度/℃	压力/MPa			
			进口	出口		
TEG	3.4	30	0.1	0.5	1.7	2.2

5)过滤器类设备

(1)TEG过滤器(SR-201)。

TEG过滤器主要作用是脱除富TEG中含有的固体杂质(如铁锈、粉化的活性炭)等，提升TEG品质。TEG过滤器参数及结构图分别见表3-45和图3-38。

表3-45 TEG过滤器参数

操作介质	温度/℃		压力/MPa		主体材质
富TEG/(t/h)	设计	操作	设计	操作	
1.0~4.0	90	47	0.6/FV	0.4	SA-516-60

(2)TEG活性炭过滤器(SR-202)。

TEG活性炭过滤器主要作用是脱除TEG中可能累积的烃类物质，避免TEG因出现发泡影响整个系统性能。TEG活性炭过滤器参数及结构图分别见表3-46和图3-39。

表3-46 TEG活性炭过滤器参数

操作介质	温度/℃		压力/MPa		主体材质
富TEG/(t/h)	设计	操作	设计	操作	
1.0~4.0	90	47	0.6/FV	0.4	SA-516-60

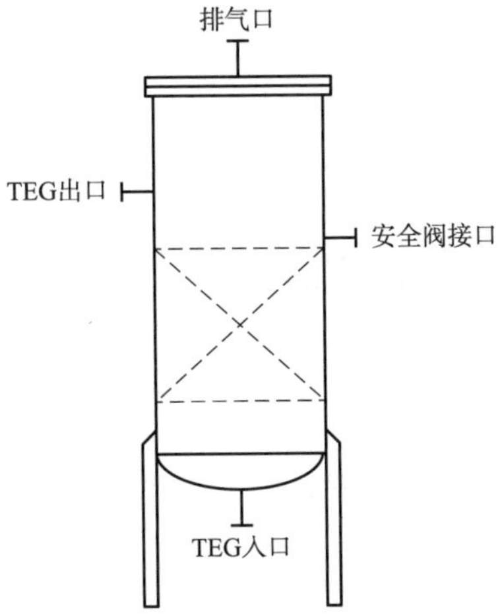

图3-38 TEG过滤器结构图

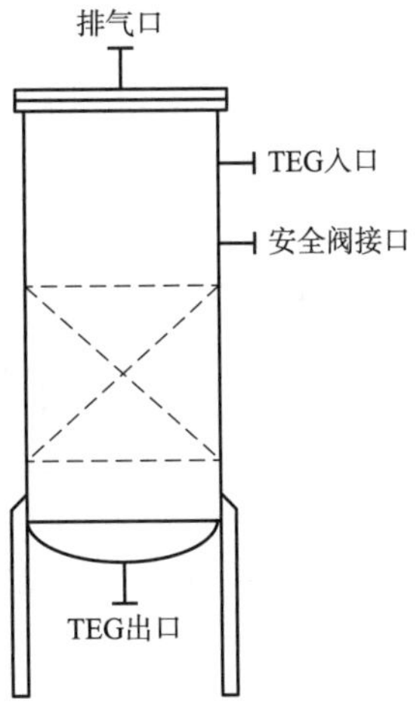

图3-39 TEG活性炭过滤器结构图

3.2.3 酸水汽提单元设备

酸水汽提单元设备有填料再生塔、酸水缓冲罐、管壳式换热器、离心泵等多种类型设备。

1)塔类设备

酸水汽提塔(C-501)属于填料塔，其主要作用是经过换热升温后的酸性水与汽提蒸汽在规整填料中逆流接触，汽提出所含的酸性气(H_2S和CO_2)。酸水汽提塔塔顶气直接送往尾气处理单元急冷塔中冷却并回收循环的H_2S气体，汽提合格后的净化水作为循环水被机泵输送至装置界区外使用。酸水汽提塔参数及结构图分别见表3-47和图3-40。

表 3－47　酸水汽提塔参数

操作介质	温度/℃		压力/MPa		规格及内部结构	主体材质
酸性水/(t/h)	设计	操作	设计	操作		
5～60	160	107	0.4/FV	0.1	Φ1200×18500T/T	壳体：20R＋304L 内件：304L

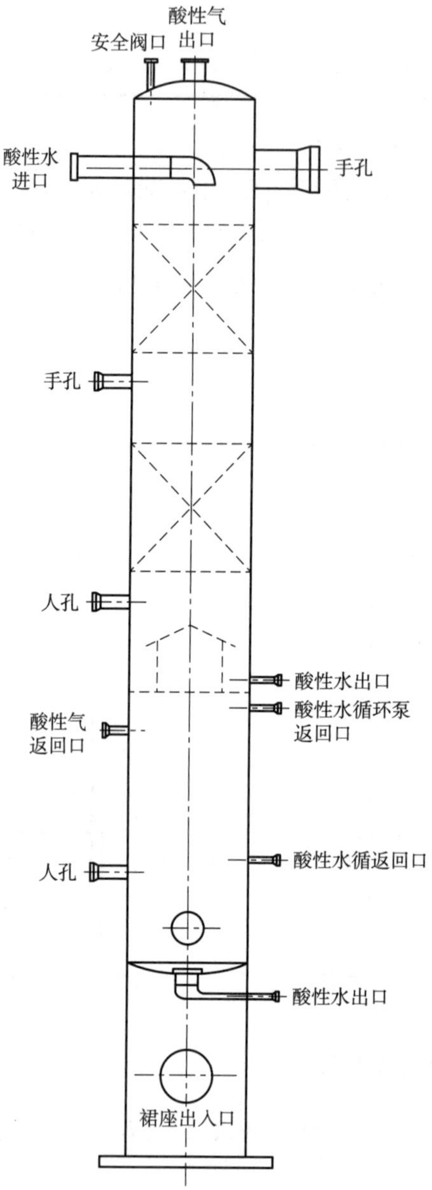

图 3－40　酸水汽提塔结构图

2）容器类设备

（1）酸水缓冲罐（D－501）。

酸水缓冲罐主要作用是接收自尾气处理单元急冷塔（C－401）连续排放的酸性水。同时也用于接收胺液再生塔顶回流罐(D－103)及酸气分液罐(D－301)间断排放的酸性水。来自两个系列的酸性水收集在酸水缓冲罐中，酸水缓冲罐设置氮封来维持罐内压力，罐内累积的酸性气体经压力控制送入尾气焚烧炉。酸水缓冲罐参数及结构图分别见表3－48和图3－41。

表3－48 酸水缓冲罐参数

操作介质	温度/℃		压力/MPa		规格及内部结构
酸性水/(t/h)	设计	操作	设计	操作	
5～60	160	43	0.9/FV	0.4	Φ2000×5000T/T(卧)

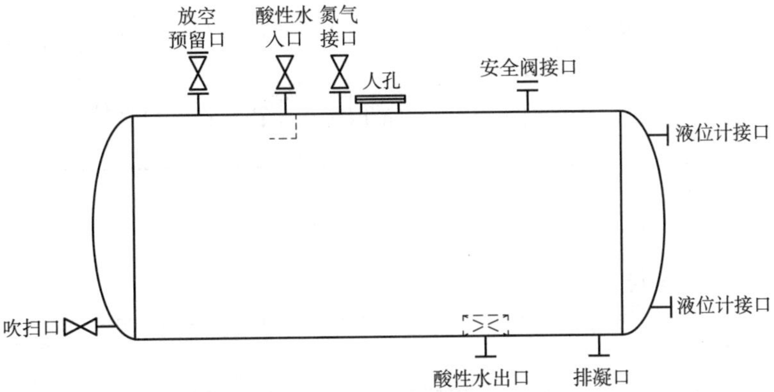

图3－41 酸水缓冲罐结构图

(2)酸水回收罐(D－503)。

酸水回收罐主要作用是收集设备(罐、塔以及机泵等)和液位仪表连通管排放的酸性水，避免大量酸性水被排放到含油污水系统中。罐内的酸性水通过液下泵被输送至酸水缓冲罐进行处理。酸水回收罐参数及结构图分别见表3－49和图3－42。

表3－49 酸水回收罐参数

操作介质	温度/℃		压力/MPa		规格及内部结构	主体材质
酸性水/(t/h)	设计	操作	设计	操作		
5～50	160	20	0.4/FV	0.1	Φ2200×7700T/T(卧)	壳体：SA516－65(注)－国产板

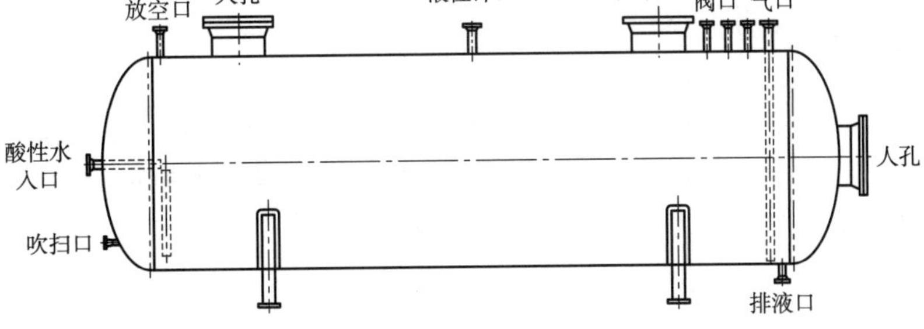

图3－42 酸水回收罐结构图

3)管壳式换热器类设备

(1)酸性水汽提塔进出料换热器(E－501A/B)。

酸性水汽提塔进出料换热器主要作用是对酸性水和酸水汽提塔底部的净化水进行热量交换，从而提升酸性水的再生质量。管程介质为酸性水，壳程介质为净化水。其参数和结构图分别见表3－50和图3－43。

表3－50　管壳式换热器参数

名称	操作介质		温度/℃				压力/MPa				规格型号	主体材质
	管程	壳程	管程		壳程		管程		壳程			
			进口	出口	进口	出口	进口	出口	进口	出口		
酸水汽提塔进出料换热器	酸水	净化水	55	90	107	70	0.4	0.4	0.7	0.7	LAEU600－0.9/1.2－118－6/19－4	壳体：C.S 管束：304L
净化水冷却器	循环水	净化水	33	43	71	43	0.4	0.3	0.4	0.4	LAEU800－0.65/1.2－165－6/25－4	壳体：16MnR

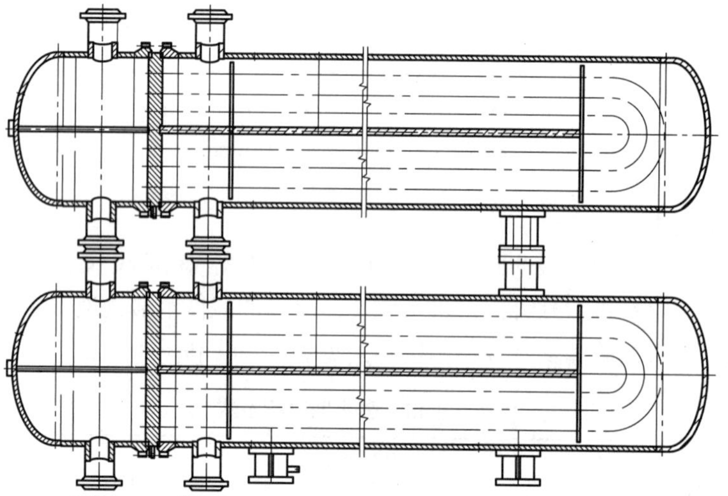

图3－43　酸性水汽提塔进出料换热器结构图

(2)酸水汽提塔重沸器(E－502)。

酸水汽提塔重沸器主要作用是将从酸水汽提塔集液箱进入的酸性水加热，解析出溶解的酸性气。其结构图如图3－44所示。

(3)净化水冷却器(E－503)。

净化水冷却器主要作用是对汽提后的净化水和循环冷却水进行热量交换，将净化水冷却至50℃后送出装置，净化水被用作循环水重复使用。管程介质为循环水，壳程介质为净化水。其参数和结构图分别见表3－50和图3－45。

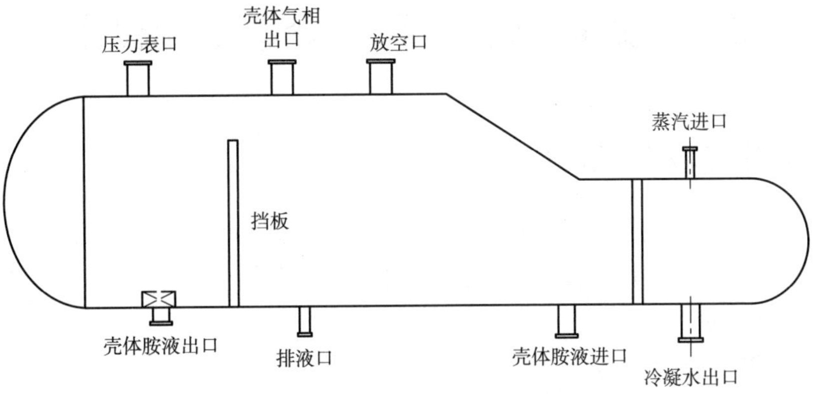

图3-44 酸水汽提塔重沸器结构图

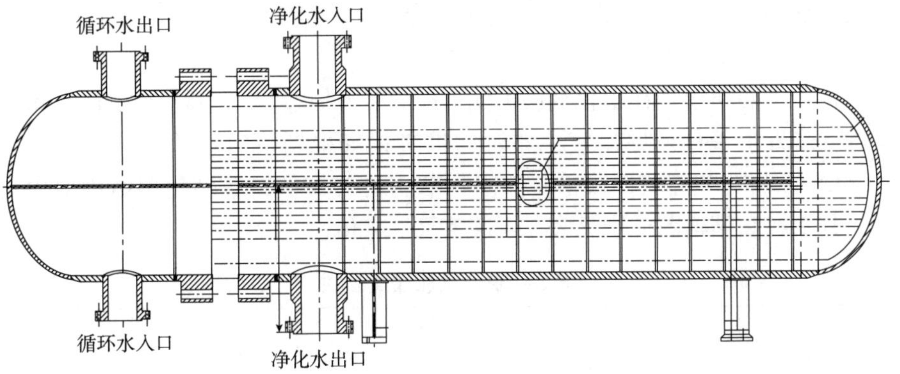

图3-45 净化水冷却器结构图

4)泵类设备

(1)处理水泵(P-501A/B)。

处理水泵属于磁力泵，主要作用是将酸水汽提塔底再生合格的净化水升压后输送至装置区外。参数见表3-51。

(2)酸水回收罐泵(P-502)。

酸水回收罐泵属于液下泵，主要作用是将酸水回收罐(D-503)内的酸性水输送至酸水缓冲罐(D-501)或酸水罐区进行处理。参数见表3-51。

表3-51 泵类参数

名称	操作介质	操作参数				选用泵	原动机型号
		流量/(m^3/h)	温度/℃	压力/MPa		需要轴功率/kW	
				进口	出口		
处理水泵	处理水	29.3	107	0.1	0.8	10.4	22.0
酸水回收罐泵	酸性水	6.8	22	0.1	0.5	2.9	4.0

3.3 硫黄回收及尾气处理单元设备

3.3.1 硫黄回收单元设备

硫黄回收单元主要设备有酸气燃烧炉、卧式反应器、间壁式换热器、分离罐、离心泵，鼓风机、蒸汽透平、硫封罐、蒸汽抽空器和液硫池等。

1)反应器类设备

(1)一级转化器(R－301)。

一级转化器主要作用是在催化剂(Al_2O_3)的作用下使过程气中 H_2S 和 SO_2 气体在床层中进一步发生氧化还原反应，同时促进过程气中羰基硫(COS)与二硫化碳(CS_2)发生水解反应，进一步提升硫回收率。一级转化器属于卧式反应器，主要部件包括：反应器壳体、催化剂床层、加热/冷却系统、进出口管道以及支撑结构等。

(2)二级转化器(R－302)。

二级转化器主要作用是在催化剂(Al_2O_3)的作用下使过程气中剩余的 H_2S 和 SO_2 气体在床层中进一步发生氧化还原反应，同时促进过程气中剩余的羰基硫(COS)与二硫化碳(CS_2)发生水解反应，使硫黄回收单元硫回收率达到95%。二级转化器结构部件与一级转化器相同。其参数和结构图分别见表3－52和图3－46。

表3－52　反应器类参数

名称	操作介质	温度/℃		压力/MPa		规格及内部结构	主体材质
		设计	操作	设计	操作		
反应器	过程气	343	298	0.4	0.1	Φ3100× 27100T/T(卧)	20R 内件：304L 内件：316L

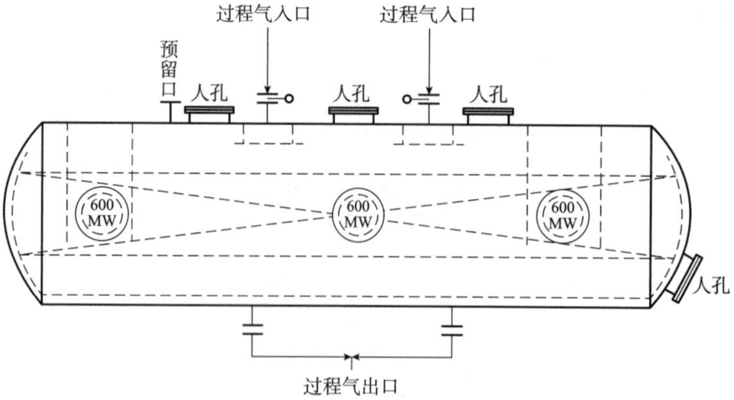

图3－46　反应器类结构图

2)容器类设备

酸气分液罐(D－301)。

酸气分液罐主要作用是分离酸性气中携带的游离态液体，避免携带的凝液进入反应炉燃烧器(F－301)，对硫黄回收单元操作及下游设备造成影响。分离出的酸性水被输送至胺液回收罐(D－105)或酸水缓冲罐(D－501)。其参数和结构图分别见表3－53和图3－47。

表3－53 酸气分液罐参数

操作介质	温度/℃		压力/MPa		规格及内部结构	主体材质
酸性气/(m^3/h)	设计	操作	设计	操作		
(1.0～3.6)×10^4	160	50	0.4/FV	0.1	Φ2100×4800T/T(立)	壳体：SA516－65(注)－国产板 内件：316L

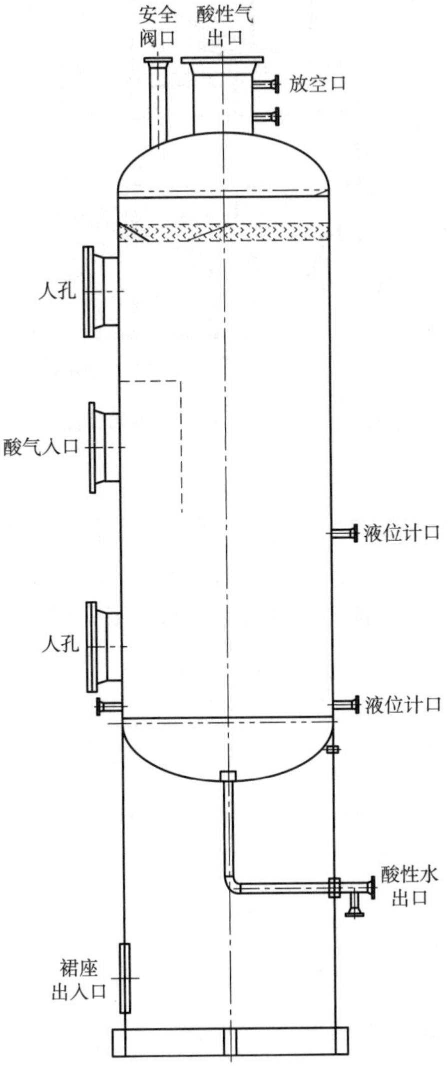

图3－47 酸气分液罐结构图

3)燃烧炉类设备

(1)反应炉燃烧器(F-301)。

反应炉燃烧器主要作用是将酸性气和燃烧空气混合加热到克劳斯反应所需的温度，将酸性气的烃类完全氧化，并按照过程气中 H_2S/SO_2 比值为4:1所要求的部分 H_2S 氧化成 SO_2 的设备设施。其参数和结构图分别见表3-54和图3-48。

表3-54　反应炉燃烧器参数

操作介质		温度/℃	压力/MPa	主体材质
酸性气/(m^3/h)	燃烧空气/(m^3/h)	进口	进口	
$(1.0\sim3.6)\times10^4$	$(1.0\sim5.5)\times10^4$	90	0.1	碳钢

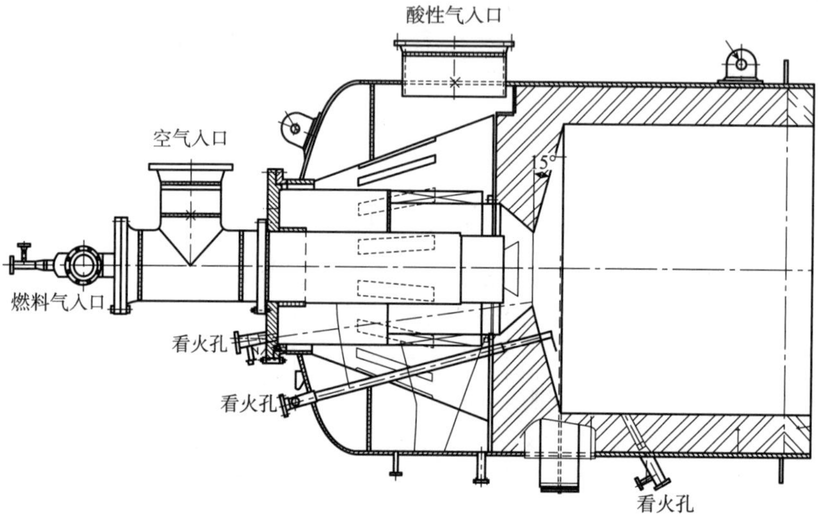

图3-48　反应炉燃烧器结构图

(2)反应炉(F-302)。

反应炉主要作用是将酸性气中烃类物质完全燃烧，同时将酸性气中部分 H_2S 气体通过不完全燃烧生成大量硫蒸气。反应炉主要部件包括：炉体、加热/冷却系统、耐火衬里、进出口管道、看火孔以及安全装置等。其参数和结构图分别见表3-55和图3-49。

表3-55　反应炉参数

操作介质	温度/℃	压力/MPa	主体材质
酸性气/(m^3/h)	出口	出口	
$(1.0\sim3.6)\times10^4$	1067	0.1	碳钢

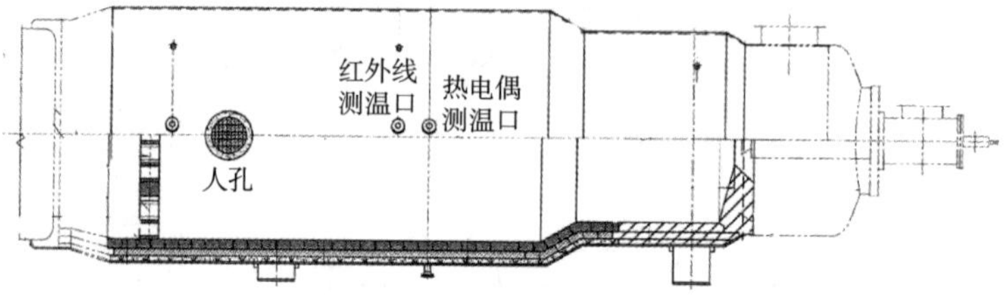

图3-49　反应炉结构图

4)管壳式换热器类设备

(1)余热锅炉(E－301/302)。

第一段余热锅炉(E－301)、第二段余热锅炉(E－302)主要作用是通过从余热锅炉汽包(D－302)来的中压锅炉给水与来自克劳斯反应炉(F－302)产生的高温过程气进行换热，将过程气温度从1000℃冷却到280℃。其参数和结构图分别见表3－56和图3－50。

表3－56 余热锅炉参数

名称	操作介质		温度/℃				压力/MPa				规格型号	主体材质
	管程	壳程	管程		壳程		管程		壳程			
			进	出	进	出	进	出	进	出		
第一段余热锅炉	过程气	饱和蒸汽 饱和水	1067	517	260	260	0.2	0.2	4.2	4.2	Φ3200× 13000(卧)	SA－516－70N 管束：SA－106B
第二段余热锅炉	过程气	饱和蒸汽 饱和水	517	289	260	260	0.2	0.2	4.2	4.2	Φ3000× 13000(卧)	SA－516－70N 管束：SA－106B

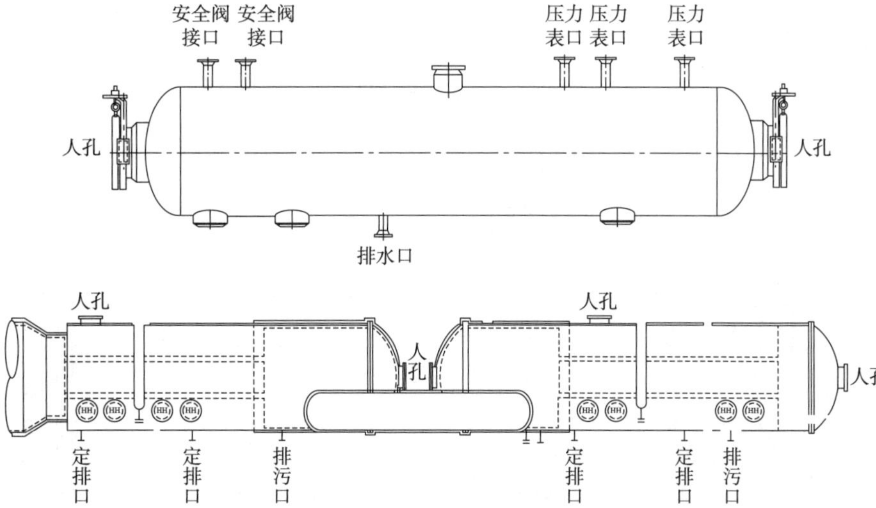

图3－50 余热锅炉结构图

余热锅炉汽包是中压锅炉给水流入余热锅炉进行换热的储存设备。通过热量交换，生成3.5MPa等级的饱和中压蒸汽来回收过程气余热，并将过程气冷却到280℃左右。参数见表3－57。

表3－57 余热锅炉汽包参数

操作介质	温度/℃		压力/MPa		主体材质
	设计	操作	设计	操作	
饱和蒸汽/饱和水	290	260	4.5	4.2	SA－516－70N

(2)硫冷凝器(E－303/305/307)。

第一级硫冷凝器(E－303)、第二级硫冷凝器(E－305)主要作用是通过低压锅炉给水与过程气进行换热，将过程气进一步冷却至165℃并凝析出液硫，同时产生0.4MPa等级的饱和低压蒸汽，冷凝出的液硫依靠自身重力分别自流至一级硫封罐(S－302)、二级硫封罐(S－303)，最后自流至液硫池(S－301)。参数和结构图分别见表3－58和图3－51。

末级硫冷凝器(E－307)主要作用是通过中压锅炉给水与过程气进行换热，将过程气进一步冷却至137℃并凝析出液硫。冷凝后的液硫经三级硫封罐(S－304)后进入液硫池。出末级硫冷凝器的尾气进入尾气处理单元，出末级硫冷凝器的中压锅炉水介质进入废热锅炉汽包。参数和结构图分别见表3－58和图3－52。

表3－58　硫冷凝器参数

名称	操作介质		温度/℃				压力/MPa				规格型号	主体材质
	管程	壳程	管程		壳程		管程		壳程			
			进	出	进	出	进	出	进	出		
第一级硫冷凝器	过程气	低压锅炉水	288	174	104	158	0.1	0.1	0.5	0.5	Φ2300/Φ3100×6000(管束)(卧)	16MnR
第二级硫冷凝器	过程气	低压锅炉水	297	174	104	158	0.1	0.1	0.5	0.5	Φ2200/Φ2900×6000(管束)(卧)	16MnR
末级硫冷凝器	过程气	中压锅炉水	241	136	118	170	0.1	0.1	5.5	5.4	Φ2500/Φ3000×7500(管束)(卧)	Q245R

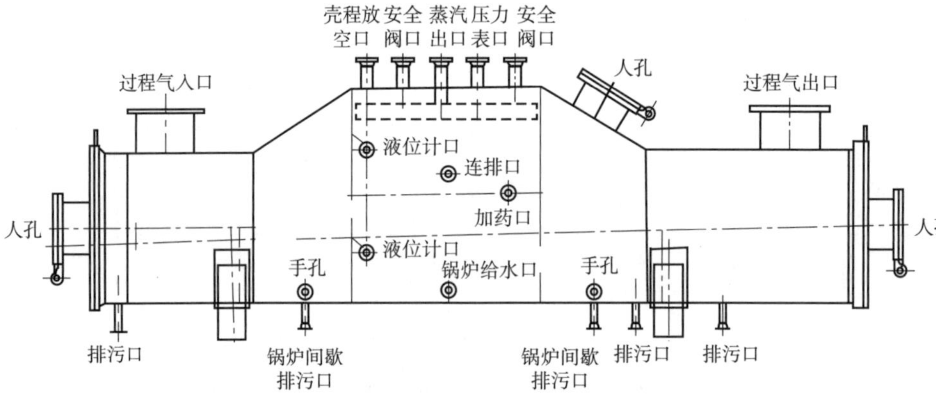

图3－51　第一、二级硫冷凝器结构图

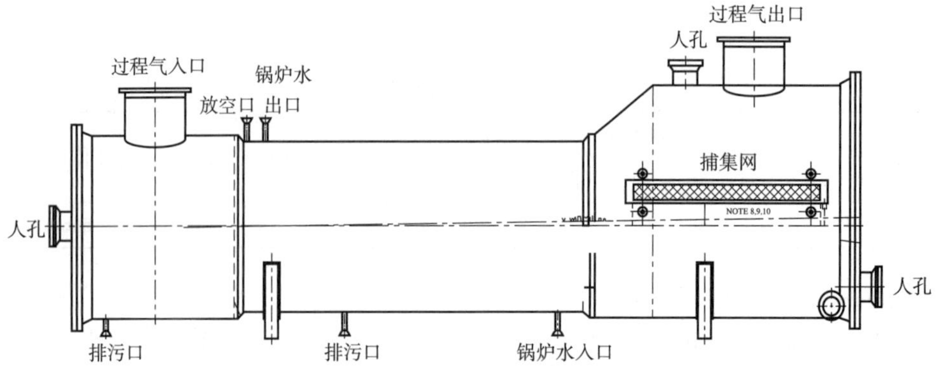

图3－52　末级硫冷凝器结构图

硫冷凝器(E－303/305/307)属于间壁式换热器，主要结构部件包括：壳体、管束、管板、换热管、膨胀节、端盖、支撑架、进出口管线以及清洗和检查接口。

(3)锅炉给水加热器(E－308)。

锅炉给水加热器主要作用是自装置外来的中压锅炉给水经锅炉给水加热器加热升温(使用升温介质为低压饱和蒸汽)，将中压锅炉给水从104℃升温至120℃。中压锅炉给水再经末级硫冷器(E－307)升温后，作为余热锅炉汽包的给水。管程介质为中压锅炉水，壳程介质为饱和低压蒸汽。其参数和结构图分别见表3－59和图3－53。

表3－59　锅炉给水加热器参数

操作介质		温度/℃				压力/MPa				规格型号	主体材质
管程	壳程	管程		壳程		管程		壳程			
		进	出	进	出	进	出	进	出		
中压锅炉水	饱和低压蒸汽	104	118	140	139	0.4	0.2	5.4	5.4	BEM450×6000(卧)	C.S

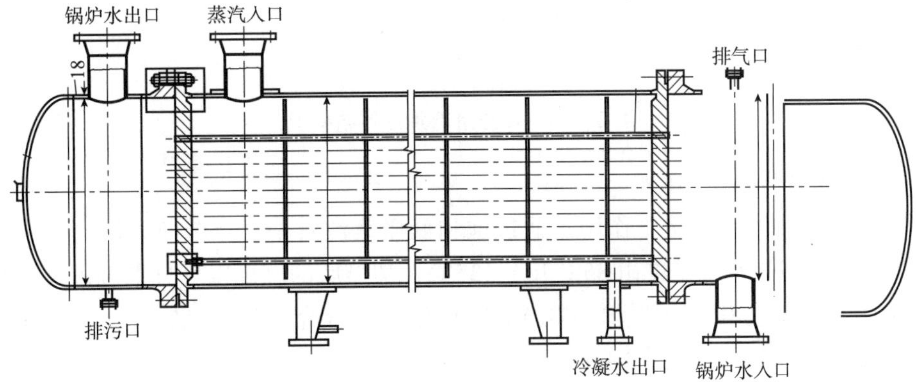

图3－53　锅炉给水加热器结构图

(4)反应进料加热器(E－304/306)。

第一级反应进料加热器(E－304)、第二级反应进料加热器(E－306)主要作用是利用经3.5MPa等级中压饱和蒸汽将过程气分别加热到218℃和213℃，换热产生的中压凝结水分别进入第一级硫冷凝器(E－303)、第二级硫冷凝器(E－305)。过程气被升温后，随后进入克劳斯催化反应阶段。管程介质为酸性过程气，壳程介质为饱和中压蒸汽。其参数和结构图分别见表3－60和图3－54。

表3－60　反应进料加热器参数

名称	操作介质		温度/℃				压力/MPa				规格型号	主体材质
	管程	壳程	管程		壳程		管程		壳程			
			进	出	进	出	进	出	进	出		
第一级反应进料加热器	过程气	饱和中压蒸汽	174	218	239	239	0.1	0.1	3.2	3.2	Φ2300×4500 FF/FF(立)	16MnR
第二级反应进料加热器	过程气	饱和中压蒸汽	174	218	239	239	0.1	0.1	3.2	3.2	Φ2300×4500 FF/FF(立)	16MnR

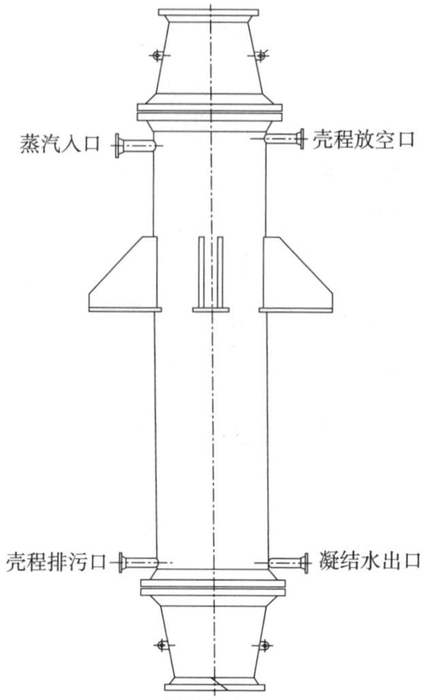

图3－54　反应进料加热器结构图

(5)空气加热器(E－310)。

空气加热器(E－310)主要作用是通过饱和低压蒸汽对来自克劳斯风机的燃烧空气进行升温加热，将燃烧空气温度由85℃升至135℃，加热后的燃烧空气分别进入反应炉燃烧器(F－301)、加氢进料燃烧器(F－401)和液硫池。管程介质为燃烧空气，壳程介质为饱和低压蒸汽。见表3－61和图3－55。

表3－61　空气加热器参数

管程	壳程	管程(温度/℃)		壳程(温度/℃)		管程(压力/MPa)		壳程(压力/MPa)		规格型号	主体材质
		进	出	进	出	进	出	进	出		
空气	饱和低压蒸汽	151	150	82	135	0.4	0.4	0.1	0.1	Φ1900×8123×14	筒体：Q245R 筋板：Q235－B 换热管：10

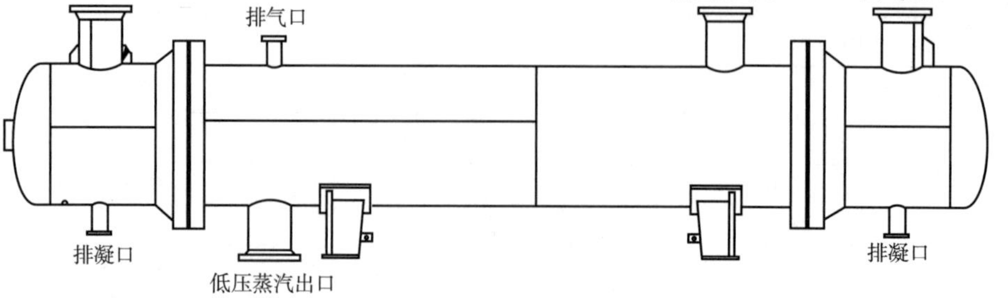

图3－55　空气加热器结构图

5)风机类设备

(1)克劳斯风机汽驱(K－301A)。

克劳斯风机汽驱主要作用是为反应炉燃烧器(F－301)和加氢进料燃烧器(F－401)提供燃烧所需的空气，同时为液硫空气鼓泡系统提供空气动力源。其驱动动力源为高压过热蒸汽。

克劳斯风机汽驱为离心式鼓风机机组，蒸汽透平驱动。机组主要包括离心式鼓风机、蒸汽透平、润滑油站及配套的控制系统、安保系统等。其参数见表3－62。

表3－62　克劳斯风机汽驱参数

名称	操作条件					操作介质	原动机				
	流量	温度/℃		压力/MPa			过热中压蒸汽				
	入口	进口	出口	进口	出口		功率/kW	温度/℃		压力/MPa	
								进口	出口	进口	出口
克劳斯风机(汽驱)	59990m³/h	25	85	0.1	0.2	空气	1856	25	85	0.1	0.2
蒸汽透平	20t/h	360	150	3.5	0.4	过热中压蒸汽	2550	360	150	3.5	0.4

(2)克劳斯风机电驱(K－301B)。

克劳斯风机电驱主要作用与克劳斯风机汽驱一样。主要区别在于克劳斯风机电驱驱动动力源为中压电机驱动。其机组为单层布置，主要包括鼓风机、齿轮箱、驱动器(电机驱动)和润滑油站。其参数见表3－63。

表3－63　克劳斯风机电驱参数

操作条件					操作介质	选用风机	原动机	备注
流量	温度/℃		压力/MPa					
入口/(m³/h)	进口	出口	进口	出口		轴功率/kW	功率/kW	
59990	25	85	0.1	0.2	空气	1415	1856	设备进口

6)泵类设备

(1)酸气分液罐底泵(P－302A/B)。

酸气分液罐底泵(P－302A/B)属于磁力泵，主要作用是将酸性气分液罐(D－301)分离出的酸性凝液经酸气分液罐底泵(P－302)送往胺液回收罐(D－105)或酸水回收罐(D－503)。其参数见表3－64。

表3－64　酸气分液罐底泵参数

操作介质	操作条件				原动机型号
	流量/(m³/h)	温度/℃	压力/MPa		
			进口	出口	
酸性水	6.8	50	0.4	0.5	5.5

(2)液硫产品泵(P－303A/B)。

液硫产品泵属于液下泵，主要作用是将脱气后的液硫自液硫池输送至液硫成型单元或液硫罐区。其参数见表3－65。

表3－65　液硫产品泵参数

操作介质	操作条件				选用泵	原动机型号
	流量/(m^3/h)	温度/℃	压力/MPa		轴功率/kW	
			进口	出口		
液硫	16.7	138	0.1	1.5	17.4	30

7)其他类设备

(1)抽空器(EJ－301A/B)。

抽空器主要作用是将汇聚于液硫池(S－301)气相空间的废气(H_2S、硫蒸气等)输送至尾气焚烧炉或与被空气加热器(E－310)加热的克劳斯燃烧空气混合后一同进入克劳斯炉，实现了含硫气体被回收利用。抽空器使用的蒸汽动力源为饱和中压蒸汽。其参数和结构图分别见表3－66和图3－56。

表3－66　抽空器参数

操作介质	温度/℃		压力/MPa		规格	主体材质
	设计	操作	设计	操作		
硫蒸气	290	240	4.0	3.4	*DN*250×800	C.S

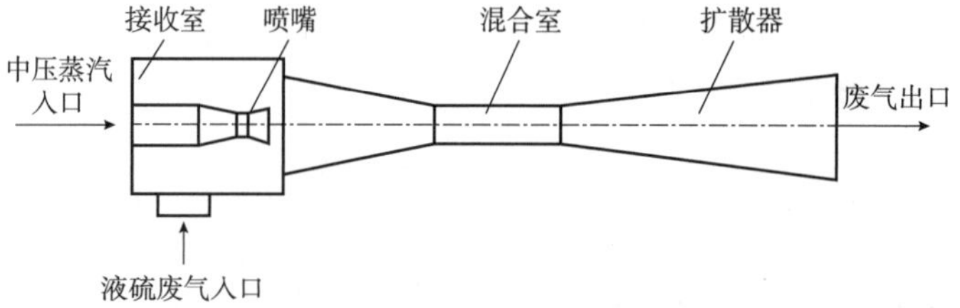

图3－56　抽空器结构图

(2)液硫池(S－301)。

液硫池主要作用是存储从各级硫冷凝器冷凝后的液态硫黄。在液硫池中通过空气鼓泡工艺，将液硫池中的H_2S含量脱除至0.0015%以下，再由液硫产品泵输送至液硫成型单元或液硫罐区。其参数和结构图分别见表3－67和图3－57。

表3－67　液硫池参数

操作介质	操作温度/℃	规格	主体材质
液硫	140	22.7m×7.00m×3.50m	316L

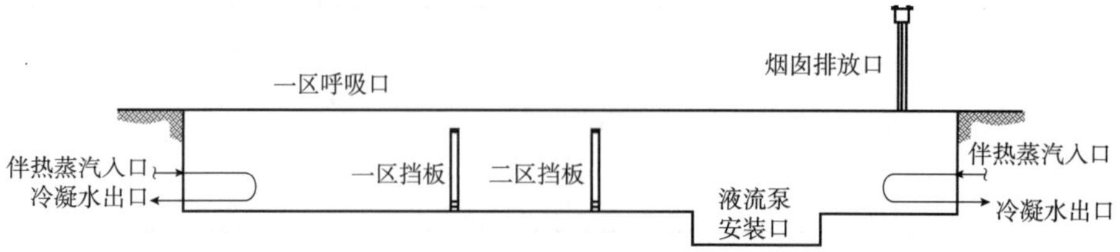

图3－57　液硫池结构图

(3)硫封罐(S－302/303/304)。

一级硫封罐(S－302)、二级硫封罐(303)、三级硫封罐(304)主要作用是收集各级硫冷凝器冷凝的液体硫黄，通过液硫自重流至液硫池(S－301)。硫封罐的设置规避了过程气直接窜入液硫池的风险。其参数和结构图分别见表3－68和图3－58。

表3－68　硫封罐参数

名称	操作介质	温度/℃		压力/MPa		规格	主体材质
		设计	操作	设计	操作		
一级硫封罐	液硫	210	175	0.4	0.1	*DN*600	C.S
二级硫封罐	液硫	210	175	0.4	0.1	*DN*500	C.S
三级硫封罐	液硫	210	132	0.4	0.1	*DN*450	C.S

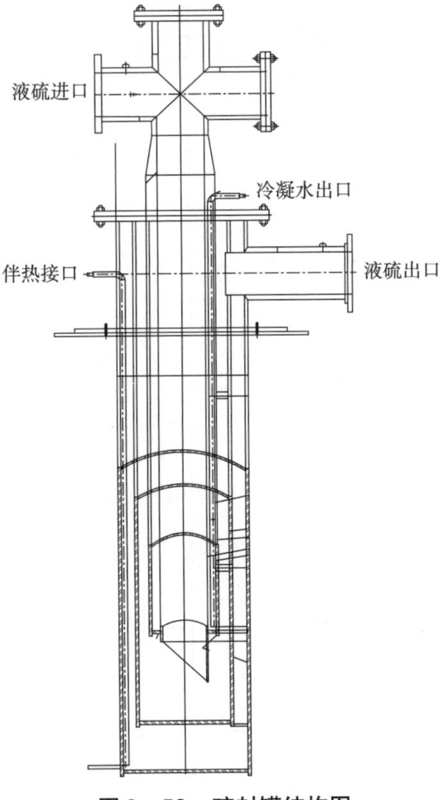

图3－58　硫封罐结构图

3.3.2　尾气处理单元设备

尾气处理单元主要设备有在线燃烧炉、加氢反应器、填料冷却塔、板式吸收塔、U形管壳式换热器、空冷器、离心泵、离心式鼓风机和蒸汽抽空器等多种类型。

1)塔类设备

(1)急冷塔(C－401)。

急冷塔属于填料塔，主要作用是将尾气在急冷塔中通过与急冷水直接逆流接触来降低尾气温度，尾气中含有的水蒸气被直接冷凝成液态水进入塔内。经急冷水冷却后的过程气从塔顶流出进入尾气吸收塔（C－402），急冷塔中多余的酸性水被输送至酸水汽提单元。其参数和结构图分别见表3－69和图3－59。

表3－69 急冷塔参数

操作介质		温度/℃		压力/MPa		规格及内部结构	主体材质
尾气/(m^3/h)	急冷水/(t/h)	设计	操作	设计	操作		
(1.0～4.0)×10^4	100～500	100	40	0.4/FV	0.1	Φ3600×20750T/T	壳体：20R＋304L 内件：304L

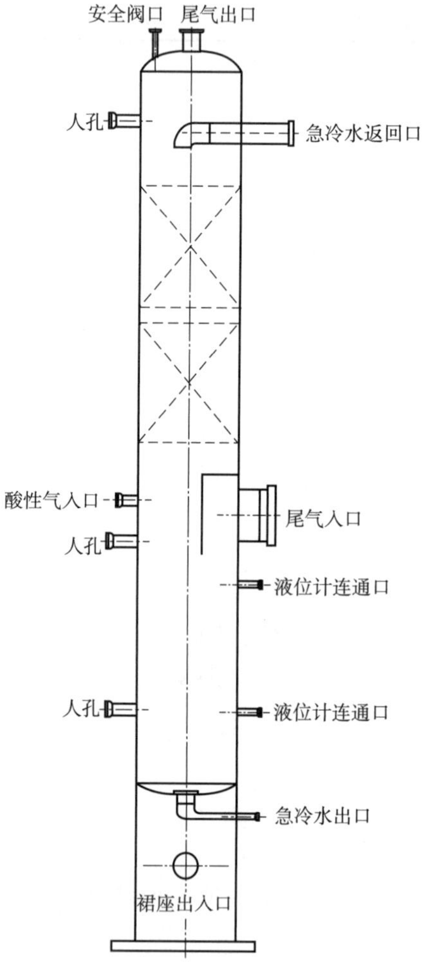

图3－59 急冷塔结构图

（2）尾气吸收塔（C－402）。

尾气吸收塔主要作用是将尾气与经贫胺液后冷却器（E－106）降温后的贫胺液进行逆流接触，将尾气中的H_2S和CO_2等酸性气体用胺液全部吸收，吸收酸性气的半富胺液从尾气吸收塔底部输送至第一级主吸收塔（C－101），吸收塔顶经净化后的尾气进入尾气焚烧炉（F－403）燃烧。尾气吸收塔属于板式塔，其结构与第一级主吸收塔相同，塔内设置十三层塔板，分别在第10、12和13层设置3个胺液入塔口，从而保证胺液对过程气充分吸收。其参数和结构图分别见表3－70和图3－60。

表3－70 尾气吸收塔参数

操作介质		温度/℃		压力/MPa		规格及内部结构	主体材质
尾气/(m^3/h)	胺液/(t/h)	设计	操作	设计	操作		
(1.0～4.0)×10^4	100～300	100	41	0.4/FV	0.1	Φ3900×18000T/T	壳体：SA516－65(注)－国产板 13层塔板：304L

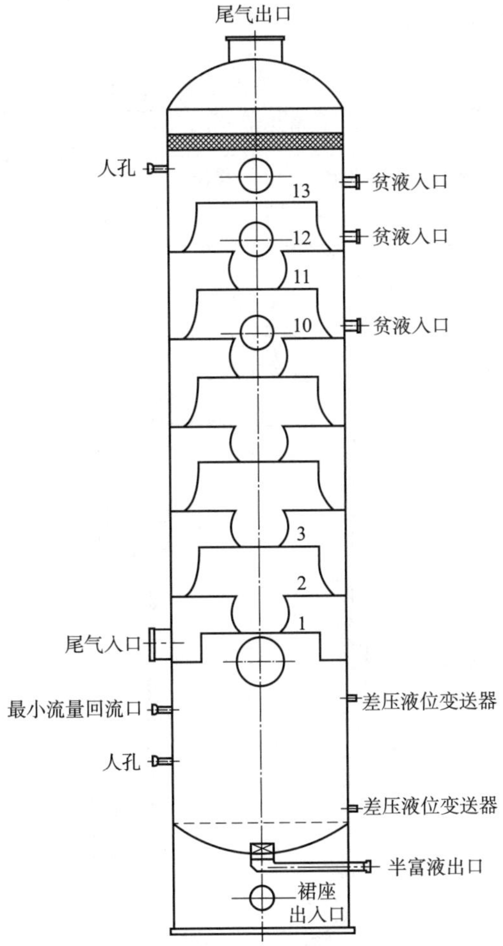

图3－60 尾气吸收塔结构图

2)反应器类设备

加氢反应器(R－401)主要作用是在Co/Mo或Ni/Mo催化剂的作用下发生还原反应将SO_2还原为H_2S气体，同时使尾气中羰基硫(COS)、二硫化碳(CS_2)发生水解反应，以提高硫回收率。加氢反应器结构与一、二级转化器相同。其参数和结构图分别见表3－71和图3－46。

表 3-71　加氢反应器参数

名称	操作介质	温度/℃		压力/MPa		规格及内部结构	主体材质
	克劳斯尾气/(m^3/h)	设计	操作	设计	操作		
加氢反应器	(1.0~4.0)×10^4	343	280	0.4	0.1	Φ3100×24400T/T(卧)	20R 内件：304L 内件：316L

3)容器类设备

蒸汽分水罐(D-403)主要作用是将尾气焚烧炉废热锅炉对饱和中压蒸汽进行三段加热后产生的中压过热蒸汽进一步分离以分离液态水，使中压过热蒸汽品质合格。参数和结构图分别见表 3-72 和图 3-61。

表 3-72　蒸汽分水罐参数

操作介质	温度/℃		压力/MPa		规格及内部结构	主体材质
	设计	操作	设计	操作		
蒸汽	425	385	4.5/FV	3.8	Φ1570×7300(立)	316L

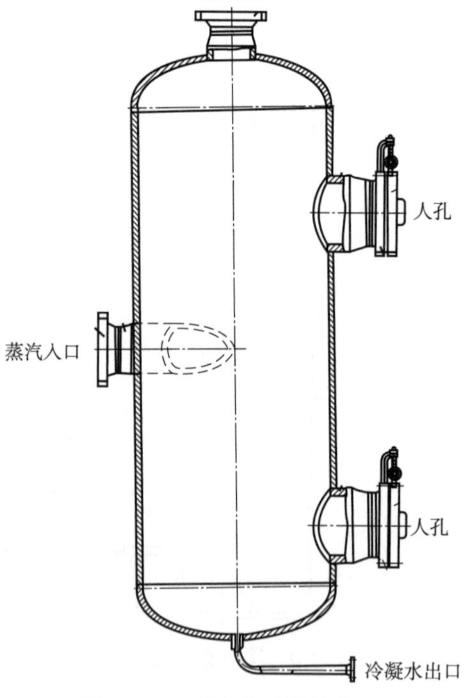

图 3-61　蒸汽分水罐结构图

4)过滤器类设备

(1)急冷水过滤器(SR-401)。

急冷水过滤器主要作用是过滤出急冷水中含有的固体颗粒杂质(硫颗粒、腐蚀杂物等)，保证急冷水品质合格。其参数和结构图分别见表 3-73 和图 3-62。

表3-73　急冷水过滤器参数

操作介质	温度/℃		压力/MPa		规格及内部结构	主体材质
	设计	操作	设计	操作		
急冷水	100	69	1.5/FV	0.8	Φ1300×5039(立)	SA-516-65N

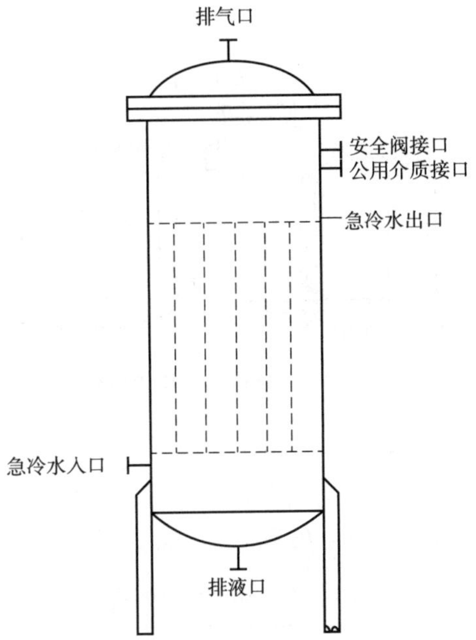

图3-62　急冷水过滤器结构图

(2)尾气溶剂精过滤器(SR-402)。

尾气溶剂精过滤器主要作用是进一步过滤出来自贫胺液后冷器(E-106)至尾气吸收塔(C-402)的贫胺液中含有的固体杂质，保证贫胺液品质合格。其参数与结构图分别见表3-74和图3-27(与回收胺液过滤器结构相同)。

表3-74　尾气溶剂精过滤器参数

操作介质	温度/℃		压力/MPa		规格及内部结构	主体材质
	设计	操作	设计	操作		
贫胺液	100	39	2.4	2.0	Φ2400×6400(立)	Q345R

5)燃烧炉类设备

(1)加氢进料燃烧器(F-401A)。

加氢进料燃烧器主要作用是燃烧产生高温烟气，并提供还原性气体氢气(H_2)和一氧化碳(CO)。参数和结构图分别见表3-75和图3-63。

(2)加氢进料燃烧炉(F-401B)。

加氢进料燃烧炉主要作用是将燃烧产生的高温气体与来自硫黄回收单元的克劳斯尾气混合加热到250℃，优化反应效率。其参数和结构图分别见表3-75和图3-63。

表 3－75　加氢进料燃烧器和燃烧炉参数

名称	操作介质		操作条件				主体材质
	克劳斯尾气/(m^3/h)	燃烧空气/(m^3/h)	温度/℃		压力/MPa		
			进口	出口	进口	出口	
加氢进料燃烧器	$(1.0\sim4.0)\times10^4$	$(1.0\sim8.0)\times10^3$	90	—	0.1	—	碳钢
加氢进料燃烧炉	$(1.0\sim4.0)\times10^4$	$(1.0\sim8.0)\times10^3$	—	260	—	0.1	碳钢

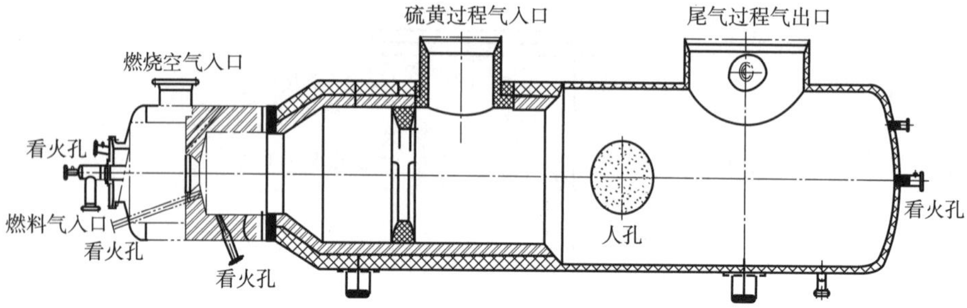

图 3－63　加氢进料燃烧炉结构图

(3)尾气焚烧炉燃烧器(F－402)。

尾气焚烧炉燃烧器主要作用是将有毒有害尾气通过高温氧化分解为无害物质，同时回收热能。其参数和结构图分别见表 3－76 和图 3－64。

表 3－76　尾气焚烧炉燃烧器参数

操作介质		操作条件				主体材质
克劳斯尾气/(m^3/h)	燃烧空气/(m^3/h)	温度/℃		压力/kPa		
		进口	出口	进口	出口	
$(1.0\sim4.0)\times10^4$	$(1.0\sim4.0)\times10^4$	41	650	2.0	1.0	碳钢

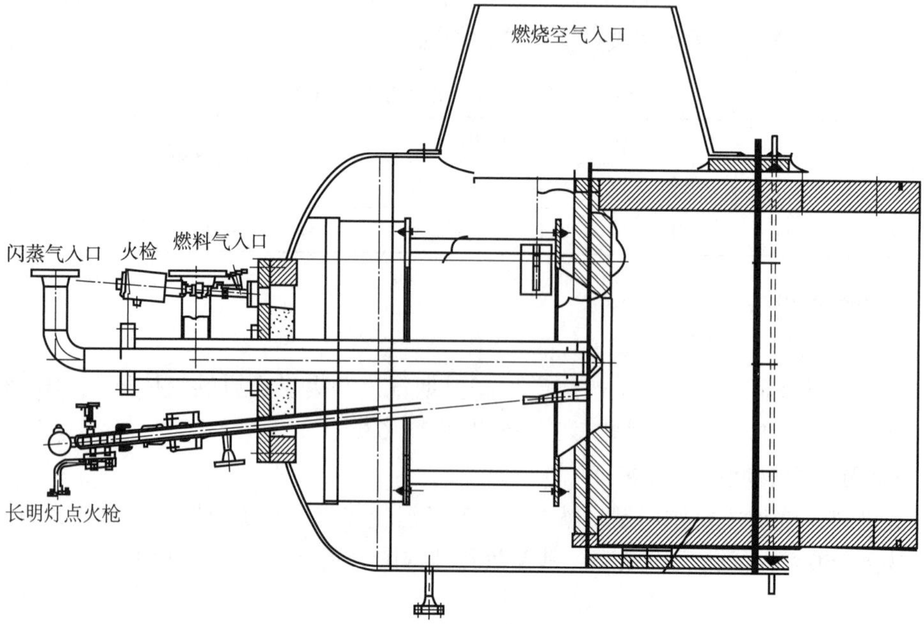

图 3－64　尾气焚烧炉燃烧器结构图

(4)尾气焚烧炉(F－403)。

尾气焚烧炉主要作用是尾气吸收塔塔顶的尾气在尾气焚烧炉内，与外补燃料气及燃烧空气混合燃烧；将尾气中剩余的 H_2S 和 COS 在尾气焚烧炉内进行燃烧并转化为 SO_2；其他可燃物如烃类、H_2 及 CO 也同时被完全氧化燃烧，并伴随释放大量热量。

尾气焚烧炉主要结构部件包括：燃烧室、燃烧器、换热系统、排放系统、安全装置以及控制系统等。其参数和结构图分别见表3－77 和图3－65。

表3－77　尾气焚烧炉参数

操作介质		操作条件				主体材质
克劳斯尾气/(m^3/h)	燃烧空气/(m^3/h)	温度/℃		压力/kPa		
		进口	出口	进口	出口	
(1.0～4.0)×10^4	(1.0～4.0)×10^4	50	650	1.0	0.5	碳钢

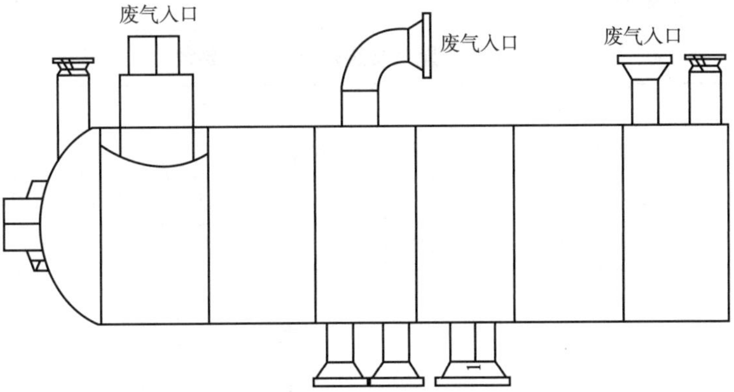

图3－65　尾气焚烧炉结构图

6)管壳式换热器类设备

(1)加氢反应器出口冷却器(E－401)。

加氢反应器出口冷却器主要作用是冷却来自加氢反应器(R－401)的高温尾气。其结构原理与硫冷凝器相同。其参数和结构图分别见表3－78 和图3－51。

表3－78　加氢反应器出口冷却器参数

操作介质		温度/℃				压力/MPa				规格及内部结构	主体材质
管程	壳程	管程		壳程		管程		壳程			
		进	出	进	出	进	出	进	出		
克劳斯尾气	低压锅炉水	280	170	104	158	0.1	0.1	0.6	0.4	Φ2600/Φ3600×6000(卧)	16MnR

(2)急冷水后冷器(E－403A/B)。

急冷水后冷器主要作用是再次冷却来自急冷水空冷器(A－401)的急冷水，使急冷水温度达到工艺要求。管程介质为急冷水，壳程介质为循环水。其参数和结构图分别见表3－79和图3－23。

表3-79　急冷水后冷器参数

操作介质		温度/℃				压力/MPa				规格及内部结构	主体材质
管程	壳程	管程		壳程		管程		壳程			
		进	出	进	出	进	出	进	出		
急冷水	循环水	55	39	33	42	0.4	0.3	0.4	0.3	LBEUΦ1700×6000(卧)	16MnR 管束：304L

(3)尾气焚烧炉余热锅炉(E-404)。

尾气焚烧炉余热锅炉主要作用是将离开炉膛的高温烟气通入尾气焚烧炉余热锅炉，同时产生3.5MPa等级的中压饱和蒸汽及过热高压蒸汽来回收热量，从余热锅炉流出的烟气最后经烟囱排入大气。余热锅炉为双锅筒烟道式水管余热锅炉，水汽自然循环方式，由锅炉主体、汽包、液包、烟气进口防护管束、三级过热器、三级减温器、省煤器及进出口烟箱组成。其参数和结构图分别见表3-80和图3-66。

表3-80　尾气焚烧炉余热锅炉参数

操作介质		温度/℃				压力/MPa				主体材质
管程	壳程	管程		壳程		管程		壳程		
		进	出	进	出	进	出	进	出	
烟气	水	650	350	121	420	0.1	0.1	3.9	3.8	SA-106B/SA-213-T9

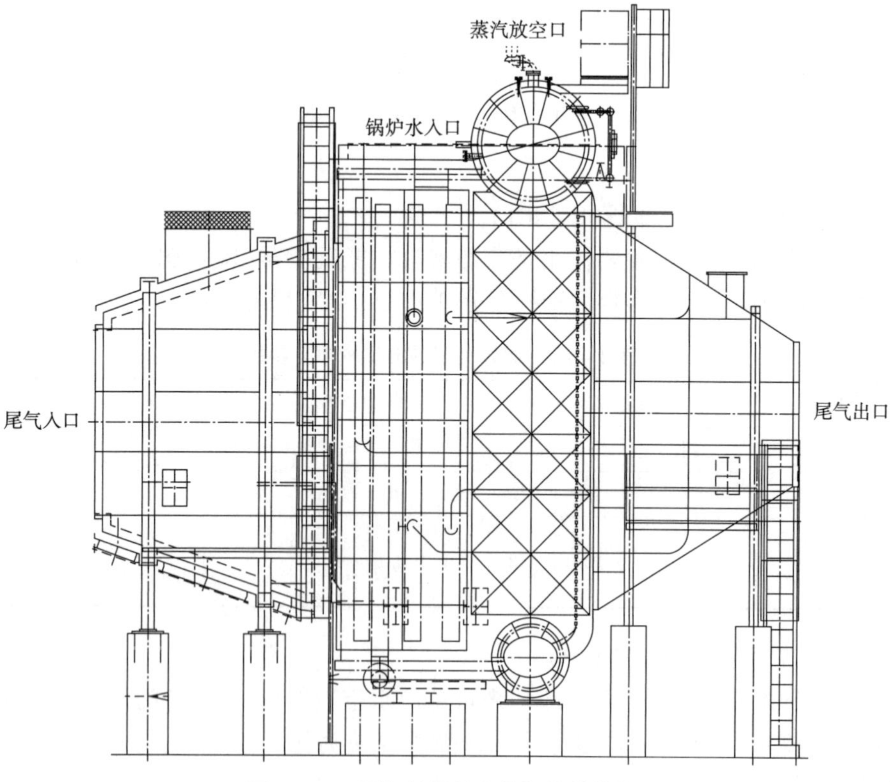

图3-66　尾气焚烧炉余热锅炉结构图

尾气余热锅炉汽包(D－401/402)主要作用是将储存的中压锅炉给水与来自尾气焚烧炉余热锅炉(E－404)的高温尾气换热，并将锅炉水加热为3.5MPa，250℃的中压饱和蒸汽气体。其参数见表3－81。

表3－81 尾气余热锅炉汽包参数

操作介质	温度/℃		压力/MPa		规格	主体材质
	设计	操作	设计	操作		
饱和蒸汽/饱和水	290	250	4.4	3.5	1010mm×1760mm×12000mm	碳钢

7)空冷器类设备

急冷水空冷器(A－101A～F)主要作用是冷却来自急冷水泵(P－401A/B)的急冷水，使急冷水温度达到工艺控制指标范围，从而加强急冷水对过程气的降温效果。其参数见表3－82。

表3－82 空冷器类参数

操作介质	操作条件			管束	构架	风机	配套电动机		主体材质
	温度/℃		压力/MPa	型号	型号	型号	功率/kW	数量/台	
	管程		管程						
	进口	出口							
急冷水	68	55	0.4	GP9×3－6－193	GJP9×6K－36/2F	G－TF36B6－Vs30	30	6	304L

8)泵类设备

(1)急冷水泵(P－401A/B)。

急冷水泵主要作用是将急冷塔(C－401)中的急冷水通过急冷水过滤器(SR－401)过滤，并由急冷水空冷器(A－401)和急冷水后冷器(E－403A/B)降温后，正常循环返回至急冷塔(C－401)以维持设备正常运行。其参数见表3－83。

表3－83 急冷水泵参数

操作介质	操作条件				选用泵	
	流量/(m^3/h)	温度/℃	压力/MPa		型号	轴功率/kW
			进口	出口		
急冷水	558	69	0.1	0.8	250×150UCWN57	163

(2)半富胺液泵(P－402A/B)。

半富胺液泵主要作用是将来自尾气吸收塔(C－402)的半富胺液输送至脱硫单元第一级主吸收塔(C－101)。

半富胺液泵汽驱(P－402A)驱动动力源为高压过热蒸汽，其结构由半富胺液泵以及蒸汽透平组成。其中，半富胺液泵型号为8×10×14B－75tgHDB，类型为BB5型(卧式筒袋型泵)，首级双吸，7级叶轮。蒸汽透平型号为BGA3006，单级背压式结构。

半富胺液泵电驱(P－402B)驱动动力源为中压电机，其结构为8×10×14B－7stgHDB，类型为BB5型(卧式筒袋型泵)，首级双吸，7级叶轮。机组主要包括多级离心泵、配套电机、润滑油站及配套的控制系统、机械密封辅助冲洗系统等。其参数见表3－84。

表3－84　半富胺液泵参数

名称	操作介质	操作条件				选用泵		备注
		流量/(m^3/h)	温度/℃	压力/MPa		型号	轴功率/kW	
				进口	出口			
半富胺液泵(电驱)	半富胺液	344	46	0.1	9.8	8×10×14B－7stgHDB	1073	设备进口
蒸汽透平	过热中压蒸汽	20	390	3.5	0.4	DE81	—	设备进口

9)风机类设备

尾气焚烧炉风机(K－401A/B)主要作用是为尾气焚烧炉(F－403)供给燃烧所需的空气。其参数见表3－85。

表3－85　尾气焚烧炉风机参数

操作条件					操作介质	原动机	
流量(入口)/(m^3/h)	温度/℃		压力/kPa			型号	功率/kW
	进口	出口	进口	出口			
41309	25	70	0.1	4.0	空气	YB400－4THW	250

10)其他类设备

开工喷射器(EJ－401)主要作用是开工前的系统升温、催化剂预硫化、停工前催化剂钝化以及烘干加氢进料燃烧炉衬里。开工喷射器使用的蒸汽动力源为饱和低压蒸汽。参数及结构图分别见表3－86和图3－67。

表3－86　开工喷射器参数

操作介质	温度/℃		压力/MPa		主体材质
低压蒸汽/(t/h)	设计	操作	设计	操作	
1.0～20.0	250	150	0.7	0.4	碳钢

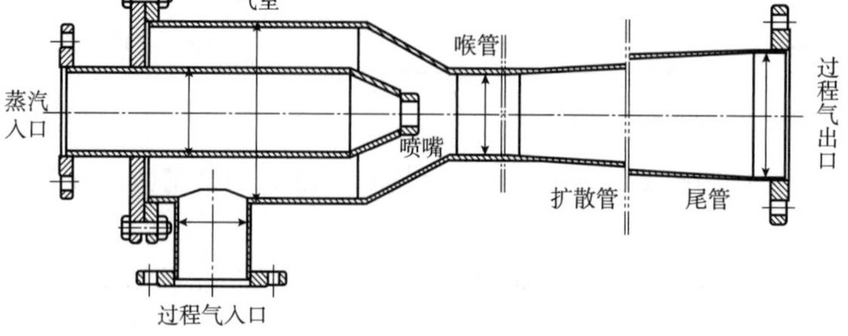

图3－67　开工喷射器结构图

3.4　液硫储存及成型设备设施

3.4.1　液硫罐区主要设备设施

液硫罐区分为731和732两个液硫罐区，共设10台液硫储罐。其中731罐区4台，732罐区6台，总罐容为50000m^3。液硫罐区在天然气净化厂中起着至关重要的“承上启下”作用。它的主要作用是接收上游联合装置生产的液体硫黄，为下游液硫成型单元和液硫装车场提供液硫，通过高效、安全的储存与管理，确保生产过程的连续性和稳定性，是液硫储运系统中的重要枢纽。

1)液硫储罐

液硫储罐的主要作用是储存高温液硫，使其保持在135～148℃；生产时，通过罐区液硫泵输送至成型区液硫池，为硫黄成型机提供原料。罐体结构为拱顶罐，单罐最大罐容5309m^3，公称容积5000m^3。单台液硫储罐罐顶设置4个通气孔、6个消防蒸汽入口、2个液位计(雷达液位计和差压式液位计)、1个量油孔和2个透光孔。两个液硫罐区共设置液硫送料泵4台，详见图3－68，其相关参数见表3－87。

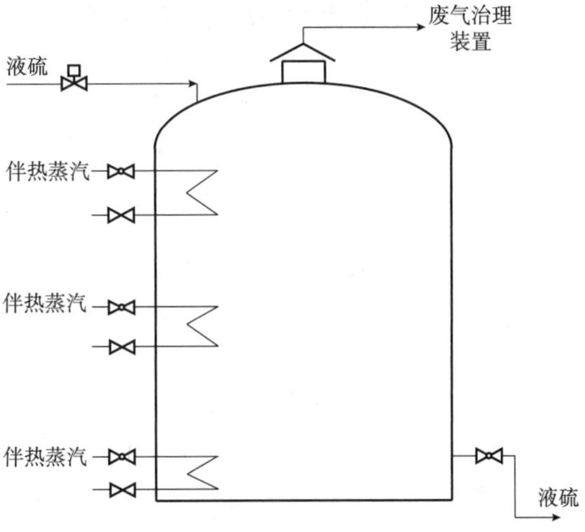

图3－68　液硫储罐结构图

表3－87　液硫储罐相关参数

名称	数量/台	温度/℃		压力/Pa		规格	主体材质
		设计	操作	设计	操作		
液硫储罐731－T－(002～005)	4	160	135～148	490～1960	常压	Φ26000×10700	16MnR/Q235－B
液硫储罐732－T－(001～006)	6	160	135～148	490～1960	常压	Φ26000×10700	16MnR/Q235－B

2)液硫储罐伴热设施

为防止液硫在储罐内凝固，硫蒸气在储罐顶部固化形成固体颗粒，因此在罐底、罐壁内部设置伴热盘管，罐壁、罐顶设置带加热盘管的保温层。使用0.4MPa的饱和蒸汽进行伴热。

3)液硫储罐消防设施

液硫储罐罐顶设置固定式消防蒸汽系统。当液硫储罐内着火时，消防蒸汽冲破爆破片进入液硫储罐。爆破片的安装位置为液硫储罐罐顶消防蒸汽口和消防蒸汽管道之间，其作用为隔离消防蒸汽与液硫储罐内的硫蒸气。爆破片的爆破压力为0.2MPa，爆破温度为134℃。爆破片无泄放量要求，仅要求爆破片破裂时开口截面积不小于 DN150 的消防蒸汽管道截面积。灭火蒸汽使用 0.4MPa 饱和蒸汽，蒸汽从主管引出，在防火堤外设灭火蒸汽控制阀。

4）凝结水回收装置

硫黄储运系统及图幅液硫伴热管线产生的凝结水，经凝结水换热器换热后进入凝结水回收罐，然后由凝结水泵送回公用工程车间凝结水站。凝结水回收装置主要包括 1 台卧式储罐、1 台管束换热器、1 台空冷器和 2 台凝结水泵。

5）废气治理装置

由于液硫储存温度较高，液硫储罐罐顶有 H_2S 和硫蒸气的气体持续逸散而出，对厂区空气环境造成污染，影响职工身体健康。液硫罐区逸散废气治理装置采用集气罩抽气技术对罐顶逸出废气进行集中回收处理，合格后集中排放。废气治理装置主要包括 10 台集气罩、10 台水浴除尘器、2 台罗茨风机、2 台脱硫反应器和 1 座尾气放散塔。

3.4.2 液硫成型主要设备设施

液硫成型装置主要包括 4 台成型机，其中 1#、2#成型机为进口 DEVCO Ⅱ型，3#、4#成型机为国产设备，单台成型机成型能力为 90t/h。

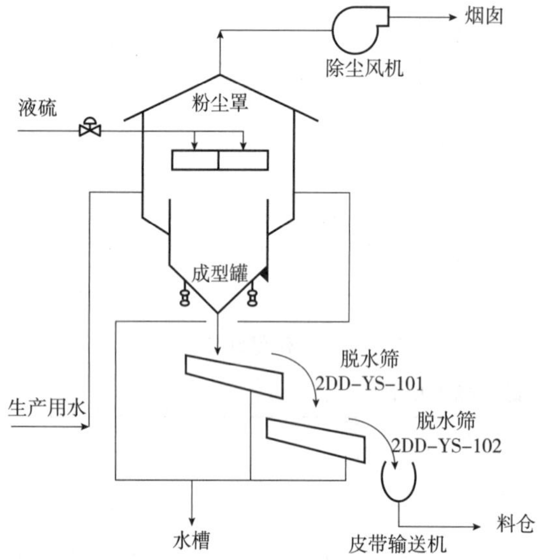

图 3－69　硫黄成型机结构图

1）硫黄成型机

硫黄成型机的主要作用是使液硫通过成型盘上的孔眼，滴入装满工艺冷水的成型罐内，冷却后得到直径为 2～6mm 的硫颗粒，后经两级脱水振动筛将硫颗粒和水进行分离，最终得到合格的硫黄产品，然后由传送带送至硫黄料仓储存。主要构成元件有液硫分配盘、液硫成型盘、成型盘支撑结构、成型罐、振动脱水筛、水力旋流分离器、工艺水冷却器、工艺水槽、水力旋流进料泵、冷却器进料泵、成型罐进料泵、下料斗、粉尘罩和除尘风机等（图 3－69）。

2）细粉硫再熔装置

硫黄成型机在生产固体硫黄过程中，有一部分细粉硫形成，会堵塞振动筛的缝隙，降低脱水效率，影响硫黄产品质量，故需分离后送入细粉硫再熔装置进行再次处理回收。细粉硫再熔装置主要包括沉淀罐、缓冲罐、沉淀罐输送泵、螺旋输送机、离心机、再熔罐等。

3）机泵

液硫成型单元共有各类机泵 31 台。其中，每座液硫池均设置 3 台液硫送料泵，该泵为垂直液下泵，类型为离心泵，采用蒸汽夹套伴热结构；各成型机冷水槽、净水槽和热水槽均设置 2 台卧式离心泵；再熔器内设置 1 台液硫泵，与液硫池液硫泵原理相同。

4）振动筛

振动筛（又名脱水筛），为产品硫黄脱水主设备。振动筛由箱体及筛板组成，每个振动筛箱体下设有两台电机，电机与偏心块连接，电机间采用万向联轴节连接，确保电机转动一致。偏心块可调节，当两偏心块角度偏差为 0°时，激振力最大，振动筛振幅最大。振幅随着角度偏差增大而减小。成型装置设有两级振动筛，一级振动筛筛缝较小，二级振动筛筛缝较大。细粉硫黄经一级振动筛脱除，避免堵塞下级筛缝，二级振动筛进一步脱除粒径 <1.78mm 的硫黄，确保产品硫黄最小粒径约 2mm。

5）离心机

离心机的工作原理是，卧螺通过变频器逐步升速，在主、副带轮的带动下，转鼓与差速器的输入轴达到额定转速 n_1、n_2，由于差速器的作用，使螺旋产生一个超前转鼓的稳定差转速 Δn，以实现螺旋卸料功能，机器转速稳定后悬浮液由高位槽、流量调节阀、进料管进入离心机，经螺旋加速斗加速再进转鼓内，在强大的离心力场作用下，比重大的固相粒子被甩在沉降壁面上，并很快沉积到转鼓的内壁上，经螺旋的推动，沉渣不断地被推向转鼓小端，从出渣口经固相收集罩壳排出。分离后的清液经分离叶片进一步澄清，由转鼓溢流孔、液相收集罩壳排出。在整个分离过程中悬浮液不断地输入，澄清液相与沉渣不断排出，因此是连续自动分离。

3.5 火炬放空系统设备

火炬放空系统为天然气净化厂重要的安全与环保设施，用于处理净化厂、集气总站、污水站等装置和设施各种工况下排放的火炬气。净化厂火炬放空系统共 4 套，建有两座三角形火炬塔架，每座塔架设置高压、低压火炬各 1 套，即分别为高压火炬和低压备用火炬、低压火炬和高压备用火炬，能够实现火炬系统安全轮换检修。

3.5.1 火炬头

火炬头主要用于保证放空气体的充分燃烧。火炬总高度约为 139m，高、低压放空火炬的筒体直径分别 *DN*1100、*DN*900。为保证全厂装置在紧急事故工况下始终保持燃烧，火炬采用长明灯形式。每套火炬筒体配一套高空电点火器和一套地面爆燃型电点火器。火炬采用先进的点火控制系统，可实现火炬远程高空自动点火、现场高空手动点火及现场地面爆燃点火。两套火炬中每个火炬配长明灯 4 个，长明灯配有铠装热电偶对长明灯的工作状况进行监测，长明灯按任何时候都保持长明设计，以确保火炬气的安全点燃。高压火炬总管最大允许瞬时排放量为 750000m^3/h，低压火炬总管最大允许瞬时排放量为 50000m^3/h，如图 3－70 所示。

3.5.2 容器类设备

1）燃料气分液罐（735－D－001）

燃料气分液罐主要作用是储存燃料气，同时将燃料气中携带游离态的液态进行分离。其参数见表 3－88。

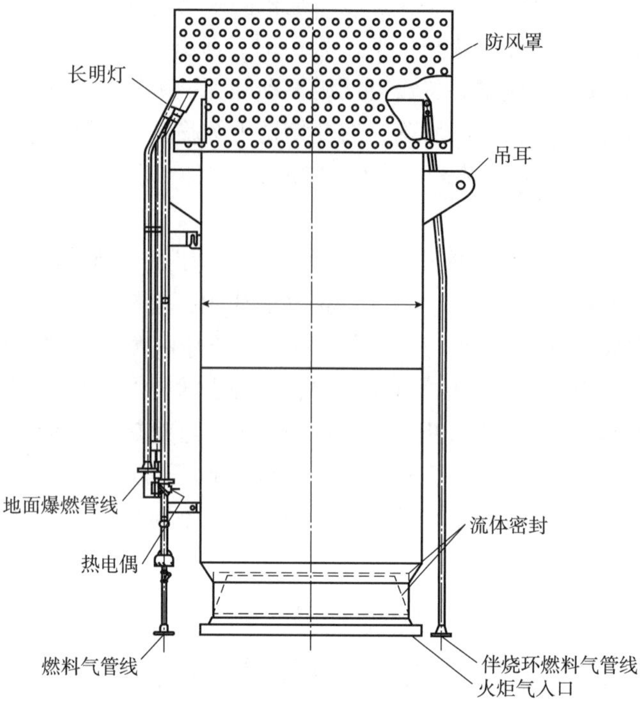

图3－70　火炬头结构图

表3－88　燃料气分液罐参数

操作介质	温度/℃		压力/MPa		规格及内部结构	主体材质
	设计	操作	设计	操作		
燃料气	60	20	0.8	0.4	立罐 0.636m^3 $\Phi800\times1400$	20R

2）净化风分液罐（735－D－002）

净化风分液罐主要作用是储存净化风，同时将净化风中携带游离态的液态进行分离。其参数见表3－89。

表3－89　净化风分液罐参数

操作介质	温度/℃		压力/MPa		规格及内部结构	主体材质
	设计	操作	设计	操作		
净化风	60	20	1.1	0.7	立罐 0.339m^3 $\Phi600\times1300$	20R

3）低压火炬分液罐（735－D－005）

低压火炬分液罐主要用于气液、液液分离和缓冲。将装置排放的废气在分液罐进行气液分离（分离液含 MDEA），其中分离后的气体排至低压火炬燃烧，液体由泵输送至 MDEA 罐区或排放至污水处理厂。其参数和结构图分别见表3－90和图3－71。

表3－90 低压火炬分液罐参数

操作介质	温度/℃		压力/MPa		规格及内部结构	主体材质
	设计	操作	设计	操作		
放空气体	120	99	0.3	0.1	卧罐 139m³	20R

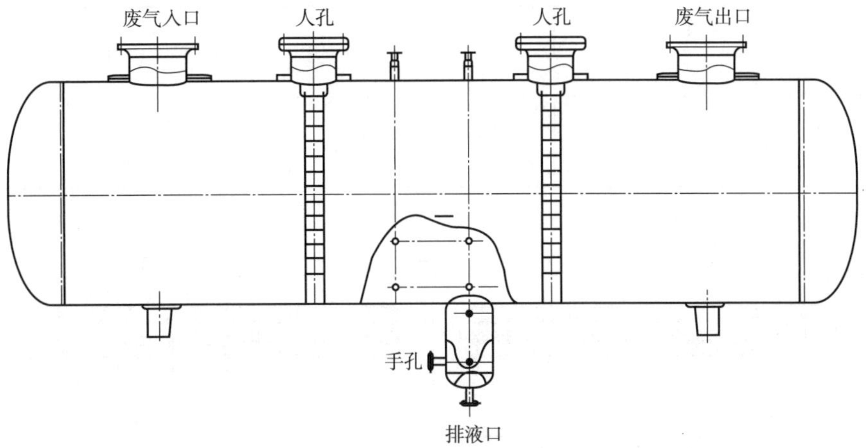

图3－71 低压火炬分液罐结构图

4)低压火炬水封罐(735－D－010)

低压火炬水封罐主要用于低压火炬放空系统的安全防回火的隔离。它将火炬系统与装置排放总管有效隔离，以阻止空气在火炬待命状态时进入放空管道而形成爆炸性气体。其参数和结构图分别见表3－91和图3－72。

表3－91 低压火炬水封罐参数

操作介质	温度/℃		压力/MPa		规格及内部结构	主体材质
	设计	操作	设计	操作		
放空气体	120	99	1.0	0.1	卧罐 133m³ Φ3600×13600	20R

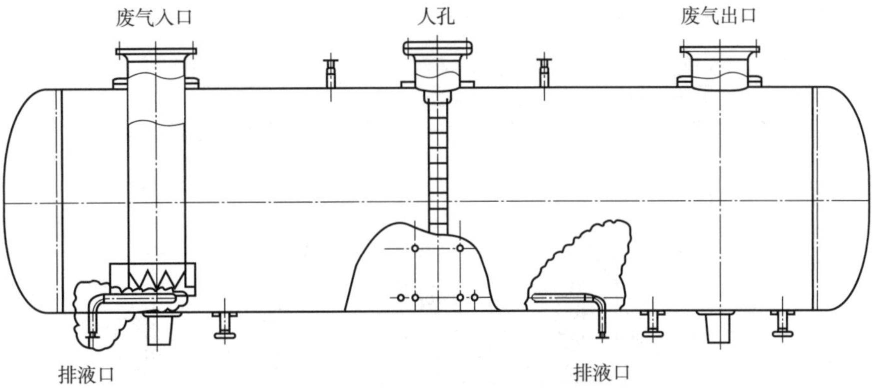

图3－72 低压火炬水封罐结构图

5)高压/高低压备用火炬分液罐(735 - D - 003/004)

高压/高低压备用火炬分液罐主要用于气液、液液分离和缓冲。同时能够有效除去放空气中含有的液体组分，防止造成“火雨”事故。其参数和结构图分别见表 3 - 92 和图 3 - 73。

表 3 - 92　高压/高低压备用火炬分液罐参数

操作介质	温度/℃		压力/MPa		规格及内部结构	主体材质
	设计	操作	设计	操作		
放空气体	200	180	0.6	0.2	卧罐 195.5m^3 Φ3600 × 17600	20R

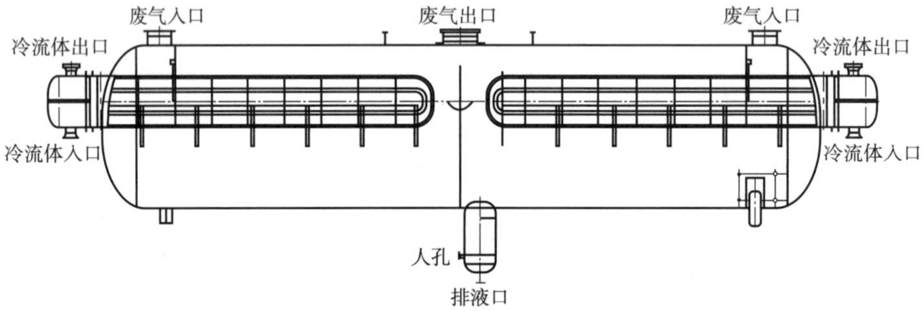

图 3 - 73　高压/高低压备用火炬分液罐结构图

6)高压/高低压备用火炬水封罐(735 - D - 006/007/008/009)

高压/高低压备用火炬水封罐是高压/高低压备用火炬放空系统的安全防回火的隔离设备。其参数和结构图分别见表 3 - 93 和图 3 - 74。

表 3 - 93　高压/高低压备用火炬水封罐参数

操作介质	温度/℃		压力/MPa		规格及内部结构	主体材质
	设计	操作	设计	操作		
放空气体	200	180	1.0	0.1	卧罐 147m^3 Φ3600 × 15000	20R

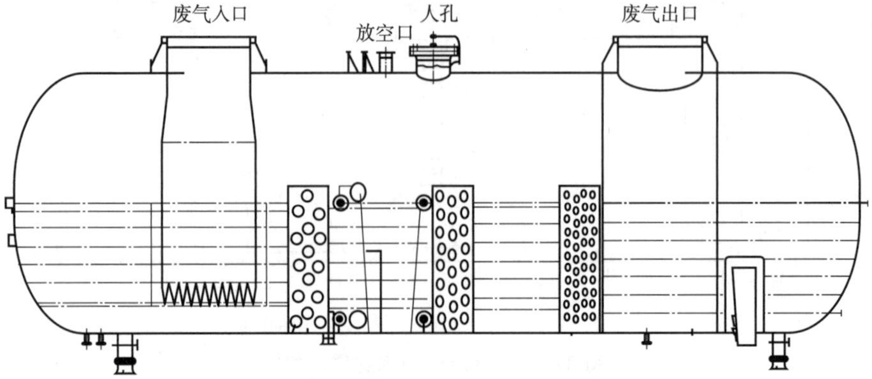

图 3 - 74　高压/高低压备用火炬水封罐结构图

3.5.3　泵类设备

1)高、低压火炬/备用火炬分液罐凝液泵(735－P－001/002/003)

火炬分液罐凝液泵主要作用是将分液罐分离出来的液体输送至相关单元或污水处理站进行处理。其参数见表3－94。

表3－94　高、低压火炬/备用火炬分液罐凝液泵参数

操作介质	操作条件			
	流量/(m^3/h)	温度/℃	压力/MPa	
			进口	出口
含胺液体	14	20	0.1	0.6

2)新鲜水泵(735－P－102A/B)

新鲜水泵主要作用是将装置新鲜水输送至高/低压火炬水封罐中，使水封罐形成正常液封。其参数见表3－95。

表3－95　新鲜水泵参数

操作介质	操作条件			
	流量/(m^3/h)	温度/℃	压力/MPa	
			进口	出口
新鲜水	20	20	0.4	1.1

3.6　MDEA、TEG罐区设备

MDEA和TEG罐区设置了6台2000m^3和2台100m^3的拱顶罐；其中6台2000m^3罐用于存储MDEA溶液，2台100m^3罐用于存储TEG溶剂；同时还设置了4台MDEA卸桶泵、3台MDEA输送泵，2台TEG卸桶泵、2台TEG输送泵，以满足装置各工况供料的需要。储罐示意图如图3－75所示。

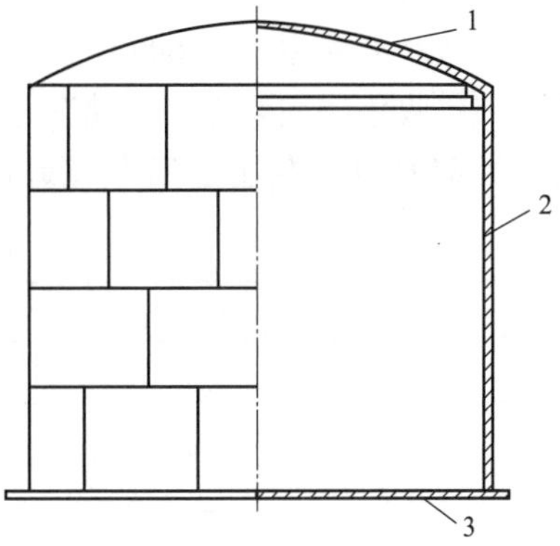

图3－75　储罐示意图

1—罐顶；2—罐壁；3—罐底

3.6.1　容器类设备

1)MDEA储罐(T－001/002/003/004/007/008)

MDEA储罐是储存MDEA溶液的设施。分别有6台2000m^3的拱顶罐，可存放不同浓度的MDEA溶液。MDEA罐区利用卸桶泵将桶装纯MDEA溶液送入储罐，并配制50%胺液，以供生产装置开工和正常生产补充使用。当净化联合装置紧急停工或检修时，MDEA罐区作为生产装置缓冲罐使用。其参数见表3－96。

表 3－96　MDEA 储罐参数

介质	温度/℃		压力/MPa		规格及内部结构	材质
	设计	操作	设计	操作		
MDEA 溶液	60	40	0.4	0.1	拱顶罐 2000m^3 Φ13200×16040	Q235－B

2）TEG 储罐（T－005/006）

TEG 储罐是储存 TEG 溶剂的设施。分别有 2 台 100m^3 的拱顶罐，用于存放纯浓度的 TEG 溶剂。TEG 罐区利用卸桶泵将桶装纯 TEG 溶剂送入储罐，以供生产装置开工和正常生产补充使用。当净化联合装置紧急停工或检修时，TEG 罐区作为生产装置缓冲罐使用。其参数见表 3－97。

表 3－97　TEG 储罐参数

介质	温度/℃		压力/MPa		规格及内部结构	材质
	设计	操作	设计	操作		
TEG 溶液	40	30	0.4	0.1	拱顶罐 100m^3 Φ5000×6000	Q235－B

3）MDEA 收集罐（D－001）

MDEA 收集罐主要作用是储存净化联合装置停工或检修时管线及泵中的 MDEA 溶液。同时，经 MDEA 卸桶泵送至 MDEA 储罐存储。其参数见表 3－98。

表 3－98　MDEA 收集罐参数

介质	温度/℃		压力/MPa		规格及内部结构	材质
	设计	操作	设计	操作		
MDEA 溶液	60	40	0.4	0.1	卧罐 2.3m^3 Φ1200×2000	20R

4）TEG 收集罐（D－002）

TEG 收集罐主要作用是储存净化联合装置停工或检修时管线及泵中的 TEG 溶剂。同时，经 TEG 卸桶泵送至 TEG 储罐存储。其参数见表 3－99。

表 3－99　TEG 收集罐参数

介质	温度/℃		压力/MPa		规格及内部结构	材质
	设计	操作	设计	操作		
TEG 溶液	40	30	0.4	0.1	卧罐 2.3m^3 Φ1200×2000	20R

3.6.2　泵类设备

1）MDEA 卸桶泵（740－P－001A/B/C/D）

MDEA 卸桶泵主要作用是将桶装商品溶剂 MDEA 输送至 MDEA 储罐后，与除盐水混合，配成浓度 50% 溶液进行存储。另外，可将 MDEA 收集罐中的溶液经 MDEA 卸桶泵输送至 MDEA 储罐存储。其参数见表 3－100。

表3-100 MDEA卸桶泵参数

操作介质	操作条件			
	流量/(m^3/h)	温度/℃	压力/MPa	
			进口	出口
MDEA溶液	10	40	0.1	0.4

2)MDEA送料泵(740-P-002A/B/C)

MDEA送料泵主要作用是将MDEA储罐内的胺液输送至净化联合装置区域内。其参数见表3-101。

表3-101 MDEA送料泵参数

操作介质	操作条件			
	流量/(m^3/h)	温度/℃	压力/MPa	
			进口	出口
MDEA溶液	130	40	0.1	0.4~1.5

3)TEG送料泵(740-P-003A/B)

TEG送料泵主要作用是将TEG储罐内的TEG输送至净化联合装置区域内。其参数见表3-102。

表3-102 TEG送料泵参数

操作介质	操作条件			
	流量/(m^3/h)	温度/℃	压力/MPa	
			进口	出口
TEG溶液	10	30	0.1	1.1~1.4

4)TEG卸桶泵(740-P-004A/B)

TEG卸桶泵主要作用是将桶装商品溶剂TEG输送至TEG储罐进行存储。另外，可将TEG收集罐中的溶剂经TEG卸桶泵输送至TEG储罐存储。其参数见表3-103。

表3-103 TEG卸桶泵参数

操作介质	操作条件			
	流量/(m^3/h)	温度/℃	压力/MPa	
			进口	出口
TEG溶液	5.1	30	0.1	0.4

3.7 装置控制联锁

高含硫天然气净化具有工艺流程长、设备数量多、安全风险高，生产过程控制复杂，运行操作难度大等特点。为保障生产装置运行安全、可靠、平稳、高效，满足产品质量、环保排放等标准要求，配套建设过程控制、联锁关断及有毒可燃气体检测系统。过程控制用于生产装置的过程监测、远程控制，采用净化装置集散控制(以下简称 DCS)和 PLC 控制两种模式。联锁关断用于生产装置紧急关断和设备保护，采用安全仪表系统(以下简称 SIS)，独立于 DCS。有毒可燃气体检测系统是 SIS 联锁的补充，现场检测到有毒可燃气体时，会自动触发相关报警或联锁动作，同时进行声光报警，警示作业人员开展应急处置，保障生产和人员安全。

3.7.1 净化装置控制回路

净化装置控制回路的主要功能是对生产过程中的各种参数进行精确的监测和控制。净化装置控制回路通过安装在生产线上的各种传感器和检测仪表，实时监测温度、压力、流量、液位、组分等关键参数，为控制系统提供准确的数据。根据监测到的参数，净化装置控制回路中的控制器(如 PID 控制器)会计算出与设定值之间的偏差，并发出相应的控制信号，通过执行器(如控制阀)对生产过程进行调节，以达到预定的操作条件。控制回路一般具备数据记录功能，能够存储生产过程中的关键数据，便于后续的数据分析、故障诊断和生产过程的追溯。

净化装置控制回路分为简单控制回路和复杂控制回路。只有一个检测仪表，一个控制器，一个执行器的控制回路为简单控制回路。复杂控制回路包括比值控制系统、串级控制系统、分程控制系统等。本节重点介绍天然气净化装置各单元的复杂控制回路。

1)脱硫单元控制回路

脱硫单元关键控制回路主要包括第一级主吸收塔液位控制、闪蒸罐压力控制、再生塔酸性气压力、再生塔回流罐液位等。

(1)第一级主吸收塔液位控制回路。

第一级主吸收塔液位控制回路为复杂控制回路，测量仪表为 LT－10305，控制器为 LC－10305，控制三个调节阀，LV－10305A、LV－10305B 和 LV－10305C。该控制为三分程控制，每个分程都对应不同的控制输出，以实现下面的控制：LC－10305 输出范围 0～33%，透平入口管线调节阀 LV－10305A 打开 0～100%；LC－10305 输出范围 33%～66%，透平跨线调节阀 LV－10305B 打开 0～100%；LC－10305 输出范围 66%～100%，透平跨线调节阀 LV－10305C 打开 0～100%。

为保证透平的平稳操作，增设低选逻辑模块，LC－10305 的输出信号首先与手操器 HC－10305A 的设定值进行比较，选择低值信号输出至调节阀 LV－10305A，控制其开度。

(2)闪蒸罐压力控制。

闪蒸罐压力测量仪表为 PT－11101，控制器为 PC－11101，该控制为两分程控制，控制两个调节阀，PV－11101A 与 PV－11101B。当控制器输出 0～50% 时，PV－11101B 动作，闪蒸气经闪蒸气分液罐(D－710)后进入燃料气管网；当控制器输出 50%～100% 时，PV－11101A 动作，多余的闪蒸气排向低压火炬。

(3)再生塔酸性气压力控制。

酸性气压力测量仪表为 PT－11701，控制器为 PC－11701，该控制器为两分程控制器，控制两个调节阀，PV－11701A 与 PV－11701B。当控制器输出 0～50% 时，PV－11701B 动作，酸性气流至酸性气分液罐(D－301)；当控制器输出 50%～100% 时，PV－11701A 动作，多余的酸性气排向低压火炬。

(4)再生塔回流罐液位。

胺液再生塔回流罐液位为串级控制，控制器 LC－11702 为主控，FC－11708 为副控，主控的输出值作为副控的给定值，通过控制调节阀 FV－11708 开度，控制回流罐液位。

2)脱水单元控制回路

脱水单元关键控制回路主要包括脱水塔液位控制、产品气压力的控制、闪蒸罐压力与液位控制等。

(1)脱水塔液位控制。

脱水塔液位控制保证高压天然气系统与低压 TEG 闪蒸系统之间有良好的液体密封，防止窜压事故发生。

通过脱水塔底富 TEG 出口管线上的液位调节阀 LV－20108(FC)进行液位的调节控制。调节阀 LV－20108 与脱水塔液位控制器 LC－20108 组成脱水塔液位调节回路。当脱水塔液位高出正常值时，液位控制器 LC－20108 输出增大，液位调节阀 LV－20108 阀位开大，通过调节阀的富 TEG 流量增大，从而使液位恢复到正常值；当脱水塔液位小于正常值时，液位控制器 LC－20108、液位调节阀 LV－20108 执行与上述调节过程相反的动作，使液位恢复到正常值。

为了防止脱水塔液位超低时，发生高压天然气窜入 TEG 闪蒸罐，在脱水塔底富 TEG 出口管线上设置了紧急切断阀 XV－20109，当脱水塔液位联锁(三选二)显示 $<5\%$ 时，切断阀 XV－20109 自动关闭，保证脱水塔与闪蒸罐之间的安全联锁关断。

(2)产品气压力的控制。

脱水天然气出界区的压力，应严格进行调节控制，防止憋压，影响整个天然气净化系统的平稳操作。此处的压力控制为分程控制，控制器是 PC－20604，调节阀是 PV－20604A、PV－20604B。PV－20604A 位于产品气高压火炬管网泄放线(*DN*200)上，PV－20604B 位于产品气出界区管线上。正常操作时，调节阀 PV－20604B 开启，PV－20604A 关闭，脱水天然气经界区管线去输气管网。当脱水天然气压力超高时，调节阀 PV－20604A 开启，将脱水天然气泄放至高压火炬管网，保证脱水天然气系统压力平稳，防止出现憋压事故。

(3)闪蒸罐压力与液位控制。

闪蒸罐压力控制在 0.4MPa。当压力 <0.4MPa 时，打开低压 N_2 调节阀 PV－20206A；当压力 >0.4MPa 时，PV－20206B 打开，将闪蒸气泄压至再生塔顶分液罐。控制器 PC－20206 输出 0～50% 时，对应 A 阀输出 0～100%；控制器 PC－20206 输出 50%～100% 时，对应 B 阀输出 0～100%。

控制压力一定的情况下调节闪蒸罐(D－201)液位，目标控制在 40%～60%，设定控制液位在 50%，当液位 $<50\%$ 时，关小 LV－20210，开度根据控制器输出差值确定。

3)硫黄回收单元控制回路

硫黄回收单元关键控制回路主要包括反应炉燃烧器燃烧空气控制、反应炉余热锅炉三冲量液位控制等。

(1)反应炉燃烧器燃烧空气控制。

测量仪表是主燃烧空气流量(FT－30410)、微风流量(FT－30416)、酸性气流量(FT－30413)、燃料气流量(FT－30403)，控制器是 FC－30410、FC－30416、FC－30413、FC－

30403，控制调节阀是 FV－30410。整个复杂控制回路的主要作用是，完全燃烧酸性气进料中的烃类物质；燃烧生成克劳斯反应最佳转化率所需的 SO_2；将其他硫化物转化为易于回收的硫化物。上述目标是通过调节反应炉燃烧器燃烧空气与各种进料的合适比例来完成的。

回路控制描述：反应炉燃烧器的进料为酸性气及燃料气，其中酸性气中所含 H_2S 部分燃烧，燃烧空气由鼓风机(K－301A/B)供给，各种进料的流量由以下仪表测量：

所需燃烧空气总量为每摩尔进料气所需的燃烧空气量的总和。酸性气所需空气耗量通过计算模块 FY－30413A 将酸性气流量信号转化为其所需空气耗量，燃料气所需空气耗量通过计算模块 FY－30403A 将燃料气流量信号转化为其所需空气耗量。

每股进料气的空气消耗量通过计算每股进料气中单位摩尔可燃烧物质燃烧所需耗氧量乘以进料气中相应摩尔流量而得。

反应炉燃烧器进料所需燃烧空气的计算基础为：

①燃烧 1/3 的 H_2S。

②氨气(NH_3)和氢气(H_2)完全燃烧。

③烃类完全转化为 CO_2 和水蒸气。

实际上，由于酸性气中部分 H_2S 会分解，同时烃类不可能完全燃烧生成 CO，理论计算所需燃烧空气量会大于工艺操作实际所需量。

如果反应炉燃烧器的每进料组分恒定且各个测量元件及调节阀运行正常，控制系统可以准确地控制所需燃烧空气流量。但正常生产中实际情况并非如此，为了保证尾气中 H_2S 与 SO_2 的比例为 4∶1，以便装置能够达到最大的硫回收率，所以设置了微调空气调节阀 FV－30416。

微调空气调节阀 FV－30416 与主燃烧空气调节阀 FV－30410 为并联操作，微调空气流量由 FT－304016 测量，微调空气调节阀的设定值由设置在尾气出装置管线上的在线分析仪 AT/AC－31001 给定，在线分析仪测定尾气中 H_2S 与 SO_2 的含量，作为至调节阀的给定值，对微调空气流量进行调节，维持装置过程气中 H_2S 与 SO_2 的比例为 4∶1。如果尾气分析仪 AT/AC－31001 的设定值使微调空气调节阀开度 >70%，调节阀阀位指示 FZAH－30416 报警，表示微调空气调节阀已经接近流量调节上限。操作人员此时应通过 HC－30409 调整比例系数，使主燃烧空气的调节阀门增加开度，从而使微调空气调节阀在合适调节范围内。如果尾气分析仪 AT/AC－31001 的给定设定值使微调空气调节阀开度 <30%，调节阀阀位指示 FZAL－30416 报警，表示微调空气调节阀已经接近流量调节下限。操作人员此时应通过 HC－30409 调整比例系数，使主燃烧空气的调节阀门减小开度，从而使微调空气调节阀在合适调节范围。

正常操作时，HC－30409 中的比例系数应保证通过主燃烧空气调节阀 FV－30410 空气流量为所需燃烧空气总流量的 90%～95%，剩余部分燃烧空气通过微调空气调节阀 FV－30416。比例系数的设定有效范围为 0.7～1.4。

通过上述复杂控制回路，酸性气和燃料气的流量变化，将会直接反馈到主燃烧空气流量控制系统。酸性气和燃料气的组成变化和测量元件的误差，将会通过尾气在线分析仪反馈至微调燃烧空气控制系统。

(2)反应炉余热锅炉三冲量液位控制。

控制回路：余热锅炉三冲量液位控制复杂控制回路用以控制余热锅炉汽包的液位，测量仪表是余热锅炉液位计 LT－30701A/B/C、中压蒸汽流量计 FT－30707，控制器为 LC－30701。此控制回路为三冲程控制回路，控制调节阀为 FV－30706。

余热锅炉汽包的液位主要由锅炉给水流量调节 FC－30706 来控制，以维持进入汽包的锅炉给水流量稳定。当锅炉液位高于或低于设定液位点时，由液位控制器 LC－30701 将信号传输至流量控制 FC－30706 的设定点，使液位恢复正常。液位控制器 LC－30701 信号取 3 个余热锅炉液位变送器信号 LT－30701A/B/C 的中间值。

当余热锅炉热负荷突然发生变化时，液位控制器检测到的液位变化可能会引起流量控制 FC－30706 的误操作。如果热负荷突然增加，首先会导致余热锅炉炉水中出现大量气泡，气泡的出现会降低锅炉水液相密度，造成汽包内的锅炉水量减少，但液位测量却显示上升，此时液位控制器会错误地降低锅炉给水量。为防止上述情况下 LC－30701 的误操作，将高压蒸汽流量信号（FI－30707）引入控制系统，当液位和产生蒸汽量同时上升时，LC－30701 将增加余热锅炉汽包锅炉给水的补充。

4）尾气处理单元控制回路

尾气处理单元关键控制回路主要包括加氢进料燃烧炉燃烧空气及温度控制、液位控制尾气焚烧炉温度控制、尾气焚烧炉废热锅炉三冲量液位控制等。

（1）加氢进料燃烧炉燃烧空气及温度控制。

构成：加氢进料燃烧炉燃烧空气、燃料气及温度为交叉限幅控制，控制回路包括：燃烧空气流量控制（FT/FC/FV－40124）、燃料气流量控制（FT/FC/FV－40104）、加氢进料燃烧炉出口温度控制（TT/TC－40261）、正常工况蒸汽流量控制（FT/FC/FV－40102）、烘炉工况蒸汽流量控制（FT/FC/FV－40103）、蒸汽/燃料气比率设定器（HC－40102）、比率器（FY－40102A）、正常/烘炉选择器（HS－40102）、空气/燃料气比率设定器（HC－40104）、除法器（HY－40104A）、乘法器（HY－40104B）、燃烧空气高选器（TY－40261A）、燃料气低选器（TY－40261B）、氢气在线分析仪（AT/AI－40402）。

控制原理：在尾气处理单元中，正确控制加氢进料燃烧炉燃烧空气的流量及进料燃烧炉的操作温度，对于将各种硫化物转化为 H_2S 是至关重要的。加氢进料燃烧炉的主要作用是发生次氧化反应，提供加氢反应所需的 CO 和 H_2 等还原气体，同时加热进入单元的尾气，使之达到适宜的反应温度。另一点是避免燃烧反应中产生结焦反应，造成下游催化剂积碳，导致催化剂的表面积减少和单元压降增大等不利影响。

回路控制描述：乘法器 HY－40104B 的作用是将燃料气量乘以空气/燃料气比率计算出燃烧空气量；除法器 HY－40104A 的作用是将空气量除以空气/燃料气比率计算出燃料气量；比率器 FY－40102A 的作用是根据燃料气量计算出所需的蒸汽量。

加氢进料燃烧炉出口的气体温度由 TC－40261 控制，调节器的输出（0～100％转换为燃料气的量程 0～1100m^3/h）同时送入高选器（TY－40261A）和低选器（TY－40261B），当燃烧炉出口气体温度高于 TC－40261 的设定温度时，调节器 TC－40261（反作用）的输出减小，低选器 TY－40261B 将调节器 TC－40261 的输出送至乘法器 HY－40104B，控制系统将减少燃烧空气流量控制 FC－40124 的设定值，从而流量控制 FC－40124 将会减小阀门 FV－40124 的开度。燃烧空气流量减少的同时，除法器 HY－40104A 将根据实际的燃烧空气量计算出所需的燃料气量，通过高选器 TY－40261A 减少燃料气流量控制 FC－40104 的设定值直到与调节器 TC－40261 的输出相同。

当燃烧炉出口气体温度小于 TC－40261 的设定温度时，调节器 TC－40261(反作用)的输出增加，控制系统通过高选器 TY－40261A 增加燃料气流量控制 FC－40104 的设定值，从而流量控制 FC－40104 将会增加阀门 FV－40104 的开度。燃料气流量增加的同时，低选器 TY－40261B 的输出增加至与调节器 TC－40261 的输出相同，低选器的输出送至乘法器 HY－40104B，乘法器根据实际的燃料气量计算出所需的燃烧空气量，增加燃烧空气流量控制 FC－40124 的给定值，从而流量控制 FC－40124 将会增加阀门 FV－40124 的开度。

在上述燃料气流量变化的同时，通过比率器 FY－40102A 自动调整蒸汽流量控制 FC－40102 或 FC－40103 的设定值，选择器 HS－40102 的作用是选择不同的工况。低压蒸汽的主要作用是抑制结焦反应，同时维持火焰正常温度。操作人员可以通过 HC－40102 来设置蒸汽和燃料气的比例。

如果燃料气的组分发生变化，操作人员可以通过 HC－40104 进行重新设置燃烧空气和燃料气的比例。生产过程中，急冷塔塔顶尾气中的 H_2 含量将会进行持续监控，如果 AI－40402上显示急冷塔塔顶尾气中 H_2 含量 $<2\%$(体积分数)，则应对 HC－40104 进行重新设置来调整燃烧空气和燃料气的比例(减小燃烧空气/燃料气的比例将提高急冷塔塔顶尾气中 H_2 含量，而增加燃烧空气/燃料气比例将减少急冷塔塔顶尾气中 H_2 含量)。正常操作中，燃烧空气和燃料气的比例调节范围为理论完全燃烧值的 65%～85%。

燃料气所需燃烧空气总量为燃料气中可燃物质所需的燃烧空气量的总和。理论完全燃烧所需燃烧空气的计算基础为：

①氢气(H_2)的完全燃烧。

②烃类完全燃烧转变成 CO_2、水蒸气。

③液位控制尾气焚烧炉温度控制。

尾气焚烧炉温度控制系统的主要作用是防止尾气焚烧炉的操作温度过高导致尾气焚烧炉紧急停车或温度过低导致不完全氧化从而使 H_2S 排放至大气。尾气焚烧炉的操作温度由温度控制 TC－41105 进行控制，当尾气焚烧炉的操作温度高于设定温度时，控制系统将减少燃料气流量控制 FC－40902 的设定。当尾气焚烧炉操作温度小于设定温度时，调节步骤与上述过程相反。

(3)尾气焚烧炉废热锅炉三冲量液位控制。

尾气焚烧炉废热锅炉液位复杂控制回路，用以控制尾气废热锅炉汽包的液位，测量仪表为尾气焚烧炉废热锅炉液位计 LT－41206A/B/C 和中压蒸汽流量计 FT－41215，控制器为 LC－41206，通过三冲量控制锅炉给水调节阀 FV－41216。

余热锅炉汽包的液位主要由流量调节 FC－41216 来控制，以维持进入汽包的锅炉给水流量稳定。当锅炉液位高于或低于设定液位点时，由液位控制器 LC－41206 将信号传输至流量控制 FC－41216 的设定点，控制液位恢复正常。液位控制器 LC－41206 信号取 3 个余热锅炉液位变送器信号 LT－41206A/B/C 的中间值。

当余热锅炉热负荷突然发生变化时，液位控制器检测到的液位变化可能会引起流量控制 FC－41216 的误操作。如果热负荷突然增加，首先会导致余热锅炉锅炉水中出现大量气泡，气泡的出现会降低锅炉水液相密度，造成汽包内的锅炉水量减少，但液位测量显示上升，此时液位控制器会错误地降低锅炉给水量。为防止上述情况下 LC－41206 的误操作，将高压蒸汽流量信号(FI－41215)引入控制系统，当液位和发生蒸汽量同时上升时，LC－

41206将增加余热锅炉汽包锅炉给水的补充量。

5)酸水汽提单元控制回路

酸水缓冲罐顶压力控制在0.4MPa，采用两分程控制回路。当压力<0.4MPa时，打开低压N_2调节阀PV－50104A。当压力>0.4MPa时，PV－50104B打开，将酸水中携带的H_2S气体排放至尾气焚烧炉。控制器PC－50104输出0～50%时，对应A阀输出0～100%；控制器PC－50104输出50%～100%时，对应B阀输出0～100%。

6)首站压缩机停机放空单元控制回路

当首站压缩机发生故障停机时，净化厂净化气管道压力会迅速升高，当超过高压报警值8.0MPa时，会快速引起净化装置停车，甚至气田一级联锁关断停产。通过产品气放空流程，当净化气管网压力升高时，自动打开放空阀泄压至高压火炬，从而保证净化气管路压力在正常控制范围。

首站压缩机停机放空设施包括6条管路，正常运行时全部启用，分为A、B两路，检修时为3用3备，启动A路(支路1、3、5)或B路(支路2、4、6)，未启用的一路进行检修，每一条管路中所有手动阀均处于常开状态，切断阀常关，接收到首站压缩机故障停信号需放空时自动打开，压力控制调节阀自动开至预设开度，正常运行状态和检修时压力控制调节阀分别预设不同的开度。

每条管路均有测量仪表、控制器和调节阀，以第1条管路为例介绍如下：

第1条管路测量仪表为PT－12001和PT－12007，控制器为PC－12001和PC－12007，两个控制器同时控制调节阀PV－12001。

3.7.2　净化系统联锁关断

天然气净化装置的联锁关断是保障装置安全运行的关键措施，是通过SIS实现的。SIS独立于DCS，且安全级别高于DCS。在正常情况下SIS处于静态，不需要人为操作，实时在线监测装置的安全性。当装置出现紧急情况时，SIS不需要经过DCS，按照设定的联锁程序直接发出联锁信号，对现场设备进行安全保护，避免危险扩散而造成更大损失。SIS不但用于保护天然气净化装置的安全，还用于连接采气厂及普光首站的硬线联锁信号和联锁关断。

1)SIS组成

SIS由控制站、操作站、工程师站、辅助操作台等设备组成。

(1)控制站。负责接收信号，进行数据处理和逻辑判断，并输出控制信号。

(2)操作站。每套装置设2台，通过冗余以太网的方式，与HIMA系统通信，设置在中控室操作台。操作人员通过操作站监控SIS系统各信号状态。

(3)工程师(SOE)站。分别放置在每个联合装置的现场机柜室和中控室的工程师站内。SOE站采集控制器中的SOE事件，SOE事件数据可提供查询、追溯等功能，可记录数据为65000条，系统SOE事故记录分辨率为1ms级，可对系统本身的故障或导致联锁停车的各种事件进行记录。

(4)辅助操作台。用于按压触发的按钮以及报警的信号灯。一、二级关断辅助操作台位于中心控制室公用工程车间操作区域；各联合装置三、四级关断辅助操作台位于中心控制室净化车间操作区域。

2)SIS 系统联锁逻辑分级

SIS 系统根据工艺、设备安全需求设置联锁逻辑，对关键参数、关键信号进行实时监控，并根据设定的逻辑执行联锁动作。依据联锁动作涉及的范围将天然气净化厂联锁逻辑分为四级：

①一级：全厂全部关断。

②二级：区域级或联合装置级关断。

③三级：单元级关断。

④四级：设备关断。

其中，一、二级联锁为普光气田全气田联锁逻辑的一部分，联锁关系设计原则为：上游不联锁下游，下游联锁上游。集输系统触发一、二级联锁后，天然气净化厂与普光首站只接收报警信息。天然气净化厂触发一、二级联锁后，集输系统触发联锁动作，普光首站只接收报警信息。普光首站触发一、二级联锁后，集输系统与天然气净化厂触发联锁动作。

(1)一级关断。

一级关断为最高级别的关断，是全气田范围内的紧急关断。一级关断条件发生后，触发天然气净化厂六套联合装置紧急切断并保压，自动关闭天然气净化厂 12 个系列脱硫、脱水单元进出口切断阀，触发六套联合装置第二系列原料气调压放空联锁，各系列由此引发的相关联锁动作自动发生。天然气净化厂触发的一级联锁关断信号自动触发集输系统进行关断，并发送一级关断报警信号至普光首站。

一级联锁关断触发条件分为天然气净化厂内部条件和天然气净化厂外部条件，触发条件不同产生的结果也不同。

一级关断触发内部条件：天然气净化厂出厂总管发生爆裂；天然气净化厂全厂停电、停水、停净化风、停 N_2；天然气净化厂东、西区原料气管线任意一条爆裂。

内部条件发生后，同时手动旋出中控室公用工程操作区辅助操作台两个“全厂保压”按钮 781 - HS - 00001A 和 781 - HS - 00001B，触发天然气净化厂一级联锁关断，天然气净化厂声光报警，位于中控室公用工程操作区辅助操作台上东区保压指示灯 781 - XL - 00001A 和西区保压指示灯 781 - XL - 00001B 亮，中控室公用工程操作区辅助操作台声音报警器响。

一级关断触发外部条件：集气总站区域内发生爆炸火灾；集输系统总站来气管线同时爆裂；集气总站发生设备、管道等爆裂，集气总站需关闭。上述条件产生时，天然气净化厂接收到来自上游集输系统手动触发的一级关断报警信号，根据情况进行处置。

普光首站发生爆炸、火灾，普光首站首站需关闭；天然气净化厂至普光首站天然气管道爆裂。上述条件产生时，普光首站手动触发的一级关断信号触发天然气净化厂一级联锁。

普光首站运行压缩机 2 台同时停机(首发自动触发)时，自动触发天然气净化厂一级联锁，天然气净化厂声光报警，中控室公用工程操作区辅助操作台声音报警器响。

(2)二级关断。

二级关断为天然气净化厂区域或联合装置级关断。区域级关断时处理方式为紧急切断并保压。区域关断发生后，触发东区一、二、三联合或西区四、五、六联合紧急切断并保压，触发东区或西区装置第二系列原料气放空联锁。联锁信号触发集输系统和普光首站进行报警。

联合装置级关断时处理包含三种手动触发方式：紧急切断并保压(中控室联合装置操作区辅助操作台旋出按钮110～160－HS－00002触发)、0.5MPa紧急切断放空(中控室联合装置操作区辅助操作台旋出按钮110～160－HS－00001A触发)、1.0MPa紧急切断放空(中控室联合装置操作区辅助操作台旋出按钮110～160－HS－00001B触发)。

二级联锁关断触发条件也分为天然气净化厂内部条件和天然气净化厂外部条件，触发条件不同产生的结果也不同。

内部条件如下：

①东区六系列区域内发生爆炸、火灾，进料管线发生爆裂，条件产生后，同时手动旋出中控室公用工程操作区辅助操作台两个“东区保压”按钮781－HS－00003A和781－HS－00003B，触发东区一、二、三联合紧急切断并保压、触发东区装置第二系列原料气放空、全厂声光报警、保压指示灯781－XL－00003亮，中控室公用工程操作区辅助操作台声音报警器响。联锁信号触发集输系统和普光首站进行报警。西区六系列正常生产。

②西区六系列区域内发生爆炸、火灾，进料管线发生爆裂，条件产生后，同时手动旋出中控室公用工程操作区辅助操作台两个“西区保压”按钮781－HS－00006A和781－HS－00006B，触发西区四、五、六联合紧急切断并保压，触发西区装置第二系列原料气放空联锁，全厂声光报警，保压指示灯781－XL－00006亮，中控室公用工程操作区辅助操作台声音报警器响。联锁信号触发集输系统和普光首站报警。东区装置正常生产。

外部条件如下：

①集气总站进天然气净化厂东区总管ESDV－A阀关闭，条件产生后，天然气净化厂收到报警信号，指示灯781－XL－00009亮，中控室公用工程操作区辅助操作台声音报警器响。

②集气总站进天然气净化厂西区总管ESDV－B阀关闭，条件产生后，天然气净化厂收到报警信号，指示灯781－XL－00010亮，中控室公用工程操作区辅助操作台声音报警器响。首先降量操作，并根据原料气量选择生产运行或装置保压操作。

(3)三、四级关断。

三、四级关断均为天然气净化厂内部的联锁关断，不会对集气总站和普光首站发送信号。

三级关断为单元装置级关断，会造成整个单元联锁动作。主要联锁动作结果包括：脱硫单元保压；脱硫单元0.5MPa放空；脱硫单元1.0MPa放空；脱水单元保压；脱水单元0.5MPa放空；脱水单元1.0MPa放空；硫黄回收单元停运；尾气处理单元停运；产品气放空单元停运等。

四级关断为联合装置设备级别关断，主要的联锁动作结果包括：高压贫胺液泵(P－101A/B)停车；中间胺液泵(P－106A/B)停车；半富胺液泵(P－402A/B)停车；TEG循环泵(P－201A/B)停车；原料气过滤器(SR－101A/B/C)液位联锁；脱水塔(C－201)液位联锁；酸气分液罐(D－301)液位联锁；液硫池(S－301)液位、温度联锁；尾气吸收塔(C－402)液位联锁；尾气焚烧炉余热锅炉(D－401)液位联锁；高压蒸汽温度联锁；液硫池抽气器(EJ－301)流量联锁；第二列原料气压力联锁等。

3.7.3 有毒及可燃气体监测

有毒及可燃气体监测系统用于检测全厂环境中 H_2S、SO_2、CH_4 等有毒、可燃气体的浓度。检测器检测信号传送至DCS系统，实时显示检测数值，兼备历史查询功能。当现场硫化氢检测器和甲烷检测器检测数值到达报警值时，DCS会发出声光报警，同时对应装置现场声光报警器会发出声光报警。

1)净化装置声光报警器报警

每套联合装置设置14台声光报警器(周界8台、第1列脱硫区3台、第2列脱硫区3台)。

(1)脱硫高压区1#~8#、16#、30#、67#、68#任意一台固定式硫化氢探测器检测显示值>10ppm，则该列脱硫区3台声光报警器报警，同时周界8台声光报警器报警；显示值<10ppm，则报警消除。

(2)除脱硫高压区1#~8#、16#、30#、67#、68#，任意一台固定式硫化氢探测器检测显示值高于10ppm，则周界8台声光报警器报警；显示值<10ppm，则报警消除。

2)有毒(可燃)气体探测器监测

天然气净化厂设有固定式有毒及可燃气体探测器，包括硫化氢红外对射，硫化氢激光反射，氢气探测器，硫化氢(20ppm)探测器，硫化氢(100ppm)探测器，甲烷探测器，二氧化硫(50ppm)探测器，二氧化硫(15mg/m³)探测器，氨气探测器。

净化装置现场设有硫化氢、甲烷和氨气检测器，每套联合装置设置点式固定硫化氢有毒气体探测器，点式固定甲烷可燃气体探测器，点式固定氨气有毒气体探测器。三种检测器检测信号传送至DCS画面，实时显示检测数值，当现场检测器检测数值到达报警值时，DCS会发出声光报警。净化装置界区管廊设置有线式固定硫化氢有毒气体探测器，传感器为激光反射式，检测信号传送至生产办公室安全集成系统，数值到达报警值时，系统会发出声光报警。

思考与练习

1. 净化装置有哪几类塔器？分别简述其结构特点。
2. 简述换热器管壳程介质的确定。
3. 净化装置板式换热器有哪些，有何特点？
4. 简述空冷器定义，以及主要部分组成。
5. 简述风机按照工作原理分类。
6. 简述离心泵分类及主要参数。
7. 为什么反应炉烘炉时要按照烘炉曲线升温？
8. 原料气过滤器有什么作用？
9. 简述 DCS 功能。

第 4 章　装置运行

装置运行包括开工、停工、生产运行、维护保养等多种运行过程。装置运行以天然气净化工艺过程为主线，以净化装置、液硫存储及成型装置、设备运行为对象，主要包括净化装置开停工、液硫储存及成型装置开停工、关键设备运行等内容。

4.1　净化装置开工

净化装置开工按照单元分类主要包括：脱硫单元开工、脱水单元开工、硫黄回收单元开工、尾气处理单元开工和酸水汽提单元开工。在执行上述单元的开工过程中，需要密切监控各项工艺参数，确保工艺、设备运行正常，并对可能出现的异常情况进行及时处理。

4.1.1　脱硫单元开工

脱硫单元是天然气净化装置高压生产系统的组成部分，其主要目的是去除天然气中的 H_2S 和 CO_2 等气体。脱硫单元开工的基本步骤包括：系统检查、建立硫封、高压区气密、脱硫单元引胺液、建立胺液冷循环、胺液热循环以及引原料气开工。

1)系统检查

检查各塔、罐安全阀是否正常投用；就地及密闭排放盲板是否处于盲位；设备安全附件是否齐全。

导通脱硫单元各塔、罐、机泵流程；对工艺、设备进行联锁测试；静设备完成检验，动设备试机完成。

2)建立液封

倒开中间胺液泵除盐水盲板，关闭出口阀，打开入口阀，向第二级主吸收塔上水至10%后关闭除盐水流程。

倒开液力透平除盐水盲板，强制打开 XV－10306、XV－10901，现场打开 MV－10911，LV－10305A 强制带电，同时关闭 MV－10912。给第一级主吸收塔上水至液位15%后关闭除盐水流程。对各塔、罐进行上水的主要目的是建立液封，特别是高压区设备，通过监控液位变化防止出现高压窜低压风险。液封建立完毕后应及时关闭上水流程，防止因上水过多，导致胺液浓度降低。

3)脱硫单元高压区气密

脱硫单元高压区气密的目的是检查脱硫高压区设备、管线、仪表等本体及法兰处是否存在气体泄漏情况，通过及时消除泄漏点，保证脱硫单元运行过程的效率和安全。

(1)各塔、罐 CD、OS 线盲板均为关位，各放空流程为关闭状态。关闭各点调节阀、切断阀和现场阀门。

(2)塔、罐进行上水。第二级主吸收塔液位上涨至50%后关闭中间胺液泵入口阀、中间胺液冷却器跨线阀以及温控副线。第一级主吸收塔液位上涨至50%后关闭中间胺液泵除盐水流程，并将盲板倒为关位。

(3)使用高压氮气将脱硫系统压力充至0.6MPa气密及保压，气密保压合格后将系统压力分别充至3.0MPa、6.0MPa、8.0MPa后继续气密、保压。气密保压合格后，关闭充压氮气流程，并将高压氮气盲板倒关位。在整个升压过程中，必须按照脱硫单元升压等级进行，防止出现因气密不合格导致现场发生泄漏。

4)脱硫单元引胺液(MDEA)

脱硫单元引胺液是指从胺液罐区引入规定浓度的合格胺液进入脱硫单元。引胺液过程中密切关注各塔、罐液位，机泵流量，防止出现因机泵流量过低导致设备出现损坏。同时密切关注整个脱硫系统液位，防止补液过多或过少。

(1)将 MDEA 进出装置界区盲板倒为开位，联系罐区人员启动罐区泵，关闭回收胺液过滤器进出口阀。

(2)导通界区至贫胺液后冷器补液流程，导通再生塔底贫胺液泵最小回流线流程以及出口阀后至闪蒸气吸收塔、尾气吸收塔流程，确认胺液回收罐至尾炉泄压流程畅通。

(3)待胺液再生塔液位上涨至90%后关闭再生塔底贫胺液泵最小回流阀，尾气吸收塔液位上涨至60%后关闭进料调节阀。关闭补液流程，打开界区至胺液闪蒸罐补液流程，待液位上涨至60%后，导通胺液闪蒸罐燃料气反充压流程将压力充至0.6MPa。导通富胺液入胺液再生塔调节阀流程进行转液，先向贫富胺液换热器富液侧引液，待胺液再生塔液位开始上升，则关闭液位调节阀停止转液。

(4)根据罐区液位变化计算补液量，共需补液650~700t。各塔、罐液位正常后，联系罐区停泵，关闭界区阀门以及罐区至胺液闪蒸罐贫胺液汇管阀。补液过程中，密切关注各塔、罐液位，防止因补液过多在引气过程中出现冲塔；或因补液过少导致整个胺液循环无法正常运行。

(5)导通胺液回收泵至胺液闪蒸罐流程。同时对胺液罐区进出管网泄压，防止出现因泄压不彻底，导致法兰垫片发生渗漏胺液。泄压完毕后关闭补液阀门，补液结束。

5)建立胺液冷循环

建立胺液冷循环是指脱硫单元胺液按照循环顺序依次启动关键机泵从而建立整个循环过程。通过胺液冷循环可以测试出机泵运行状态，也可以提前发现脱硫单元各塔、罐、机泵相关泄漏点等。在建立循环过程中必须严格按照机泵先后顺序进行启机操作，防止异常停机事件发生。

(1)确认各机泵灌泵彻底，关闭中间胺液泵进出口跨线，确认一级主吸收塔至胺液闪蒸罐、胺液闪蒸罐至再生塔流程关闭。确认再生塔贫胺液至第二级主吸收塔和尾气吸收塔流程均全部打开，胺液闪蒸罐压力在0.6~0.7MPa。

(2)按照操作规程分别启运贫胺液泵、中间胺液泵和半富胺液泵，建立胺液循环。

(3)建立胺液循环，需要提前旁路机泵低低流量联锁。及时调整各机泵流量、塔、罐液位至正常。当循环运行稳定30min后，投用相应联锁及自控回路。

6)建立胺液热循环

胺液热循环是指通过低压蒸汽对胺液再生塔底重沸器内贫胺液进行缓慢升温，升温速度控制在25℃/h，直至温度升至120℃。在升温过程中，密切关注再生塔底部温度，防止因温度过高发生胺液热降解；根据塔顶温度及时启运空冷器。

(1)确认凝结水罐并网流程关闭，安全阀正常投用，现场*DN*80排放口打开。胺液再生塔重沸器暖管结束后全开管廊阀，关闭排凝阀，投用疏水器。

(2)通过对蒸汽调节阀控胺液再生塔塔底温度以25℃/h速度升温，最终升至120℃。通过PV-11701A控制再生塔压力维持在70~90kPa。待再生塔顶温度超过50℃后及时启运空冷，待再生塔顶分液罐液位涨至30%，启运再生塔顶回流泵进行回流操作。

(3)待蒸汽调节阀后压力大于0.14MPa，凝结水系统正常投用，凝结水并网。

(4)根据胺液浓度控制指标47%~53%。胺液浓度不达标时需要进行调整，开工初期胺液浓度调整分为两种，即甩水提浓和补充高浓度胺液。甩水提浓是针对开工初期，胺液浓度低于控制指标时，若系统液位高，则可以进行甩水作业。补充高浓度胺液是针对开工初期，胺液浓度偏低，若系统液位偏低，则从罐区补高浓度胺液。

7)引原料气开工

引原料气开工是指将原料气缓慢引入脱硫单元，通过分液、过滤出气相杂质的原料气与贫胺液在一、二级主吸收塔内发生化学反应，从而脱除原料气中H_2S和CO_2，合格的湿净化天然气并入脱水单元。吸收原料气中H_2S、CO_2后的富胺液进入再生塔，再生释放出的H_2S和CO_2气体进入硫黄回收单元，再生合格后的贫胺液被送入一、二级主吸收塔循环利用。

(1)引气前流程检查。确认塔、罐、过滤器及机泵的盲板处于关位；检查导通1.0MPa、0.5MPa放空上下游流程；胺液浓度正常，脱硫高压区升压至6.0MPa以上。

(2)水解反应器预热器热备。确认水解反应器预热器处于热备状态，温度调节阀、蒸汽凝结水切断阀正常、壳体压力稳定在0.4MPa左右。

(3)脱硫单元引原料气。导通流程缓慢引原料气进脱硫单元，通过控制PV-10506开度将湿净化天然气放空至高压火炬，待合格后并网。在引原料气过程中应做到缓慢进行，防止因引气过快导致原料气管网压力大幅波动，从而造成湿净化气硫含量超标。引气后及时调整机泵循环量和再生蒸汽量，保证湿净化气合格减少放空时间。

4.1.2 脱水单元开工

脱水单元是天然气净化装置高压生产系统的组成部分，主要用于去除湿天然气中的水分。脱水单元开工的基本步骤包括系统检查、脱水单元气密、脱水单元引TEG、建立TEG冷循环、建立TEG热循环、脱水单元引入湿净化天然气等。

1)系统检查

各塔、罐安全阀投用；就地及密闭排放盲板处于盲位；设备安全附件齐全完好。

导通脱水单元各塔、罐、机泵流程，对工艺、设备进行联锁测试。静设备完成检验，动设备试机完成。

2)脱水单元气密

各塔、罐CD、OS线盲板均处于关位，放空流程为关闭状态。关闭高压窜低压调节阀、切断阀和现场阀门，将脱水塔底部除盐水盲板切换为开位。

导通除盐水流程对脱水塔上水，待液位上涨至15%后关闭流程，将除盐水盲板切换关位。

导通高压氮气流程将系统压力依次充至0.6MPa、3.0MPa、6.0MPa、8.0MPa进行气密、保压。在整个升压过程中，必须按照脱水单元规定的升压等级操作，避免因气密不合格引发泄漏。

3)脱水单元引入TEG

(1)确认TEG界区阀门关闭，将TEG进出装置界区盲板切换为开位。联系罐区操作人员启泵。

(2)导通界区至脱水单元的补液流程，将各塔、罐液位补至正常范围。引入TEG溶剂过程中应密切关注各塔、罐液位及机泵流量，防止因机泵流量过低导致设备损坏。同时密切关注整个脱水系统液位，防止补液过多或不足。

(3)联系罐区操作人员停泵，关闭界区阀门，对TEG界区管线进行彻底泄压，防止法兰垫片出现溶剂渗漏情况。

4)建立TEG冷循环

(1)导通TEG循环流程，将TEG闪蒸罐压力稳定控制在0.4~0.45MPa，准备启机。

(2)按照规程启运TEG循环泵。循环建立期间，调整各塔、罐液位；若系统整体液位偏低，通过TEG回收罐补液。循环运行稳定30min后，投用联锁及自控回路。

5)建立TEG热循环

TEG热循环是指通过中压饱和蒸汽对重沸器内贫TEG进行缓慢加热，升温速率控制在25℃/h，最终将TEG温度升至200℃。在升温过程中应密切关注重沸器温度，防止因温度过高发生TEG热降解。

(1)导通TEG再生塔顶部现场放空。打开蒸汽疏水器排凝，对重沸器进行疏水与缓慢暖管，防止管线出现水击。暖管完成后，全开管廊阀，关闭排凝阀。

(2)通过蒸汽调节阀将升温速率控制在25℃/h，升温至120℃后恒温8h。当现场确认再生塔顶部放空处水量显著降低后，导通至尾气焚烧炉流程，关闭现场放空。

(3)导通汽提燃料气至汽提塔流程，汽提气控制在6~10m^3/h。恒温结束后，继续开大蒸汽调节阀，最终升温至200℃。取贫液样确认TEG浓度大于99%。

6)脱水单元引入湿净化天然气

脱水单元引入湿净化天然气是指来自脱硫单元的湿净化天然气进入吸收塔内与贫TEG发生物理反应，从而脱除湿净化天然气中的水分，合格产品气并入产品气管网外输。吸收水分后的富TEG经重沸器再生后，水蒸气进入尾气焚烧炉燃烧，再生合格后的贫TEG被送入脱水塔循环利用。

(1)确认产品气在线仪表已投用，待湿净化天然气合格后，引气入脱水单元，通过调整PV-20604A开度控制放空量。

(2)调整脱水单元各塔、罐液位及相关参数(重沸器热负荷、调整机泵循环量)。

(3)产品气并网。将合格产品气并入管网，PV-20604A关闭后设定压力并投自动。

4.1.3 硫黄回收单元开工

硫黄回收单元是天然气净化装置低压生产系统的组成部分，主要用于回收脱硫单元再生酸性气中的硫元素。硫黄回收单元开工的基本步骤包括：设备管线试漏、工艺流程检查，系统开工前检查，硫黄回收单元投用拌热、系统气密测试、倒引液硫，克劳斯炉点炉升温，硫黄回收单元引酸性气等。

1)设备管线试漏

设备管线试漏是指通过使用试压介质(蒸汽、水等)对设备管线进行升压，达到试压压力值时，仔细检查设备管线是否存在泄漏点。如果发现泄漏点应及时进行处理。试压期间若未发现泄漏点，应进行一段时间的恒压，随后对试压设备进行泄压。设备升压期间，应严格按照设备升压等级进行，防止因试压不合格导致现场发生泄漏事件。升压过程中不应超过最大试压压力，以防止造成设备损坏。

(1)换热器试漏。确认设备安全阀正常投用，相关流程关闭。导通换热器上水流程，通过关小放空将换热器压力升至规定的压力值。检查换热器无泄漏点后，关闭上水流程，打开放空将液位调整至正常值。

(2)夹套管线试漏。确认夹套管线流程关闭，缓慢投用夹套伴热蒸汽，待蒸汽压力达到0.4MPa后，检查夹套管内外是否存在泄漏。确认无泄漏点后，恢复相关流程。

2)工艺流程检查

(1)液硫流程检查。检查硫黄冷凝器液硫出口管线无堵塞；检查一、二级反应进料加热器无堵塞；确保液硫产品泵出口阀、LV-31509及其副线的液硫夹套球阀活动灵活，硫黄冷凝器液硫出口8字盲板为开位。

(2)过程气流程检查。检查XV-31001、HV-31007A/B、XV-40301、XV-40401、XV-40701阀门开关是否灵活；确保开工循环线蝶阀、单向阀等相关阀门本体伴热正常投用。

3)系统开工前检查

检查各反应炉、反应器、换热器、罐的安全阀是否投用，就地及密闭排放流程是否处于盲位。确认设备附件齐全完好。

导通硫黄回收单元各反应炉、反应器、换热器、罐的流程，并完成工艺、设备联锁测试。确保静设备试压合格，动设备试机完成。

4)硫黄回收单元投用伴热

(1)打开液硫池伴热盘管和低压蒸汽总管排凝，确保无积水。打开伴热盘管凝结水总管排凝，确认凝结水总阀为关闭状态。微开管廊阀对管线进行暖管，待无明显水流出后，将管线压力升至0.4MPa，然后全开管廊阀。

(2)依次将蒸汽引入各伴热盘管，投用液硫产品泵、硫封本体、液硫池液位计以及液硫池烟囱伴热；检查确认伴热盘管有无泄漏现象。

(3)液硫池顶部大盖回装，打开液硫池东侧呼吸阀，监控液硫池温度。

5)硫黄回收单元气密测试

关闭液硫冷凝器出口阀和现场排污阀。导通 XV－30502 低压氮气对硫黄回收单元升压至 60kPa 后，关闭充压流程。对硫黄回收单元进行气密测试，检查系统是否存在泄漏点，确认气密合格。

6)硫黄回收单元倒引液硫

确认液硫外输界区阀处于关闭状态，确认液硫产品泵处于备用状态。将液硫外输盲板切换为开位。

确认液硫产品泵出口阀关闭，液硫池底部连通阀开启，确认液硫池底部温度达到 120℃以上。打开液硫至液硫罐区的界区阀，通过最小回流阀控制液硫引入量为 10～20t/h，当液硫池液位达到 20%～50%，关闭液硫产品泵的最小回流阀，停止倒引液硫。

7)克劳斯炉点火升温

克劳斯炉点火升温是指克劳斯炉按照点炉程序依次进行复位、吹扫、点长明灯、点主火等步骤。升温时应按照升温曲线进行，确保克劳斯反应器同步按照升温曲线升温；及时调整相关工艺参数以确保操作合格。

(1)确认尾气焚烧炉温度已达到 300℃，克劳斯炉头各保护氮气已正常投用，红外测温仪已切换为低温热电偶。

(2)将克劳斯炉燃料气盲板调至开位，启运克劳斯风机，旁路燃料气、燃烧空气低低流量联锁。按照点火程序依次完成复位、吹扫、点长明灯、点主火操作。

(3)升温期间通过调整 HV－31007B 保持硫黄回收单元压力在 10～20kPa，通过调整 PV－40406 控制加氢处理系统的压力在 20～30kPa。

(4)当温度升至 550℃时，更换低温热电偶为红外测温仪，第一、二级硫冷凝器蒸汽反暖管后并网，导通第一、二级反应进料加热器至第一、二级硫冷凝器疏水流程。

(5)将燃料气流量提升至 900m^3/h，使反应炉余热锅炉蒸汽并网，同时将长明灯退出。炉温升至 1100℃热备。相关升温曲线详见图 4－1。

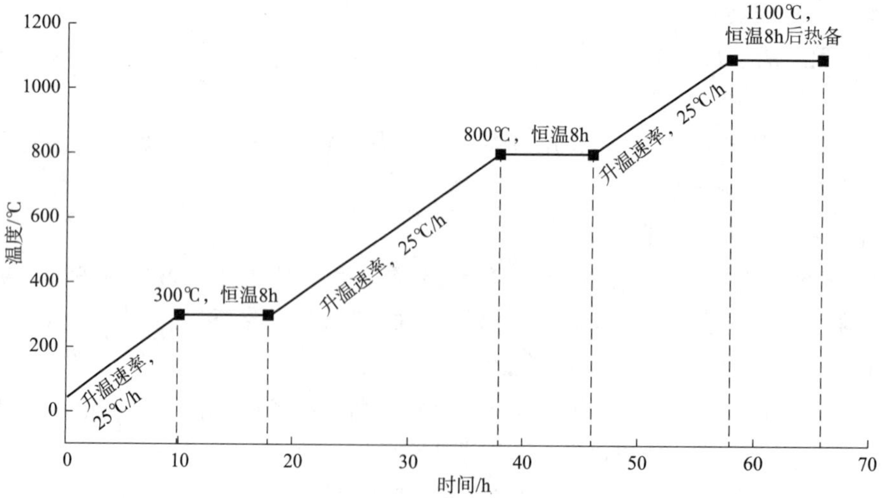

图 4－1　克劳斯炉点火升温曲线图

8）硫黄回收单元引酸性气

硫黄回收单元引酸性气是指将脱硫单元再生出的酸性气缓慢引入硫黄回收单元，将燃料气和酸性气进行缓慢切换。在切换过程中需密切注意配风情况，直至全部切出燃料气。硫黄回收单元酸性气采用直流法工艺进行燃烧，产生的硫蒸汽通过硫冷凝器变成液硫进入液硫池。

引酸性气：确认酸性气流程畅通后，现场按下酸性气点火按钮，将酸性气缓慢引入克劳斯反应炉内。引入酸性气后应注意尾气焚烧炉温度控制，避免出现超温现象。在酸性气和燃料气切换过程中，应严格控制配风比，防止因配风过大导致床层飞温。酸性气引入后，应分别建立一、二、三级硫封，同时将液硫输送至液硫罐区。

4.1.4　尾气处理单元开工

尾气处理单元是天然气净化装置低压生产系统的组成部分，主要用于减少生产过程中产生的尾气对环境的污染。通过硫转化、胺液吸收等处理措施，使排放的尾气达到国家环保标准。尾气处理单元开工的基本步骤包括：系统检查、建立急冷水循环、尾气焚烧炉点火升温、建立加氢开工循环、加氢炉点火升温等。

1）系统检查

检查各塔、罐的安全阀正常投用，就地及密闭排放盲板处于盲位。确保设备安全附件齐全完好。

检查导通尾气处理单元各塔、罐、机泵流程，完成工艺、设备联锁测试。确保静设备定期检验合格，动设备试机完成。

2）建立急冷水循环

（1）导通急冷水循环流程，对急冷塔进行上水至80%后启运急冷水泵。微开机泵出口阀，对急冷水系统进行排气。在排气过程中，若液位低于20%，停泵待急冷塔液位升至80%后再进行排气。

（2）排气完成后建立急冷水循环，控制液位在50%左右，关闭除盐水流程。循环2～4h后停泵。

（3）将急冷水系统内的除盐水退至污水提升池。按照上述步骤再次上水、排气，重新建立急冷水循环。

3）尾气焚烧炉点火升温

（1）将尾气焚烧炉余热锅炉压力泄至常压。导通上水流程，将汽包液位升至50%～60%。同时平衡余热锅炉压力与中压饱和蒸汽管网并逐步全开MV－41212。

（2）确认炉头各保护仪表风正常投用，将尾气焚烧炉燃料气盲板调至开位，启运尾气焚烧炉风机。按照程序点炉，控制尾气焚烧炉按照升温曲线进行升温。

（3）升温期间，通过调整放空将锅炉气包压力控制在2.0～3.0MPa。当温度升至300℃时，启用液硫池蒸汽喷射器至尾气焚烧炉流程，并导通余热锅炉一、二、三过热段减温水流程，待尾炉温度升至650℃后进行热备。若炉温升至350℃且硫黄回收单元无过程气时，应及时投用焚烧炉炉嘴保护蒸汽，防止炉嘴受高温损坏。相关升温曲线详见图4－2。

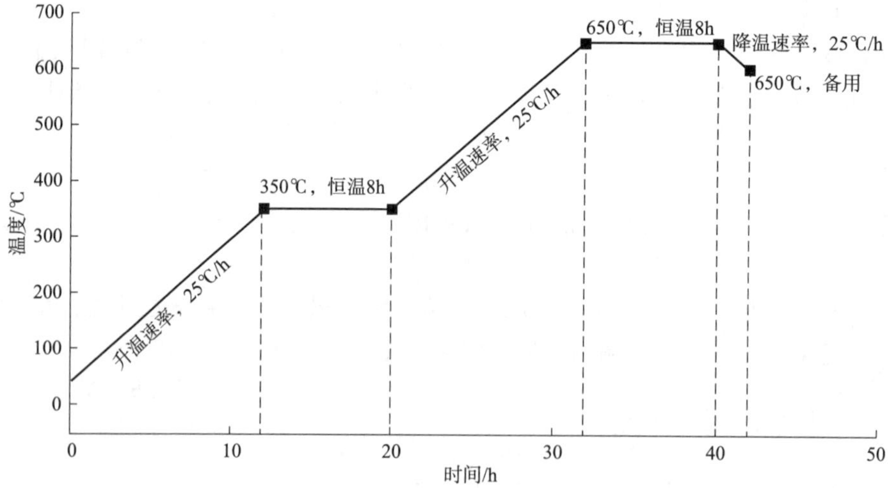

图4－2　尾气焚烧炉点火升温曲线图

4)建立加氢开工循环

确认急冷水循环正常运行，确保循环量控制在300～400t/h。确认加氢反应器出口冷却器液位正常，并确保放空流程已打开。将开工喷射器暖管至球阀前，打开进出口蝶阀，跨线关闭。导通急冷水至酸水汽提单元流程与开工循环线流程。关闭急冷塔至尾气吸收塔的气相流程。

打开开工喷射器低压蒸汽球阀，控制蒸汽量为10～14t/h，以保证开工循环量达到8000～12000m^3/h，控制加氢系统压力在15～20kPa。至此，加氢系统循环建立完毕。

5)加氢炉点火升温

(1)确认加氢炉头各保护氮气已正常投用，确认克劳斯风机正常运行。

(2)将加氢进料加热炉燃料气盲板切换至开位，旁路燃料气、燃烧空气低低流量联锁。

(3)按照程序点炉，当加氢反应器床层内任意一点温度达到180℃时，投用预硫化酸性气，控制其流量在100～200m^3/h。当加氢反应器所有床层温度均达到120℃时，投用减温蒸汽以控制炉温不超过300℃。相关升温曲线详见图4－3。

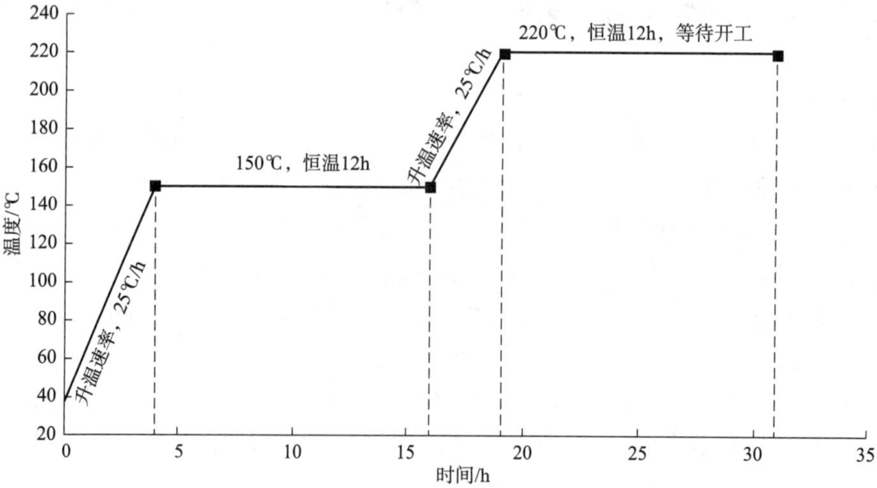

图4－3　加氢进料燃烧炉点火升温曲线图

升温时需严格按照预设的升温曲线进行，升温速率应控制在25℃/h；加氢反应器需同步按照升温曲线升温，在升温过程中适时投用减温蒸汽和预硫化酸性气，同时调整相关工艺参数，确保整个过程合格。

4.1.5 酸水汽提单元开工

酸水汽提单元是天然气净化装置低压生产系统的组成部分，主要用于脱除尾气处理单元产生的急冷水中的酸性成分，实现急冷水的回收利用。酸水汽提单元开工的基本步骤包括：系统检查、酸水汽提单元气密测试、建立系统内循环及建立酸水汽提单元热循环等。

1)系统检查

确保各塔、罐的安全阀正常投用；就地及密闭排放盲板处于盲位。确保所有设备安全附件齐全且完好。

导通酸水汽提单元各塔、罐、机泵流程，对工艺、设备进行联锁测试。确保静设备通过检验，动设备完成试运行。

2)酸水汽提单元气密测试

(1)塔、罐气密。确认设备安全阀正常投用，导通氮气流程，缓慢将设备升压至气密压力，气密测试合格后，将设备泄压到正常压力。

(2)整个气密过程需按照设备升压等级进行，升压过程中应密切监控压力，防止出现超压情况。

3)建立系统内循环

导通酸水缓冲罐至酸水汽提塔流程与处理水泵最小回流流程，关闭净化水至界区的手阀。

导通酸水汽提塔上水流程。待液位上涨至80%后，按照操作规程启动处理水泵向酸水缓冲罐转液。待液位降至10%后，导通氮气充压流程，将酸水缓冲罐升压至0.4～0.5MPa，然后通过流量调节阀建立系统内循环。

4)建立酸水汽提单元热循环

导通酸水汽提塔至急冷塔气相返塔流程与急冷水至酸水汽提单元流程；调整重沸器蒸汽流量，使酸水汽提塔底部温度升至100℃。

4.2 净化装置停工

净化装置停工按照单元分类主要包括脱硫单元停工、脱水单元停工、硫黄回收单元停工、尾气处理单元停工和酸水汽提单元停工。

4.2.1 脱硫单元停工

脱硫单元停工主要用于退净系统内的原料气与胺液，实现无物料、无压力的安全状态。其基本步骤包括：停止原料气供应、胺液再生、胺液系统降温、停止胺液循环等。

1)停止原料气供应

(1)逐渐关小原料气调节阀，当原料气负荷降至30km^3/h时，切断原料气。现场关闭原料气管线界区闸阀和轨道球阀。在原料气降量过程中，应缓慢进行，避免因大幅降量导致整个原料气管网出现波动。同时应及时调整硫黄回收及尾气处理单元参数，防止由于酸性气配风调整不及时导致急冷水穿透以及尾气焚烧炉超温。

(2)停用水解反应器预热器，关闭蒸汽调节阀和凝结水切断阀。关闭现场手阀，并打开设备本体放空泄压。

(3)停运空冷器A－103，同时将脱硫湿净化天然气分析仪与水解反应器进出口在线分析仪停运。

2)胺液再生

胺液再生主要是指将吸附H_2S和CO_2等气体杂质的富胺液进行处理，去除这些杂质，使胺液可以循环使用。在胺液再生过程中，应密切关注再生塔温度、塔顶压力、机泵流量等指标，防止出现再生不合格情况。

(1)在原料气切除后，将再生蒸汽量维持在30t/h左右。引入产品气对脱硫系统进行反充压，打开原料气过滤器安全阀副线进行置换。

(2)打开胺液再生塔和尾气吸收塔的氮气置换流程；同时加大机泵胺液循环量，将胺液再生塔压力降至60～70kPa，加速胺液再生。

(3)停原料气1h后，现场关闭再生塔压力控制流程，将再生酸气放空至低压火炬。当取样分析显示富胺液中的H_2S含量小于0.5g/L时，即再生结束，关闭置换氮气。胺液再生期间，应密切关注再生塔的温度、压力，机泵流量以及各塔罐液位，防止出现窜压、机泵抽空情况。

3)胺液系统降温

(1)再生合格后，若半富胺液泵汽驱处于运行状态，应及时切换至电驱运行，防止重沸器蒸汽降量过程中凝结水罐压力过高，导致安全阀起跳。

(2)缓慢调小再生塔重沸器蒸汽调节阀，控制降温速率不超过25℃/h。在降温过程中，严密监控胺液再生塔压力，控制其在50kPa以上。当再生蒸汽降至20t/h后，将凝结水罐内的凝结水改为现场排放，防止满罐导致水击。

(3)根据塔顶回流与再生塔顶回流罐液位，及时停运胺液再生塔顶回流泵。同时根据空冷器出口气相温度，及时停运空冷器。

4)停止胺液循环

停止胺液循环是指胺液再生合格且温度恢复至正常后，停止维持胺液循环系统运行的关键性机泵。具体步骤如下：

(1)在停止胺液循环前，将胺液过滤系统(SR－103/104/105)与液力透平切除，防止停运过程中因胺液系统压力过高导致安全阀起跳。

(2)按照停机顺序依次停运半富胺液泵、中间胺液泵、贫胺液泵和胺液再生塔底贫胺液泵。在停运循环过程中，应保证胺液再生塔底贫胺液泵出口流量不低于350t/h，防止因胺液系统压力过高导致空冷器丝堵和换热器封头发生泄漏。

(3)关闭湿净化天然气切断阀以及现场进脱水单元的闸阀和轨道球阀。

4.2.2　脱水单元停工

脱水单元停工主要用于退净系统内的湿净化天然气，再生系统内的TEG，实现脱水单元无物料、无压力、无腐蚀的安全状态。其基本步骤包括：TEG再生、TEG系统降温、TEG系统停运等。

1)TEG再生

当两列脱硫单元均停运后，SIS系统会关闭进出脱水单元的切断阀和现场流程，使脱水单元进行保压再生。待化验确认富TEG中水含量低于1%(质量分数)时，即TEG再生合格。在TEG再生过程中，应严格控制重沸器蒸汽流量在0.4～1t/h，防止因蒸汽流量过大导致TEG溶剂冲塔；如果蒸汽流量过小，则会影响TEG溶剂的再生品质以及整个再生时间。

2)TEG系统降温

待TEG再生合格后，开始对重沸器进行降温操作，将降温速率控制在25℃/h。待TEG温度降至60℃以下，关闭蒸汽调节阀及其上下游手阀。

3)TEG系统停运

维持脱水单元2h冷循环，在停止冷循环前将TEG缓冲罐液位升至80%。按照设备操作规程停运TEG循环泵，并关闭再生塔气相去尾气焚烧炉的切断阀和现场手阀。在TEG系统停运前，应提前调整各塔、罐的液位，防止液位过高出现满罐或液位过低无法监控。TEG系统停运后，应及时关闭脱水塔底部的切断阀，防止发生高压窜低压。

4.2.3　硫黄回收单元停工

硫黄回收单元停工主要用于退净系统内的酸性气和液硫，确保硫黄回收单元达到无物料、无压力、无腐蚀的安全状态。硫黄回收单元停工模式分为两种：一种是使用燃料气当量燃烧后产生CO_2气体进行吹硫，通常称为燃料气吹硫停工；另外一种是利用加热后的低压氮气进行吹硫，通常称为热氮吹硫停工。

1)燃料气吹硫停工

燃料气吹硫停工是指在克劳斯反应炉内将燃料气当量燃烧后产生CO_2气体，以对整个硫黄回收气相系统进行吹硫。该方法的优点是吹硫彻底，显著缩短整个吹硫时间。在执行吹硫操作过程中需要严格控制克劳斯反应炉的配风比，防止出现因配风不当导致反应器床层飞温。

(1)吹硫前24h，将一、二级转化器入口温度调整至230℃并进行热浸泡，从而提升转化器床层温度，使附着在反应器床层的硫蒸汽以及硫化物被过程气带出。

(2)当酸性气流量缓慢降至15000m^3/h时，将克劳斯尾气从加氢切换至尾气焚烧，停运加氢装置。当酸性气流量降至6000m^3/h，在现场控制面板按下“酸性气与燃料气点火”按钮，使克劳斯炉进入混燃模式。

(3)当酸性气完全切除，在现场控制面板按下“酸性气停车”按钮，使用燃料气模式进行吹硫。吹硫期间，应将燃料气量调整至1000～1400m^3/h，总风量控制在10000～12500m^3/h，并通过温蒸汽调节炉温不超过1200℃。

(4)观察各级硫封流动状态，当硫封无明显液硫流出时，关闭硫冷凝器出口球阀，待各级硫封均无液硫流出后，确定吹硫结束。

(5)在钝化前，将一、二级转化器入口温度调整至180℃，缓慢提高克劳斯炉配风当量，观察床层温度变化；若床层温度快速上涨，则迅速降低配风至当量，待床层温度回落后继续提风钝化，控制床层温度不超过280℃。

(6)吹硫钝化结束后，克劳斯炉开始以25℃/h的速度降温。在炉温降至900℃时点燃克劳斯炉长明灯。当炉温降至550℃时，将一、二级硫冷凝器和余热锅炉汽包改为放空状态。当克劳斯炉持续降温直至熄灭后，打开克劳斯燃烧空气切断阀和调节阀进行吹扫降温。当克劳斯炉降温至150℃时，停运克劳斯风机并开始焖炉。整个降温期间应严格按照克劳斯炉规定的降温速率执行，防止因降温过快而影响炉内衬里结构。

2)热氮吹硫停工

热氮吹硫停工是一种使用热 N_2 去除硫黄回收气相系统中含有的 H_2S 和其他硫化物的工艺。该方法的优点是工艺相对简单，易于操作和维护，对操作人员的技能要求较低。由于整个吹硫不涉及化学反应，因此安全风险也较低。在热氮吹硫过程中，应严格控制吹硫 N_2 流量和吹硫时间，以确保硫黄回收气相系统吹硫彻底。

(1)将克劳斯炉酸性气切换至氮气模式。逐步降低克劳斯炉酸性气流量至12000m^3/h，并调整配风比，使 H_2S 与 SO_2 比例维持在0~1.5。

(2)引入低压氮气吹硫。调整加氢进料燃烧炉的配风比，将加氢炉出口温度控制在250~280℃，急冷塔顶 H_2 含量保持在1%~4%，确保加氢反应器床层温度不超过320℃。打开一级转化器预热器入口的氮气阀门，调整流量至1000m^3/h，使出口温度在220℃左右。

(3)以500m^3/h的速率将氮气流量分别提至4000m^3/h、9000m^3/h，同时将克劳斯炉酸性气流量由12000m^3/h降至8000m^3/h和4000m^3/h。手动触发克劳斯炉停炉后，将吹扫氮气流量调节至400m^3/h左右，克劳斯炉开始以25℃/h的速率降温。

(4)每2h现场测量急冷水pH值，将控制在6.5~8。

(5)将克劳斯炉仪表保护氮气线上的工厂风线盲板调至开位。关闭克劳斯炉炉头氮气手阀，打开工厂风控制阀门，将流量设定为100m^3/h，确保过程气 O_2 含量不超过0.2%，维持60~72h。打开一级反应器预热器入口工厂风阀门，将工厂风流量提升至100m^3/h，确保过程气 O_2 含量不超过0.4%，继续维持24~36h。随后将工厂风提量至150m^3/h，再次维持24~36h。

(6)启动克劳斯风机，为提供钝化风做准备。将硫黄回收单元尾气切出加氢单元，停止加氢炉运行，保持吹扫氮气流量为200m^3/h左右，加氢炉降温速率小于25℃/h。将克劳斯炉炉头工厂风流量提至150m^3/h，确保一级反应器预热器入口工厂风流量同样为150m^3/h，控制总工厂风流量为300m^3/h，确保过程气 O_2 含量不超过0.6%。

(7)提高克劳斯炉炉头工厂风流量至200m^3/h，依次提升一级反应器预热器入口工厂风流量至300m^3/h、800m^3/h、1300m^3/h、2800m^3/h，分别确保过程气 O_2 含量依次不超过1.0%、2.0%、3.0%、5.0%。待工厂风流量提至3000m^3/h时，将燃烧空气引入克劳斯反应炉，控制其流量在3000m^3/h，确保过程气 O_2 含量不超过8.0%，继续钝化2~4h。

(8)若一、二级转化器床层温度和尾气 SO_2 含量不再上涨，则依次将吹扫氮气由

9000m³/h 降至 6000m³/h、4000m³/h，并逐步提高燃烧空气流量至 4000m³/h 钝化。若一、二级转化器床层温度和尾气 SO_2 含量不再上涨，进一步降低氮气流量至 2000m³/h，同时依次提高燃烧空气流量至 6000m³/h、8000m³/h。最终提高风量至 10000m³/h、12000m³/h。

(9)热氮吹硫钝化结束后，关闭所有氮气及工厂风流程。克劳斯炉继续通风降温，待温度不再下降时停运风机。最后关闭克劳斯炉炉头保护氮气线上工厂风流程，恢复仪表保护氮气供应。

4.2.4 尾气处理单元停工

尾气处理单元停工主要用于退净系统内的酸性气和再生系统内的胺液，实现尾气处理单元无物料、无压力、无腐蚀的安全状态。其基本步骤包括：加氢进料燃烧炉停炉、加氢反应器降温、急冷水系统停运、胺液再生、尾气焚烧炉停炉等。

1)加氢进料燃烧炉停炉

加氢进料燃烧炉停炉是指切断燃料气和燃烧空气，并关闭现场流程，按照操作规程进行正常停炉。在停炉期间，保持必要的监控和检查，确保设备在安全条件下冷却和泄压。

(1)停炉前，将 HC－31007A/B 联锁摘除，手动切换 HV－31007A/B 阀，将克劳斯尾气从加氢系统切除，并导入尾气焚烧炉。克劳斯尾气切换时应缓慢操作，防止因切换过快导致尾气焚烧炉超温。

(2)停炉后，关闭加氢炉氮气吹扫阀门，关闭过程气进入加氢炉的现场阀门，关闭 HV－31007B 前后保护氮气，投用 HV－31007A 前、XV－31001 后的保护氮气，以防止过程气中的含硫蒸气因长时间聚集，在温度降低冷凝后堵塞阀门。

(3)现场关闭进加氢进料燃烧炉的燃料气和减温蒸汽相关流程，及时将盲板调至关位，防止因阀门内漏，使燃料气与减温蒸汽进入炉内，发生闪爆和进水现象。

2)加氢反应器降温

加氢反应器降温是指通过使用低压氮气对加氢反应器内的床层进行循环降温，最终将温度降至常温。在降温过程中，必须严格按照规定步骤进行操作，不得擅自改变设备的运行参数。

(1)开工喷射器蒸汽盲板调至开位，开启蒸汽管线排凝，微开开工喷射器入口闸阀进行暖管。

(2)导通开工循环线及压控阀泄压流程，关闭急冷塔至尾气吸收塔流程，打开开工喷射器进、出口阀，关闭其跨线。缓慢投用开工喷射器，循环量控制在 10000～15000m³/h，加氢反应器以 25℃/h 的速度降温。在设定加氢系统压力时需高于克劳斯炉炉头压力，防止克劳斯炉尾气窜入加氢系统，导致加氢反应器进氧出现飞温。当加氢反应器床层温度降至 40～50℃时，准备停运喷射器。

(3)关闭酸水汽提塔塔顶汽提气至急冷塔气相返塔流程。关闭喷射器流程，打开氮气置换流程，置换完成后将低压火炬管线盲板调至关位。关闭开工循环线流程并打开置换流程后，确保置换合格后再关闭置换流程。在对开工循环线以及开工喷射器进行置换时，务必保证置换流量和置换时间充足，以彻底置换设备及管线内的含硫化合物。

3)急冷水系统停运

控制急冷水系统至酸水汽提单元的置换量，待急冷水取样合格后，将急冷塔液位降至30%后及时停运急冷水泵。

4)胺液再生

尾气处理单元胺液再生与脱硫单元胺液再生同步进行。

5)尾气焚烧炉停炉

(1)尾气焚烧炉以25℃/h的速率降温。当炉降温至600℃时，将尾气焚烧炉余热锅炉的过热蒸汽改为放空，并关闭过热蒸汽出口阀门，同时将装置内高压过热蒸汽管线末端排凝阀打开，防止过热蒸汽因末端积水导致管线水击。降温期间，如果克劳斯炉处于停运状态，应及时打开尾气焚烧炉炉头保护蒸汽，对管嘴进行保护，防止炉头管嘴受热损坏。

(2)当炉温降至300℃以下时，关闭炉头保护蒸汽，并对保护蒸汽管线进行疏水。当炉温降温至200℃后，关闭燃料气界区阀门，使用焚烧炉长明灯将装置内燃料气管网中的燃料气烧尽。使用燃料气界区氮气置换燃料气管线直至焚烧炉熄灭。待尾气焚烧炉温度降至100℃后，对汽包锅炉水进行上水置换，置换完毕后使汽包上满水进行湿法保护，防止因长时间停运设备进入空气导致腐蚀加剧。

(3)尾气焚烧炉停运后，现场停止尾炉风机运行，进行焖炉。将倒焚烧炉燃料气、保护蒸汽盲板调为关位。

4.2.5 酸水汽提单元停工

酸水汽提单元停工主要用于退净系统内的酸性气和酸性水，实现酸水汽提单元无物料、无压力、无腐蚀的安全状态。其基本步骤包括：降温、停循环、排液等。

(1)确认加氢炉单元无急冷水进入酸水汽提单元，逐渐关小重沸器蒸汽调节阀，酸水汽提系统开始以25℃/h的速率循环降温。当温度降至50℃时，关闭蒸汽调节阀以及现场手阀。

(2)循环降温结束后，调整系统各塔、罐液位。待各塔、罐液位降至10%时停运处理水泵。在停泵前，务必保证酸性水置换合格，避免设备、管线因硫化物的存在出现急剧腐蚀。最后关闭界区净化水手阀。

(3)酸水汽提单元停循环后，将各塔、罐内液体排净，以降低设备腐蚀风险。

4.3 液硫储存及成型装置开工

液硫储存及成型装置用于净化装置中间产品液硫的储存和成型，是生产副产品硫黄的关键环节。液硫储存及成型装置开工主要包括液硫罐区开工和液硫成型装置开工。

4.3.1 液硫罐区开工

液硫罐区开工的基本步骤包括：投用消防蒸汽和氮封、系统升温、储罐进料、储罐供料。

(1)投用消防蒸汽和氮封。确认消防蒸汽阀门状态并开启排凝阀进行暖管疏水，防止水击现象发生；主线暖管升温结束后，缓慢打开罐区消防蒸汽总阀，投用消防蒸汽；将消防蒸汽控制阀调整为自动。打开氮封管线限流孔板前后手阀，投用氮封。

(2)系统升温。依次投用罐区各液硫管线伴热，以15～20℃/h的速度进行升温，直至达到进料要求。液硫温度应控制在135～148℃，保持其高流动性。

(3)储罐进料。导通联合装置至储罐流程，开阀进料。密切关注储罐温度，如果液硫进罐温度超过规定范围，应及时关小入罐伴热盘管线阀门。

(4)储罐供料。确认液硫成型单元液硫池具备进料条件后，导通储罐至液硫送料泵流程，启动液硫泵向液硫池供料。

4.3.2 硫黄成型装置开工

液硫成型装置是硫黄储运系统的核心部分，主要用于实现液硫的成型、脱水等。液硫成型装置开工的基本步骤包括：投运蒸汽、投用水循环系统、皮带系统启动、引液硫进液硫池以及启动硫黄成型机并引液硫进成型机。

1)投运蒸汽

确认相关流程处于贯通状态，将各低点排凝阀打开。开启蒸汽对系统进行升温，待各低点排凝口见汽10min后关闭排凝阀，投用各点疏水阀，检查疏水阀是否正常工作，防止水击发生。

观察凝结水罐液位是否上升，凝结水罐液位是否建立。

打开减温蒸汽至过滤器蒸汽阀门及蒸汽排凝阀门，引入减温蒸汽至过滤器，待蒸汽排凝点处见汽后关闭排凝阀。

2)投用水循环系统

在成型机正常运行前，应先建立水循环系统，保证冷却效果，防止液硫成型后硫黄颗粒温度过高结块。

导通流程，投用工艺水冷却器；引生产给水进成型机冷水槽，冷水槽液面控制在70%左右。检查现场阀位和水槽液位是否正常，按操作规程依次启运泵P－105、P－103、P－104，维持各水槽液面在60%～80%。调整各泵出口阀门，使三个水槽液位维持平衡，确认系统水循环已建立。

3)皮带系统启动

联系皮带岗人员，启动进料仓流程中的皮带机。确保成型机振动脱水筛与皮带机联锁建立，并确认脱水筛允许启动。现场启动振动脱水筛。

4)引液硫进液硫池

在做好准备工作后，贯通液硫进入液硫池流程，投用液硫过滤器，注意监控过滤器压差变化。当液硫池液面达50%时，启动液硫泵。

5)启动硫黄成型机并引液硫进成型机

确认成型盘蒸汽温度处于124～142℃以及成型罐水位是否溢出。打开除尘烟囱三组喷淋阀门，开启除尘风机200－K－101，将烟雾罩中的气体排出。依次启动振动筛200－VS－101、200－VS－102和螺旋输送器200－SG－101。

按操作规程启动液硫进料泵200－P－101A/B/C，导通液硫进入成型机成型盘流程，观察成型盘上液硫的分布及流动状态。若状态良好，可进一步提高调节阀的开度，但应注意单盘液硫流量保持在50t/h左右。

当成型罐中的硫颗粒高度达1400kg左右时，缓慢打开硫颗粒高度控制阀LV－10315。观察硫颗粒通过振动筛的状况，如果振动筛里没有硫颗粒，则手动完全打开控制阀。

监控成型系统的主要控制点包括液硫池液位、过滤器压差、成型盘温度、成型盘顶温、成型罐内硫颗粒重量、成型罐水温、冷水槽液位、液硫进成型机流量等。检查成型盘液位、成型罐中硫颗粒高度、分配盘中液硫流动情况、液硫自成型盘至成型罐下滴情况、各机泵运行情况，确保硫黄成型系统正常运行。投用硫黄成型机的相关联锁。

4.4 液硫储存及成型装置停工

液硫储存及成型装置停工是实现装置检维修、备用、处理量调整的重要步骤。该过程主要包括液硫储罐停工和硫黄成型机停工。在整个过程中需对设备进行全面的检查和维护，并记录设备的状态和发现的问题，以便下次开工前进行修复。同时，确保所有的安全措施得到执行，如切断电源、气源、释放压力等，以防事故发生。

4.4.1 液硫储罐停工

液硫储罐停工主要用于退净储罐内的液硫，使其达到无物料、无压力、无腐蚀的安全状态。其基本步骤包括：退液硫、停蒸汽等。

(1)导通储罐至液硫泵及液硫泵至硫黄成型装置流程，按液硫泵操作规程启动泵。当储罐液位显示为0后，调整泵出口阀门的开度，将液硫泵电流控制在40A，继续排出罐内的残余液硫。当电流发生波动后，立即停运液硫泵。

(2)储罐完成退液后，关闭储罐伴热蒸汽和凝结水回水总阀，打开储罐伴热蒸汽和凝结水主管线排凝阀进行泄压。

(3)将消防蒸汽切换至“手动”模式。

4.4.2 硫黄成型机停工

硫黄成型机停工主要用于退净成型装置内的液硫、固体硫黄及工艺水，实现硫黄成型机无物料、无压力、无腐蚀的安全状态。其基本步骤包括：停止液硫进料、停运液硫进料泵、停运振动筛和产品输送机、停运生产水系统等。

(1)停止液硫进料。依次关闭原料进料阀LV－10101A和过滤器的进出口阀。

(2)停运液硫进料泵。当液硫池液位降至低限时，停运液硫进料泵，并停止向成型机进料。打开液硫泵出口旁通阀，使管线内残留的液硫靠重力作用回到液硫池。

(3)停运振动筛和产品输送机。手动打开成型罐硫颗粒高度控制阀，排空成型罐内的硫黄颗粒。当确认振动筛上方料斗出口无硫颗粒流出且振动筛上无硫颗粒时，依次停运一级振动筛、二级振动筛和产品输送带。

(4)停运生产水系统。依次停运成型罐进水泵、水力旋流分离泵、水力旋流分离器、螺旋输送器、冷却塔进料泵、冷却塔风机和冷却塔。当粉尘罩无烟气时，停运除尘风机。

4.5 关键设备运行

关键设备涵盖脱硫、硫黄回收、尾气处理等多个单元的关键性机组。关键设备运行内容则包括：原料气过滤器(SR－101A/B)切换和关键性机组启停机等操作。

4.5.1 原料气过滤器(SR－101A/B)

原料气过滤器(SR－101A/B)采用“一用一备”的生产模式，一台过滤器正常生产时处于投用状态，更换滤芯时切至另一台备用过滤器，具体步骤包括：投用前检查、投用备用过滤器、切除原在用过滤器、置换、更换滤芯、备用过滤器等。

1)投用前检查

在备用过滤器投用之前，应确认地脚螺栓无松动，接地良好；相关流程畅通、阀门关闭无误；仪表正常工作，安全阀正常投用；各连接密封处无泄漏。

当在用过滤器压差达到切换标准时，需确认备用过滤器满足安全条件后方可投用。

2)投用备用过滤器

为确保投运过程中原料气过滤正常运行并降低对装置运行的影响，应先投用备用过滤器。先缓慢打开备用过滤器的进口轨道球阀，应密切关注原料气处理量和备用过滤器的压差与液位变化。

备用过滤器正常投用后，再次确认过滤器运行是否正常。如果液位过高，应及时排液，保证气液分离效果，避免液位过高发生带液情况，造成吸收塔液位波动。

3)切除原在用过滤器

待备用过滤器运行正常后，切除原在用过滤器，缓慢关闭原在用过滤器的进口轨道球阀，应密切关注原料气处理量的变化。

当原在用过滤器进口轨道球阀全部关闭后，再关闭出口轨道球阀，并对过滤器进行泄压操作，将剩余原料气送至高压火炬燃烧。压力泄至0后，关闭进出口闸阀和泄压阀门。过滤器泄压速度应低于0.3MPa/min，防止高压火炬熄灭。

4)置换

使用高压氮气将过滤器内的残液排出界区外。随后，通过高压放空管网球阀泄压，并使用高压氮气压液。此过程中应注意缓慢打开阀门，避免压力过大冲击过滤器。

当过滤器压力泄至0后，用除盐水浸泡过滤器约0.5h。然后再次对过滤器进行高压氮气充压并将浸泡水排至界区外。以上操作需重复至少2次，确保清除残液彻底。

将过滤器安全阀切除，使用低压氮气对过滤器进行置换超过8h，直至置换合格，防止H_2S残留影响作业人员安全。待过滤器双压力表压力均降至零后，关闭高压火炬放空阀，等待更换滤芯操作。

5)更换滤芯

交付维保拆盖、更换滤芯前需办理相关票据。拆盖前须确认过滤器压力为0。

滤芯更换完毕后，复装大盖，监护人应严格把关装配过程。复装完毕后应检查紧固件和密封面，确认端盖挡圈与过滤器本体之间安装紧密，以免发生 H_2S 泄漏。

6)备用过滤器

备用过滤器滤芯回装完毕后，需将与之相连的公用介质(低压氮气和除盐水)盲板调为关位，防止气密测试时高压 N_2 窜入其他公用介质管线。

(1)过滤器气密，检查过滤器有无泄漏。通知空分空压站启动高压氮气泵，并导通过滤器充压流程。对备用过滤器进行充压时依次按照0.6MPa、3.0MPa、6.0MPa和8.0MPa的压力等级，每次充压后应用检漏喷壶检查密封垫和报警销O形密封圈处是否泄漏。当充压至3.0MPa且无泄漏，则微开进出口闸阀以平衡压力；当充压至8.0MPa并确认气密无异常后，关闭进出口闸阀。

(2)过滤器保压，检查过滤器整体强度。当过滤器气密测试合格后，对过滤器进行5～8h的保压操作，当现场压力表保压前后数值一致时，说明保压合格。联系维保人员将与过滤器相连的高压氮气盲板调为关位，并由外操再次对高压氮气盲板进行气密测试。

(3)过滤器备用，只保留进口轨道球阀关闭，以便快速完成过滤器切换操作。缓慢打开备用过滤器出口闸阀，全开后，再依次缓慢打开出口轨道球阀与进口闸阀，直至全开。

4.5.2 克劳斯风机(汽驱)

克劳斯风机主要用于为反应炉燃烧器与加氢进料燃烧器提供燃烧所需的空气，同时为液硫空气鼓泡系统提供空气动力源。克劳斯风机(汽驱)驱动动力源为高压过热蒸汽。机组主要包括离心式鼓风机、蒸汽透平、润滑油站及配套的控制系统和安保系统等。运行过程包括机组检查、风机启机、加载及卸载、风机停机及风机切换等。

1)机组检查

主要检查机组本体及附件、工艺介质流程、润滑系统、冷却系统等。

启机前应先启动油雾风机和润滑油泵，为风机各润滑点提供良好润滑环境。再启动盘车电机，确保汽轮机轴运转正常，无卡涩、变形等异常情况。确认备用润滑油泵和事故油泵停运并投“自动”，以保证异常状态下机组的良好润滑。比对入口导叶和防喘振阀，确保阀位准确且回讯正常。

2)风机启机

暖管、疏水引蒸汽；复位现场轴向位移遮断器和紧急停车手柄；“505”操作面板及SIS风机复位；停用盘车电机，打开速关阀，启动蒸汽透平，机组按照800r/min。2000r/min。3500r/min。5360r/min逐步升至额定转速。

汽轮机进口过热蒸汽应缓慢暖管至260℃以上，以防出现凝结水冲击管线及转子。风机复位前，应先复位现场轴向位移遮断器和紧急停车手柄，确保速关阀能正常开启。速关阀的作用是在风机异常状态下快速切断过热蒸汽，使机组停机。为使机组各部件受热均匀膨胀，机组必须严格按照升速曲线逐步升速，在升速过程中检查并监控风机运转及各项参数。蒸汽透平开始运转前，应停用盘车电机，以防盘车电机离合器故障导致的电机损毁。

蒸汽透平运转后，立即投用低压蒸汽减温水流程，防止汽轮机出口低压蒸汽管线发生高温蠕变。

3）加载及卸载

在DCS画面上点击“加载”按钮，风机将自动加载。加载过程中，密切关注入口导叶和防喘振阀的位置变化，确保PLC系统控制正常。

缓慢减小风机出口压力至接近110kPa，在DCS画面点击“卸载”按钮，风机将自动卸载。

4）风机停机

确认克劳斯风机卸载完成；“505”操作面板进行停机操作；待风机轴完全停止转动后，现场电动盘车；关闭蒸汽管线上的切断阀和现场手阀，并对管线和机组进行排凝；关闭汽封抽汽器；当回油温度降至45℃后，依次停运盘车电机、辅助油泵和油箱除雾器风机。

风机轴停止转动后，立即关闭低压蒸汽减温水流程，防止后路管线水击。短期停机时，通入少量过热蒸汽保持风机暖机，中低压蒸汽排凝必须微开，以便快速启机，为避免风机轴局部受热不均变形，应启动盘车电机盘车；长期停机时，应确保蒸汽能量隔断完全。

5）风机切换

启动备用风机（电驱）并将出口风压设定为原运行风机的压力后进行加载，缓慢降低原运行风机出口压力至110kPa，当出口防喘阀全开时将运行风机卸载；确认投运风机运转正常后，停运被切出的风机。

风机切换操作应缓慢进行，以保证克劳斯炉燃烧空气流量稳定。若遇风量、风压波动较大，暂停切换，密切关注克劳斯炉进炉风量及风机防喘阀、入口导叶的开度，同时关注喘振裕度变化。

4.5.3　克劳斯风机（电驱）

克劳斯风机电驱与克劳斯风机汽驱的主要区别在于驱动动力源为中压电机驱动。机组主要组成部分包括鼓风机、齿轮箱、驱动器（电机驱动）和润滑油站。风机运行包括机组检查、风机启机、加载及卸载、风机停机及风机切换等。

1）机组检查

主要检查机组本体及附件、工艺介质流程、润滑系统、冷却系统等。

启机前应先启动油雾风机和辅助油泵，为风机各润滑点提供良好润滑环境。机组手动盘车2～3圈，确保风机及电机轴承无卡涩、轴无变形等异常情况。确认事故油泵停运并投“自动”，以保证异常状态下机组的良好润滑。比对入口导叶和防喘振阀，确保阀位准确且回讯正常。

2）风机启机

SIS系统风机复位；启运电机；确认机泵运行及各参数正常；停辅助油泵，并打“自动”。

现场启动电机后，电机电流迅速升至满量程，随后很快降至正常范围，此时需密切关注电流情况。启运电机后，主油泵将自动运行。确认主油泵工作正常后，应手动停止辅助油泵，并将辅助油泵的操作柱旋钮置于自动位置。

3)加载及卸载

确认克劳斯风机的压力、温度、振动、位移、润滑油压、油温等均无异常报警后，方可进行克劳斯风机的加载操作。在DCS画面上点击“加载”按钮，风机将自动加载。加载过程中，应密切关注入口导叶和防喘振阀阀位的变化情况，确保PLC系统控制正常。

缓慢降低风机出口压力至接近110kPa，在DCS画面点击“卸载”按钮，风机将自动卸载。

4)风机停机

确认克劳斯风机卸载完成；启动辅助油泵；通过现场操作柱手动停机；投用空间加热器；当回油温度降至45℃后，依次停运辅助油泵和油箱除雾器风机。

空间加热器的作用是防止绕组受潮导致绝缘性能下降，风机停机后应立即投用。

5)风机切换

启动备用风机(汽驱)并将出口风压设定为原运行风机的压力后进行加载，缓慢降低原运行风机出口压力至110kPa，当出口防喘阀全开时将运行风机卸载；确认投运风机运转正常后，停运被切出的风机。

风机切换应缓慢进行，以保证克劳斯炉燃烧空气流量稳定。若遇到风量、风压波动较大，暂停切换，密切关注克劳斯炉进炉风量及风机防喘阀、入口导叶的开度，同时关注喘振裕度变化。

4.5.4 贫胺液泵(液力透平)

贫胺液泵主要用于将再生塔底贫胺液泵出口的胺液升压后送至第二级胺液主吸收塔中，从而保证原料气中的H_2S和CO_2充分脱除。液力透平主要用于将第一级主吸收塔高压富胺液减压后送至富液闪蒸罐，通过转换压力能为机械能来驱动贫胺液泵运转，从而减少贫胺液泵电耗。其主要部件包括：叶轮、泵轴、泵体、泵盖、密封环、轴封装置、平衡装置和托架等。贫胺液泵(液力透平)运行包括机组检查，机泵启停、切换及透平启停等。

1)机组检查

主要检查机组本体及附件、工艺介质流程、润滑系统、机封系统、冷却系统以及公用介质流程等。

启机前应启动辅助油泵，为机泵各润滑点提供良好的润滑环境。确认DCS各项参数正常后，应对机泵进行灌泵排气，直到出口排气点见水不见气为止，才表示方灌泵完成。沿汽轮机正常运转方向手动盘车2～3圈，确保汽轮机轴运转正常，无卡涩、变形等异常情况。盘车前务必确认回流阀关闭，防止盘车过程中胺液通过回流线导致机泵转子冲转。启机前，应校对最小回流调节阀，防止启机过程中因其动作异常而导致“憋泵”。

2)贫胺液泵启机

将机泵出口低低流量联锁旁路，并复位SIS；启运电机；确认机泵运行及各项参数正常；停用辅助油泵并打“自动”；机泵运转正常后，重新投用联锁。

机泵启动时，通过最小回流流程控制机泵流量，待运转正常后，切换至主流程。贫胺液泵的最小回流线接入胺液再生塔底部，机泵启动后，应适当调高再生蒸汽量，防止来自最小回流线的贫胺液进入塔底影响再生温度，导致贫胺液质量不达标。

3)机泵切换

备用泵启运正常后，缓慢打开其出口阀，同时缓慢关闭原运转泵的出口阀，直至原运转泵出口阀完全关闭；停运原运行泵。

切换过程中，严禁介质抽空及入口流量低于180t/h，以确保机泵正常运转。若流量持续在160～180t/h且原因不明，应立即停泵。密切关注胺液系统的压力和流量，尽量减少因机泵切换引起的胺液系统流量波动。切换前后，注意调整联锁。

4)贫胺液泵停机

机泵出口低低流量联锁旁路；启动辅助油泵；缓慢关闭出口阀，并调节最小回流调节阀以保证入口流量大于180m^3/h，将泵从系统中切出；现场操作柱手动停机；投用电机空间加热器；停用辅助油泵。

若液力透平投用，应先按规程将其平切除。空间加热器的作用是防止绕组受潮导致绝缘性能下降，机泵停机后应立即投用。当泵停转后，每隔20min盘车一次，直至各轴承温度降至45℃左右，再停用润滑油辅助油泵，防止泵轴降温过程中的温度分布不均导致变形。

5)液力透平升速启机

检查透平本体及附件、胺液系统流程、润滑系统、机封系统、冷却系统、公用介质流程是否正常；启机前，核对入口流量调节阀阀位，确保液力透平入口流程关闭、出口流程导通；启机过程中，导通入口流程，逐步提高入口流量，使机组冲转至1500r/min，观察无异常后，升至额定转速2980r/min。

投用液力透平前，应控制好主吸收塔液位，避免启机操作导致系统液位波动过大；确认胺液循环正常，贫胺液泵处于正常运行状态，离合器处于挂钩状态。液力透平与贫胺液泵电机离合器的啮合转速为2500r/min左右。当转速接近2500r/min时，应快速打开入口调节阀，使透平快速通过2500r/min区域并升速至2980r/min，以确保透平与泵电机离合器迅速啮合。

6)液力透平降速、停机

液力透平降速过程中，缓慢降低液力透平入口流量，直至机组降速完成后，关闭液力透平入口流程。应快速跨过液力透平与贫胺液泵电机离合器的啮合转速2500r/min。

4.5.5　半富胺液泵(汽驱)

半富胺液泵主要用于将来自尾气吸收塔的半富胺液输送至脱硫单元第一级主吸收塔的设备。半富胺液泵汽驱驱动动力源为高压过热蒸汽，系统由半富胺液泵以及蒸汽透平组成。

半富胺液泵(汽驱)运行包括机组检查、机泵启停和切换等。

1)机组检查

主要检查机组本体及附件、工艺介质流程、润滑系统、机封系统、冷却系统以及公用介质流程等。

启机前应启动辅助油泵，为机泵各润滑点提供良好的润滑环境。确认DCS各项参数正常后，应对机泵进行灌泵排气，直到出口排气点见水不见气为止，表示灌泵彻底完成。沿汽轮机正常运转方向手动盘车2～3圈，确保汽轮机轴运转正常，无卡涩、变形等异常情况。盘车前务必确认回流阀关闭，防止盘车过程中胺液通过回流线导致机泵转子冲转。启机前，应校对最小回流调节阀，防止因该阀门动作异常而导致"憋泵"。

2)半富胺液泵(汽驱)启机

行暖管和排凝；机泵进出口低低流量联锁旁路；复位 SIS，打开速关阀；透平冲转至 350～400r/min 进行低速暖机；按照汽轮机转速逐步升至 800r/min→1500r/min→2530r/min→2980r/min，最终达到额定转速；停用辅助油泵，确认机组参数正常；正常运转 30min 后，投用相关联锁。

在暖管过程中，利用中低压蒸汽管线及机组本体进行排凝；汽轮机进口过热蒸汽应缓慢暖管至 260℃以上，防止出现凝结水冲击管线及转子。汽轮机转速在 0～2530r/min 时，通过控制进口过热蒸汽流量调整汽轮机转速；若转速在 2530～2980r/min 时，则通过汽轮机调速器进行控制。为使机组各部件均匀受热膨胀，机组必须严格按照升速曲线逐步升速，升速过程中应检查并监控机组运转及各项参数，逐步关闭消音器放空和排凝。汽轮机运转后，立即投用低压蒸汽减温水流程，防止汽轮机出口低压蒸汽管线发生高温蠕变。

3)机泵切换

备用泵启运正常后，缓慢打开其出口阀，并调整最小回流阀位置；同时缓慢关闭原运转泵的出口阀，调整最小回流阀位置，直至原运转泵出口阀完全关闭；停运原运行泵。

在机泵切换过程中，严禁介质抽空及入口流量低于 180t/h，以确保机泵正常运转。若流量持续在 160～180t/h 且原因不明，应立即停泵。密切关注胺液系统的压力和流量，尽量减少因机泵切换导致的胺液系统流量波动。切换前后，注意调整联锁。

4)半富胺液泵(汽驱)停机

机泵出口低低流量联锁旁路；缓慢关闭出口阀，并通过调节最小回流调节阀保证入口流量大于 180m^3/h，将泵从系统中切出；启动辅助油泵；调整调速器，使汽轮机转速降至 2530r/min；调整过热蒸汽阀门，逐步降低汽轮机转速至 0；关闭速关阀；切除减温水流程；关闭蒸汽管线上的切断阀和手阀，并对管线和机组进行排凝；关闭汽封抽汽器；当回油温度降至 45℃后，停运辅助油泵。

确认泵轴完全停转后，再关闭速关阀，以防止机封摩擦副损伤；汽轮机停止转动后，立即关闭低压蒸汽减温水流程，防止后路管线出现水击。短期停机时，汽轮机通入少量过热蒸汽暖机，中低压蒸汽排凝必须微开，以便快速启机；长期停机时，应确保蒸汽能量隔断完全。

4.5.6 半富胺液泵(电驱)

半富胺液泵电驱驱动动力源为中压电机。半富胺液泵(电驱)运行包括机组检查、启停和切换等。

1)机组检查

主要检查机组本体及附件、工艺介质流程、润滑系统、机封系统、冷却系统以及公用介质流程等。

启机前应启动辅助油泵，为机泵各润滑点提供良好的润滑环境。确认 DCS 各参数正常后，应对机泵进行灌泵排气，直到出口排气点见水不见气为止。沿机泵正常运转方向手动盘车 2～3 圈，确保机泵轴运转正常，无卡涩、变形等异常情况。启机前，应校对最小回流调节阀，防止因该阀门动作异常而导致“憋泵”。

2)半富胺液泵(电驱)启机

机泵进出口低低流量联锁旁路；复位 SIS；启运电机；确认机泵运行及各参数正常；停止辅助油泵并打“自动”；机泵运转正常后，投用相关联锁。

现场启动电机后，电机电流会迅速升至满量程，然后很快降至正常范围，此时需密切关注电流变化。启运电机后，主油泵将自动运行，确认主油泵工作正常后，应手动停止辅助油泵，并将辅助油泵操作柱旋钮置于自动位置。

3)机泵切换

备用泵启运正常后，缓慢打开备用泵的出口阀，并调整最小回流阀位；同时缓慢关闭原运转泵的出口阀，调整最小回流阀位，直至原运转泵的出口阀完全关闭；停运原运行泵。

切换过程中，严禁介质抽空及入口流量低于 180t/h，以确保机泵正常运转。若流量持续在 160 ~ 180t/h 且原因不明，应立即停泵。密切关注胺液系统的压力和流量，尽量减少因机泵切导致的胺液系统流量波动。切换前后，注意调整联锁。

4)半富胺液泵(电驱)停机

机泵进出口低低流量联锁旁路；启动辅助油泵；缓慢关闭出口阀，通过调节最小回流调节阀保证入口流量大于 $180m^3/h$，将泵从系统中切出；现场操作柱手动停机；投用电机空间加热器；停止辅助油泵。

待轴承温度降至45℃左右时，停止润滑油辅助油泵，防止泵轴降温过程中的温度分布不均导致变形。空间加热器的作用是防止绕组受潮导致绝缘性能下降，机泵停机后应立即投用。

思考与练习

1. 机泵定期切换的目的是什么？
2. 锅炉汽包为什么要定排和连排？
3. 简述如何切换润滑油站过滤器。
4. 什么是液力透平？简述其节能原理。
5. 简述开停工换热器冷热介质投用和切除顺序。
6. 克劳斯风机(汽驱)如何打开速关阀？
7. 为什么装置停工检修前必须对酸性气、瓦斯、氢气管线进行吹扫？
8. 简述半富胺液泵(汽驱)具体升速步骤。

第5章 硫黄储运

硫黄作为天然气净化厂的主要副产品，约25%的液硫通过液硫装车的方式外销至周边区域，其余则以固体颗粒形式通过火车、汽车拉运销售。为确保硫黄产销平衡，同步建设硫黄储运系统，配套设有液硫罐区单元、硫黄成型单元、硫黄料仓单元、火车装车单元、汽车装车单元、液硫装车单元等主要装置，承担液硫存输、硫黄成型、硫黄装车等任务。

5.1 液硫储存

液硫罐区负责承接上游联合装置生产的液体硫黄，并为下游的液硫成型单元和液硫装车场提供液硫。液硫储存主要采用地上储罐和地下液硫池两种方式，净化厂储运车间为地上储罐储存方式，通过建立高效、安全的储存与管理，确保生产过程的连续性和稳定性，是液硫储运系统中的重要枢纽。

5.1.1 液硫罐区工艺

液硫罐区工艺流程分为两部分，上游联合装置生产的液硫可通过 *DN*200、*DN*250 两条管线输送至液硫罐区，再由液硫泵输送至液硫成型单元或液硫装车场。此外，还可通过 *DN*300 液硫管线直接将液硫输送至液硫成型单元液硫池(液硫池)。

液硫罐区单元、硫黄成型单元、液硫装车场产生的凝结水与联合装置(四、五、六联合)西侧图幅液硫伴热管线产生的凝结水汇合后进入凝结水换热器(731 - E - 001)，经与循环冷水换热后进入凝结水回收罐(731 - D - 001)。凝结水罐产生的乏汽利用空冷器冷却回收，罐内凝结水经凝结水泵(731 - P - 003A/B)增压送至净化厂凝结水管网。凝结水出罐区的压力为0.675 ~ 0.710MPa，温度为90 ~ 100℃。

液硫储罐罐顶逸散废气主要组分为 H_2S、硫蒸气和 N_2。硫蒸气脱除采用水洗法，硫蒸气在水浴除尘器中经冷却、水洗后变成硫粉晶体，沉积于水洗箱底部，定期清理。废气中的 H_2S 采用碱洗脱除，废气经罗茨风机增压进入装有碱液的脱硫反应器处理，合格气体经尾气排放塔放散至大气中。

液硫储罐罐顶设有集气罩，集气罩分为3层，上层为集气罩，中层为收集箱，下层为抽气口。其中：下层设有4处 *DN*350 的抽气口，分别对应罐顶四处放散口。中层为长方体集气箱，侧方设有快速拉门，当硫蒸气遇冷凝华时自重落至收集箱内，当抽气量较大时，打开快速拉门防止罐内形成负压。上层与逸散气引出管线连接，将逸散气引出。

每台储罐的废气引出管线均设有引气阀和排气阀，并在排气阀后设有压力变送器以监测储罐压力。当储罐压力过高或过低时，联锁排气阀打开、引气阀关闭，防止储罐超压或形成负压。同时，当某台储罐发生异常情况时，可手动关闭引气阀，切断与其他储罐的连接。废气管线的操作温度为 145℃，采用压力为 0.4MPa、温度为 150℃的蒸汽夹套伴热，以防废气中的硫蒸气堵塞管道。

集气罩的锥形表面设有防爆门，防止灭火时罐体超压。部分废气逸散至集气罩中，温度降低后硫蒸气冷凝附着于罩体内表面。通过锥体侧面清扫口定期振打，使硫粉跌落至接硫板，并沿废气逸散口清扫回液硫储罐。废气引出管道上设有罗茨风机作为抽吸动力，并在罐顶设有 1 个补氮口(以防罐内负压超限而瘪罐)，确保罐内操作压力为微正压。

废气处理采用冲击式水浴除尘器进行水洗脱除硫蒸气。水浴除尘器主要由水箱、进气管、排气管和喷头组成。工作时，水箱内的水位漫过喷头，当含硫蒸气的逸散气以一定速度经进气管并在喷头处以较高速度喷出，对水层产生冲击作用后进入水中，经水洗去除逸散气中的硫蒸气，硫蒸气经水洗后成为硫黄颗粒，沉淀至水箱底部，应定期进行清理。

水洗后的废气(主要成分为 H_2S)由罗茨风机增压输送至脱硫反应器，经碱液吸收后的气体引至放散管排放。碱液采用 10%(质量分数)的氢氧化钠溶液，通过泵增压输送至碱液储罐储存，并由碱液泵输送至脱硫反应器实现碱液循环。脱硫反应器生成的废碱液(主要含有 Na_2S)通过废碱液泵转移至槽车，拉运到厂外处理。脱硫反应器出口设有正、负压爆破片，防止容器超压和负压，爆破压力分别为 50kPa、-50kPa。

主要工艺技术特点如下：

液硫储罐含硫废气治理工艺采用敞口补集技术，利用“吸风罩抽气 + 水浴除尘 + 风机增压 + 碱洗脱硫”处理废气，实现了常压储罐废气补集净化率 100%。

普光天然气净化厂内建有一套液硫装车系统的远程控制自动装车，具备液流装车全流程废气治理系统，包括鹤管废气补集、水洗冷却、碱洗除硫功能。

5.1.2　液硫储罐伴热设施

为防止液硫在储罐内凝固以及硫蒸气在储罐顶部固化形成固体颗粒，罐底、罐壁内部及罐顶外部均设有伴热盘管，并在罐壁、罐顶设有保温层。采用 0.4MPa 的饱和蒸汽进行伴热。

5.1.3　液硫储罐消防设施

液硫储罐罐顶设有固定式消防蒸汽系统，使用 0.4MPa 饱和蒸汽进行灭火。蒸汽从主管引出，并在防火堤外设有灭火蒸汽控制阀，以实现对消防蒸汽的精确控制。液硫储罐罐顶的消防蒸汽口和消防蒸汽管道之间设有爆破片，用于隔离消防蒸汽与液硫储罐内的硫蒸气。当液硫储罐内发生火灾时，消防蒸汽冲破爆破片进入液硫储罐内实现灭火功能。

5.1.4　液硫储存相关控制联锁

液硫罐区单元的控制回路采用单回路定值控制，由 DCS 控制系统完成。液硫成型单元设有 4 个仪表控制盘，每个控制 1 台硫黄成型设备，并配有 2 台动力开关控制柜(PSC)，负责马达控制中心(MCC)的工作。所有 DCS 和 PLC 之间的信息连接被设计为冗余操作。

PLC 控制器卡被设计为电子冗余操作，所有的通讯端口都具备电子冗余功能。系统具备报警、联锁保护功能，并能将信息远程传输。

1)液硫罐区主要工艺参数控制及联锁

液硫罐区工艺参数控制主要包括蒸汽减温器出口蒸汽温度控制、液硫储罐液位控制、凝结水收集罐(731－D－001)液位控制以及液硫泵进口管线电伴热温度控制。

2)液硫罐区联锁

液硫成型单元关键控制回路主要包括液硫池液位控制、液硫进成型机流量控制、成型罐内水位控制、成型罐中硫颗粒重量控制、冷水槽温度/液位控制、再熔罐温度/液位控制以及缓冲罐液位控制等。

5.2 硫黄成型

硫黄成型单元主要用于通过水造粒技术将液体硫黄凝固形成颗粒硫黄。固体颗粒硫黄形状规整、粒径均匀、性能稳定，便于储存和运输，减少了环境污染和运输风险。

5.2.1 硫黄成型机工艺

以 1#成型机(SFU－101)为例，来自上游联合装置硫黄回收单元或液硫罐区单元的液硫，通过蒸汽夹套管道经液硫过滤器(SR－101A/B)进入成型单元液硫池(TP－101/TP－102)。液硫池中的液硫由伴热系统维持在 135～148℃，利用长轴液硫泵(P－101A/B/C)将液硫泵入成型机。

到达硫黄成型机顶部的液硫通过流量控制阀(FV－10305)进入液流分布器后均匀分布至成型盘。液硫通过成型盘底部预设的一定直径的孔眼滴入下方的工艺水中。成型罐中的工艺水与液硫滴珠逆向接触，进一步冷却形成球状固体硫颗粒，并沉积到成型罐底部。成型罐设置载荷检测器(LE－10315A/B/C/D)监测硫颗粒的重量，并通过硫颗粒高度控制阀门(LV－10315)实现对硫颗粒高度的精确控制。排出的硫颗粒与水在重力作用下进入振动脱水筛(VS－101/102)进行脱水处理，使硫颗粒达到工艺目标含水量。合格的硫颗粒从脱水筛经产品滑道(SD－101)送至传送带，最终传送至圆形料仓存储。

成型机振动脱水筛(VS－101/102)脱出的水、成型罐(TF－101)的溢流水及螺旋输送器(SG－101)脱出的水共同进入热水槽(TS－101A)。这些水由水力旋流进料泵(P－103A/B)泵入水力旋流分离器(HC－101A/B)以去除水中的细粉硫。细粉硫排放至细粉硫料斗/螺旋输送器(SG－101)，并通过产品滑道(SD－101)送至传送带，最终传送至圆形料仓存储。脱除细粉硫后的工艺净水自水力旋流分离器(HS－101)上部流入净水槽(TS－101B)。净水槽(TS－101B)中的净化热水(不含细粉硫)由冷却塔进料泵(P－104A/B)增压后送入换热器(E－101A/B)冷却，然后进入冷水槽(TS－101C)。成型罐进水泵(P－105A/B)将冷水槽(TS－101C)内的冷却水泵入成型罐。冷水槽(TS－101C)的补水通过液位自动控制阀(LCV－10710)保持冷水槽的正常液位。成型盘产生的硫蒸气、少量的 H_2S 及 SO_2 经风机(K－101)送至烟囱，最终排入大气。

5.2.2　细粉硫深度脱除回收工艺

细粉硫深度脱除回收工艺新增的再熔系统为 3#、4#成型机共用的工艺系统。

1)离心分离系统(以 3#成型机为例)

来自热水槽(200 - TS - 103A)的工艺水在沉淀罐(200 - D - 302)中进行沉降分离。沉淀后的工艺水从沉淀罐顶部溢流至缓冲罐(200 - D - 303)。硫黄细粉沉积在沉淀罐下部锥段，并经软管泵(200 - P - 302)送至螺旋输送机(200 - SG - 301)，经螺旋提升后进入再熔罐(200 - TM - 301)，沉淀罐底部设有吹扫风，防止沉降细粉板结。

缓冲罐内的工艺水由底部的离心机供料泵(200 - P - 301)送至离心机(200 - D - 301)进行固液分离。分离后的洁净工艺水回流至净水槽，硫黄细粉则进入螺旋输送器。离心机入口管线设有冲洗水系统，实现对离心机的自动冲洗功能。

2 台离心机通过旁路管线可以互为备用设备。2 台沉淀罐分离出的硫黄及 2 台离心机分离出的硫黄可通过各自的螺旋输送机进行提升和脱水处理后，进入再熔罐。

2)再熔系统

离心分离系统分离出的硫黄进入再熔罐进行熔融。熔融后的液态硫黄由液硫泵(200 - P - 303)送至液硫池。

再熔罐内设有搅拌器(200 - M - 301)，以加速硫黄细粉的熔化过程。顶部设有 1 台引风机(200 - K - 301)，将废气引至高点排放。

5.2.3　主要工艺技术特点

(1)采用湿法成型工艺，产品纯度及颗粒圆润度均较高，满足长距离运输需求。

(2)相比其他主流硫黄成型装置，净化厂硫黄成型机单套装置处理量大，操作弹性高，单位能耗低。整个硫黄成型流程无粉尘污染，无需药剂依赖。

(3)采用细粉硫黄深度脱除回收工艺，工艺水中细粉硫的脱除回收率可达到 99%以上。

5.2.4　液硫成型相关控制联锁

液硫成型工艺参数控制主要包括液硫池液位控制、液硫进成型机流量控制、成型罐内工艺控制、冷水槽工艺控制及再熔系统相关工艺控制。

1)液硫成型主要控制方式

(1)液硫池液位控制。液硫池液位(LI - 10101/10201)由液硫池液位控制器(LIC - 10101/10201)通过液位调节控制阀(LV - 10101/10201A/B)的开度来实现。液位控制在 20% ~80%。

(2)液硫进成型机流量控制。通过调节液硫进料控制阀(FV - 10305/10405/10505/10605)来控制成型机的进料速度，使成型盘上的液硫高度保持在 25 ~100mm。成型机的成型量控制在 50 ~80t/h。

(3)成型罐内水位及温度控制。成型罐中有足够的水来使液硫凝固，液位控制在 100%。如果水低于设定值，低水位报警仪(LAL - 10308)将发出警报，并关闭液硫进料控制阀(FV-10305)。成型罐内的水温由温度监控器(TI-10314)监测，水温控制在55~62℃。

(4)成型罐内硫颗粒重量控制。控制器通过调节下料阀(LV-10315)的开度，保持成型罐中硫黄颗粒的重量控制在1000~1500kg。若硫颗粒重量继续增加且控制阀开启100%，则触发报警；若硫颗粒重量仍继续增加，控制器(LSL-10315)将发出停车信号并关闭液硫进料控制阀。

(5)冷水槽温度控制。成型罐中的工艺冷水用于冷却液硫使其形成硫黄颗粒。温度监控器(TI-10706)可以监测冷水槽的温度，温度控制主要通过调节水冷却器(200-E-101/201/301/401)循环水阀门的开度实现。冷水槽内的水温控制在40~60℃。

(6)冷水槽液位控制。冷水槽液位控制器(LIC-10710)通过调节液位调节阀(LCV-10710)控制补水流速，保持冷水槽(TS-101C)的水位在60%~80%。

(7)再熔罐液位控制。再熔罐液位(LI-0304)通过调节液位控制阀(LV-0304)的开度来实现。液位控制在50%~80%。

(8)再熔罐温度控制。再熔罐温度(TI-0303)通过调节中压蒸汽调节阀(LV-11302)的开度来实现。温度控制在130~160℃。

(9)缓冲罐液位控制。缓冲罐液位(LI-0303)由液位控制器(LIC-0303)检测，液位控制在60%~90%。

2)液硫成型相关联锁

(1)成型盘温度联锁。当成型盘温度超过120℃时，关闭成型盘液硫进料阀。

(2)成型罐内硫颗粒重量联锁。当硫颗粒重量小于500kg时，关闭成型罐下料阀；当硫颗粒重量超过2200kg时，关闭成型盘液硫进料阀。

(3)成型罐进水流量联锁。当进水流量小于100000kg/h时，关闭成型盘液硫进料阀。

(4)成型罐液位联锁。当液位小于70%时，关闭成型盘液硫进料阀。

(5)液硫池液位联锁。当液位小于13.3%时，停运液硫池液硫泵。

5.3 固体硫黄输送

固体硫黄输送系统承担固体硫黄的转运、储存和装卸任务，由皮带输送系统、圆形料仓和装车系统组成。

5.3.1 皮带输送系统

净化厂皮带输送系统主要由15套带式输送机组成，按照硫黄料仓输送功能分为进料皮带线和出料皮带线。其中，硫黄料仓进料功能是将成型装置生产的硫黄输送转运至料仓储存；硫黄料仓出料功能是料仓内存储的硫黄输送转运至装车系统进行装车外运。皮带输送系统包括粉尘浓度检测仪、料流监测仪、水浴除尘器等附属设施。

1)皮带输送机组成

单套皮带输送机由多个部件组装而成，主要包括胶带、托辊、滚筒、驱动装置和安全附属装置等。

(1)胶带。胶带用于承载产品颗粒硫黄，采用导静电阻燃胶带，具有良好的承载性能和成槽性能，胶带覆盖层上层厚度为4.5mm，下层厚度为1.5mm。

(2)托辊。托辊的作用是支撑输送带和物料重量，按照其安装位置和用途可分为过渡托辊、槽型托辊、回程托辊和调心托辊。

(3)滚筒。皮带输送机滚筒在物料传输过程中起到支撑、引导和改变输送方向等作用，按照其安装位置和用途可分为改向滚筒、增面滚筒、重锤滚筒和传动滚筒。

(4)驱动装置。驱动装置由电动机、减速机、液力耦合器、机械联轴节等组成，用于驱动皮带输送机运行。

(5)安全附属装置。皮带上设有跑偏开关、拉绳开关、测速开关、粉尘浓度监测仪、振打器、气吹清扫器、干雾抑尘和水浴除尘器等安全装置。

2)输送机操作

散料硫黄的转运均由输送机完成，输送机操作主要包括皮带输送启停、巡回检查等。根据不同工况，输送机有多种启停操作方式，适用于正常启停、发生异常等情况。

皮带输送启停分为现场单机启停、远程单机启停、远程联锁启停三种方式。

3)设备联锁

皮带输送机联锁由内外部联锁构成。其中内部联锁基于各条皮带输送机自带的检测仪表报警，触发设备停运；而外部联锁则涉及上下游皮带输送机之间互相联锁。

皮带输送机具体联锁设置如下：

(1)内部联锁。由皮带机重跑偏、速度打滑、液耦超温、拉绳开关信号组成，当四个条件满足任意一项时，皮带输送机将停机。

(2)外部联锁。选定流程中任意一条皮带输送机触发内部联锁，将引发流程内其他皮带输送机停机。

5.3.2 装车系统

装车系统均是基于大型料斗称的工作原理，将上游皮带输送机转运固体硫黄物料进行缓存及精确称重装车，承担固体硫黄装车功能，主要由火车定量装车系统和汽车定量装车系统组成。其中火车定量装车系统负责对铁路集装箱装载产品硫黄，而汽车定量装车系统负责对平板车、车挂集装箱进行产品硫黄装载。

1)火车定量装车系统

产品硫黄经上游皮带进入火车装车装置缓冲仓，定量称重，向暂时静止的集装箱快速卸载，实现列车间歇行进过程中精确装车。装车完毕的整列火车通过专用铁路运至宣汉车站外运。火车定量装车系统设有两座火车定量装车楼和两套牵引设备，用于火车集装箱快速装车。火车定量装车楼实现连续接收物料、定量称重、密闭装车。

(1)系统组成。火车定量装车系统主要包括缓冲仓、称重仓、称重系统、液压系统、除尘系统、铁牛牵引系统等。

①缓冲仓。缓冲仓的有效仓容200t，接收上游皮带输送机卸下的物料，起缓冲存储作用，实现连续装车。

②称重仓。称重仓有效仓容33t，为四棱台形漏斗结构。称重仓接收来自缓冲仓的物料，并不间断地将质量信号传送给控制系统进行计量处理。

③称重系统。称重系统包括称重仪表、高精度传感器、称重连接组件、称重标定机构等，系统静态称重精度达到0.1%。

④液压系统。液压系统主要由液压泵站、缓冲仓配料闸门液压控制系统、称重仓装车平板闸门液压控制系统、辅助系统、油冷却系统、液压管路等部分组成。

⑤除尘系统。每座装车楼上配置2台除尘器，引风管与缓冲仓、称重仓和溜槽之间均用橡胶软连接，用于控制和消减密闭缓存仓和称重仓的粉尘。

⑥铁牛牵引系统。铁牛牵引系统主要由电动机、减速机、主机及电控系统等组成。电动机通过联轴器驱动减速机运行，并通过主机开式齿轮带动两组传动绳轮工作。

(2)火车装车系统运行。火车装车系统运行包括车辆调车、装车前检查、牵引系统启动、装车启动、装置停机操作等，为提高火车装车的安全性和运输效率，按照以下步骤实现连续快速定量装车。

①车辆调车。整列火车进厂后，对车辆进行解体，重新编组推入火车装车楼下，为散料集装箱装车做准备工作。

②装车前检查。火车集装箱装车前，需按照铁路部门要求逐车逐箱开展检查，并对相关设备设施进行现场巡查。

③牵引系统启动。牵引系统在装车过程中为火车集装箱车辆提供牵引动力，通过操作确保集装箱上盖与上方溜管对齐，实现密闭快速装车。

④装车启动。向上游皮带输送机启动信号，通知上游皮带巡线岗具备装车条件，密切观察料流是否已进入火车装车。

⑤装置停机操作。由于皮带输送线较长，当装车股道还剩两节车皮时，可通知上游岗位停止送料，皮带上的物料能够满足剩余车辆的装车，当所有车辆装车完毕后，进行停机作业。

(3)设备联锁。为保护牵引系统设备及操作人员安全，火车装车楼与上游皮带流程设置联锁、系统内部设置限位开关，可停止皮带物料输送及设备运转，详见表5-1。

表5-1 火车装车楼设备联锁一览表

序号	联锁名称	联锁内容
1	上游皮带允许启动	当装车楼装车信号开启，上游皮带可运行启动
2	上游皮带停止联锁	当缓冲仓料位>80%时，上游皮带输送机联锁停运，停止给料
3	踏板限位联锁	踏板限位开关动作，铁牛牵引系统停止运行
4	铁牛限位开关信号	铁牛限位开关动作，铁牛牵引系统停止运行

2)汽车装车系统

天然气净化厂生产的固体产品硫黄除铁路运输外，其余全部通过汽车散料装车运输。汽车装车单元为一套汽车定量装车楼，物料经上游皮带C-7C进入汽车散装装车楼缓冲仓，通过液压控制闸板放料至称重仓，定量称重，称重完毕后，关闭缓冲仓下料闸板，打开称重仓闸板，向下方汽车车辆内匀速卸载，实现散装汽车精确装车。

汽车装车系统：主要由钢结构塔架、缓冲仓、称重仓、称重系统、液压系统、除尘系统、操作室等组成。汽车装车系统操作包括装车前检查、装车操作、装车停机操作等。接到车间装车指令，每装完一辆车后，指引第二辆汽车装车，连续循环作业。

装车前检查：岗位人员接到装车指令，对散料汽车装车楼各项相关工艺和设备进行检查，并通知上下游岗位做好装车准备工作。

装车操作：在装车过程中，需要装车人员和车辆驾驶人员协调配合，下料装车和车辆移动同步，确保精准高效装车。

装车停机操作：装车停机包括正常停机和紧急停机两种模式。正常停机，当日装车车辆剩余四辆车未装时，通知上游料仓操作岗，装车任务即将完成，做好停运准备工作。紧急停机，遇紧急情况，按下操作台急停按钮，所有装车闸板阀关闭，液压油泵停运。

称重配料：缓冲仓下设两组液压闸板阀，分别为粗配料闸板阀和精配料闸板阀。粗配料闸板阀实现物料快速配仓，精配料闸板阀实现精确配料。

下料装车：待缓存仓全部闸板关闭后，待装车辆进入装车楼指定区域后，开始进行下料装车。

第一辆车装车完成，关闭称重仓卸料闸阀，输入第二辆车装车量，缓冲仓闸阀自动打开配料，定量称重完毕。待装空车车辆已进入装车位置，打开称重仓卸料闸阀，指引第二辆汽车装车，连续循环作业。每装完一辆车后，录入车辆信息，装车净重数据自动采集，打印磅单。

在装车过程中出现配料精度无法满足要求时，可通过微调整精配料闸板上接近开关的位置进行处理。

装置联锁：汽车装车楼与上游皮带输送系统联锁，同时装车楼关键设备液压泵站设置联锁，油温和油压参与联锁，详见表5－2。

表5－2　汽车装车楼设备联锁一览表

序号	联锁名称	联锁条件
1	允许上游皮带输送机启动	装车楼两台水浴除尘器开启时
2	液压油泵停止	液压泵站油温≥65℃时
3	液压油泵停止	液压泵站油压≥9MPa时

5.4　硫黄料仓

净化厂储运系统设有两座圆形料仓，单座硫黄料仓容量为 5.7×10^4t，采用环形混凝土挡墙及网壳结构穹顶组成。圆形料仓系统由堆取料机、进出料皮带输送机、喷雾抑尘、安全装置等设备组成。

5.4.1　堆取料机

堆取料机主要由堆料机、取料机及安全控保装置系统组成，利用视频监控系统辅助操作，实现大型设备远程连续生产，堆料能力可达500t/h，取料能力可达1000t/h。堆料机为悬臂式皮带输送机，与上游皮带输送机连接，用于输送固体硫黄并落入料仓，完成堆料作业。取料机为门架式刮板机，在圆形料仓的范围之内，取料机的刮板在回转过程中所能触及的地方均能刮取固体硫黄。圆形料斗设在中心立柱最低处，下连地下廊道溜管和皮带输送系统，作用是将取料机刮取的硫黄从料仓经料斗落到皮带输送机。

5.4.2 堆取料机运行模式

为满足堆取料机检修试运、现场故障排查和常规操作等要求，实现高效率的堆取料作业，堆取料机操作模式分为半自动/手动。

1)半自动模式

在堆取料机进行作业前，由岗位人员设定相关的参数，包括：堆料工况主要有堆料臂回转速度、堆料臂回转角度、堆料臂俯仰角度和料位检测开关信号的控制设定等。取料工况主要有刮板取料机回转速度、刮板取料机回转角度、刮板取料机下俯角度和料位检测开关信号的控制设定等。启动半自动堆取料作业程序，堆取料机即可自动进行堆取作业。在堆取料机按照程序自动运行过程中，操作人员随时可暂停自动程序的运行。

2)手动模式

手动模式是基于 PLC 程序的手动操作方式，通过相应的机构控制按钮(或转换开关)，由操作人员手动控制堆取料机进行作业，作业过程由 PLC 程序实现，相应机构间具有联锁关系。堆取料机手动操作方式分为三种：就地手动操作、机上联动操作和区域控制室远程操作。

(1)就地手动操作。在检修或检修完成试运时，可根据情况在司机操作台旋转“就地手动操作”，系统即切换至“就地手动操作”模式。岗位人员通过设置在现场附近的就地控制箱，实现各机构的单独动作。特别注意：系统在“就地手动操作”模式下，无任何联锁及安全保护，只在设备维修检修试机时采用。

(2)机上联动操作。在远程通信故障时，可在司机室操作台上旋至“机上联动操作”，通过司机室内的触摸屏和相关控制按钮完成设备的正常操作，该操作方式只用于设备故障判断和处理时。

(3)区域控制室远程操作。正常情况下，在司机室操作台上旋转“远程操作”，岗位人员在区域控制室内操作 PLC 控制画面，辅助视频监控系统完成堆取料机相关操作，此状态下，堆取料机各个机构均有安全限位保护，相关机构之间存在联锁保护。

5.4.3 设备联锁

为保障设备运行安全，堆取料机设置位置限位、角度限位、拉力偏差限位等联锁。

1)堆料大臂联锁(以 1 号料仓为例)

堆料大臂相关联锁见表 5 -3。

表 5 -3 堆取料机联锁一览表

序号	联锁名称	联锁内容
1	堆料大臂左转	左转接近开关 CS1 - ZS001/回转左转极限开关 CS1 - ZS002 到位堆料大臂左转停止，PLC 界面堆料回转角度设定为 315°
2	堆料大臂右转	右转接近开关 CS1 - ZS003/回转右转极限开关 CS1 - ZS004 到位堆料大臂右转停止，PLC 界面堆料回转角度设定为 45°

续表

序号	联锁名称	联锁内容
3	堆料大臂上仰	上仰限位开关 CS1 - ZS005/极限开关 CS1 - ZS006 到位堆料臂上仰停止，PLC 界面堆料俯仰角度设定为 17°
4	堆料大臂下俯	下俯限位开关 CS1 - ZS007/极限开关 CS1 - ZS008 到位堆料大臂下俯停止。PLC 界面堆料俯仰角度设定为 - 17°
5	堆料皮带停止	触碰皮带输送机任一左前跑偏开关/右前跑偏开关/左后跑偏开关/右后跑偏开关/左拉绳开关右拉绳开关/皮带打滑开关，堆料皮带均停止运行

2）取料机停机联锁（以 1 号料仓为例）

取料机急停联锁见表 5 - 4。

表 5 - 4　堆取料机联锁一览表

序号	联锁名称	联锁内容
1	取料机左转	左转限位开关 CS1 - ZS009/极限开关 CS1 - ZS010 到位取料行走左转停止，PLC 界面取料行走角度设定为 345°
2	取料机右转	右转限位开关 CS1 - ZS011/极限开关 CS1 - ZS012 到位取料行走右转停止，PLC 界面取料行走角度设定为 15°
3	取料机上仰	上仰限位限位开关 CS1 - ZS013/极限开关 CS1 - ZS014 到位取料机上仰停止，PLC 界面取料俯仰角度设定为 30°
4	取料机下俯	下俯限位开关 CS1 - ZS015/极限开关 CS1 - ZS016 到位取料机下俯停止，PLC 界面取料俯仰角度设定为 - 2°

3）堆取料机急停联锁

区域控制室操作台/堆取料机底部平台/取料机行走台车/中心立柱回转平台/堆料皮带平台/司机室操作台均设有急停按钮，紧急情况下拍下急停按钮，停堆料、取料。堆取料机禁止启动联锁详见表 5 - 5。

表 5 - 5　堆取料机禁止启动联锁一览表

序号	联锁名称	联锁内容
1	禁止堆料皮带启动	堆料大臂与取料机夹角 < 25°或堆料俯仰角度 > 6°，禁止启动堆料皮带
2	堆料臂上仰	堆料大臂俯仰角度 > 3. 8°，配重机房夹角 < 55°，堆料上仰禁区禁止上仰
3	取料机右行走	堆料大臂俯仰角度 > 3. 8°，配重机房夹角 < 55°，配重角度 > 司机室角度禁止取料左行堆料右行
4	取料机左行走	堆料大臂俯仰角度 > 3. 8°，配重机房夹角 < 55°，配重角度 < 司机室角度禁止取料右行堆料左行
5	取料机上行	取料机钢丝绳拉力传感器差值 > 3t 取料禁止上仰
6	取料机下行	取料机钢丝绳拉力传感器和值 < 5t 取料禁止下俯

思考与练习

1. 简述输送机最常出现的问题是什么？如何处理？
2. 简述皮带输送启停方式有哪几种？分别如何操作？
3. 哪些情况下会导致堆取料机急停？
4. 简述火车定量装车系统和散装汽车装车楼系统的作用、结构。
5. 怎样维护、保养火车定量装车系统？

第6章　净化系统应急处置及案例

在天然气净化长周期生产运行过程中，存在发生物料泄漏、异常停机、自然灾害等异常事件的风险，严重影响装置生产的安全和稳定。主要包括净化装置泄漏、大型机组异常停机、公用介质异常、自然灾害异常工况等应急处置措施，同时剖析了不同类型的典型异常事件案例，总结分析涉硫装置应急处置经验，用于技术人员吸取教训，提高技术人员应急处理水平，强化事故防范能力。

6.1　物料泄漏应急处置

天然气净化工艺过程中涉及 H_2S、富胺液、NH_3、含硫污水等物料，其泄漏可能危害人体健康，造成巨大的经济损失，还有可能破坏生态环境，甚至影响社会稳定。物料泄漏应急处置主要包括安全防护、泄漏源控制、泄漏源处理三个方面。

6.1.1　含 H_2S 气体泄漏

易发生泄漏的部位：净化装置原料气管线、原料气过滤器、第一级主吸收塔、第二级主吸收塔、反应炉燃烧器、酸性气分液罐、胺液再生塔塔顶分液罐、富胺液闪蒸罐容器本体、附件、相关管线及机泵。

引起泄漏的原因：

(1)管线或设备腐蚀穿孔，导致 H_2S 泄漏。

(2)转动设备密封失效，导致 H_2S 泄漏。

(3)冬季极寒天气管线盲端、阀门冻裂，导致 H_2S 泄漏。

(4)设备超压造成法兰密封失效、焊缝开裂，导致 H_2S 泄漏。

6.1.2　富胺液泄漏

易发生泄漏的部位：液力透平、富胺液闪蒸罐、贫富胺液换热器、胺液再生塔设备本体、附件及相连管线。

引起泄漏的原因：

(1)管线或设备腐蚀穿孔，导致富胺液泄漏。

(2)设备超压造成法兰密封失效、焊缝开裂，导致富胺液泄漏。

6.1.3　NH_3 泄漏

易发生泄漏的部位：液氨瓶本体及相连管线。

引起泄漏的原因：

(1)管线或设备腐蚀穿孔，导致 NH_3 泄漏。

(2)向急冷塔注氨时升降压过快造成密封失效，导致 NH_3 泄漏。

6.1.4 含硫污水泄漏

易发生泄漏的部位：胺液再生塔塔顶分液罐、急冷塔、酸性气分液罐、酸水缓冲罐、酸水汽提塔设备本体及相连管线。

引起泄漏的原因：

(1)管线或设备腐蚀穿孔，导致含硫污水泄漏。

(2)转动设备密封失效，导致含硫污水泄漏。

(3)设备超压造成法兰密封失效、焊缝开裂，导致含硫污水泄漏。

6.2 关键机组异常停机应急处置

净化装置关键机组主要包括贫胺液泵、克劳斯风机、半富胺液泵，其异常停机直接导致装置单元级停车，严重影响设备运行安全，引起全厂生产波动，增加装置耗能。关键机组异常停机应急处置要及时确认故障设备状态，确保人员和场地安全，排除故障后，按照正确的操作程序恢复运行。

6.2.1 贫胺液泵停机

可能的原因：

(1)贫胺液泵机组轴系仪表出现异常，导致联锁停机。

(2)贫胺液泵入口压力、出口流量或润滑油压力低低联锁停机。

影响：脱硫单元联锁保压，原料气处理量波动。

6.2.2 克劳斯风机停机

可能的原因：

(1)克劳斯风机轴系仪表异常联锁停车。

(2)克劳斯风机油位低低或润滑油压力低低联锁停机。

(3)克劳斯风机因克劳斯炉相关联锁卸载。

影响：硫黄回收单元及尾气处理单元联锁停车，装置处理量波动。

6.2.3 半富胺液泵停机

可能的原因：

(1)半富胺液泵润滑油压力低低联锁停车。

(2)贫胺液泵机组参与联锁的仪表出现异常，导致联锁停机。

(3)半富胺液泵入口流量低低、出口流量低低联锁停机。

影响：脱硫单元联锁保压，原料气处理量波动。

6.3　公用介质异常应急处置

公用介质的正常投用是净化装置平稳运行的基本保障，当循环水中断、装置停电、蒸汽带水、燃料气中断等情况发生时，会对装置产生较大影响，严重时会导致装置被迫紧急停工。公用介质异常应急处置，应尽快发现原因、迅速解除危险，及时恢复公用介质供给，最大限度地减少故障过程中对净化装置运行的影响。

6.3.1　循环水停供

可能的原因：

(1)循环水厂循环水泵故障停运。

(2)停电导致循环水泵停运。

影响：全厂停工，设备超压泄漏，人员中毒，火灾爆炸。

6.3.2　锅炉水停供

可能的原因：

(1)动力站除氧水泵异常停运。

(2)锅炉水管网出现泄漏。

影响：全厂停工，锅炉过热损毁，人员伤亡。

6.3.3　停电

可能的原因：

(1)雷电天气造成高、低压电网晃电。

(2)电网故障，线路问题导致大面积停电。

影响：全厂停工，设备超压泄漏，人员中毒，火灾爆炸。

6.3.4　蒸汽停供

可能的原因：

(1)减温减压器出口温度过低。

(2)动力站锅炉故障。

(3)联合装置尾气焚烧炉过热器故障或管线泄漏。

影响：产品气质量不合格，蒸汽管线水击甚至管线撕裂，汽轮机异常停机、装置停工、着火爆炸、人身伤害。

6.3.5 燃料气停供

可能的原因：

(1)计量橇产品气三段减压流程异常关闭。

(2)燃料气管网出现泄漏。

影响：全厂停工，火灾爆炸，人身伤害。

6.3.6 低压 N_2 停供

可能的原因：

(1)空分空压站异常停车。

(2)低压 N_2 管网出现泄漏。

影响：克劳斯炉、加氢燃烧炉仪表失灵，装置停车。

6.3.7 净化风停供

可能的原因：

(1)公用工程空分空压装置停机。

(2)净化风管网出现泄漏。

影响：全厂停工，设备超压泄漏，火灾爆炸。

6.4 其他异常情况应急处置

高温、寒潮、暴雨(雷电)、地震等自然灾害对装置运行产生直接影响，此类异常情况应急处置难度较大，所需时间更长，会导致生产异常或紧急停工，处置过程中可能出现突发状况，造成不确定性后果。在发生自然灾害时，应立即启动相应的应急处置方案，快速评估灾情，疏散受威胁区域的人员，在灾害影响得到控制后，尽快组织恢复生产。

6.4.1 高温天气

受影响的区域：净化装置胺液再生塔塔顶空冷系统以及凝结水罐空冷系统等。

后果：在运空冷器、水冷却降温效果变差，装置负荷高，易引起生产波动；高温天气能使人体感到不适，工作效率降低，中暑、患肠道疾病和心脑血管等病症的发病率增多。

6.4.2 寒潮天气

受影响的区域：净化装置。

后果：设备冻凝，管线冻裂，出现泄漏着火、爆炸等事故；造成环境污染、人员伤亡。

6.4.3　雷电天气

受影响的区域：净化装置塔器、动设备、烟气烟囱等。

后果：设备停运，易出现串压泄漏着火、爆炸、触电等事故；环境污染、人员伤亡。

6.4.4　洪汛(暴雨)灾害

受影响的区域：净化装置地下池装置、靠近山体装置。

后果：暴雨导致的积水、洪涝、水浸、交通中断、山体滑坡以及汛情引发的泥石流等，装置停工，避免人员伤害。

6.4.5　破坏性地震

受影响的区域：物料管线、建构筑物等。

后果：公用工程大幅变化或中断；关键装置产生移位、坍塌、倾覆、危险物质泄漏，引起着火、爆炸以及环境污染、人员伤亡等次生、衍生事故。

6.5　典型案例

由于设备磨损、密封失效、仪表故障、外界环境因素影响等，净化装置出现工艺泄漏，设备、仪表故障等异常事件，及时安全处理后同时获取了宝贵经验。通过介绍此类典型案例，掌握常见异常事件的原因、后果和管控措施，能够有效预防和控制异常事件，保障装置生产的安全和稳定。

6.5.1　中间胺液泵(P－106A/B)晃电跳车处置

1)事件经过

××年××月××日02时46分，某净化车间内操发现中间胺液泵(P－106A)晃电跳车，同步触发脱硫单元保压。02时46分，班组立即启动净化车间中间胺液泵(P－106A)跳车应急预案。内操立即汇报班长、值班技术干部、值班领导和调度室。02时48分，内操关闭原料气调节阀(FV－10106)、液力透平液位调节阀(LV－10305A)并调整胺液再生塔塔底贫胺液泵(P－102)最小回流流量。02时53分，外操赶赴现场关闭贫胺液泵(P－101A)和中间胺液泵(P－106A)出口阀门，并启动贫胺液泵(P－101B)辅助油泵。内操打开XV－10507/XV－10105/TV－10605/XV－10601，同步调整胺液再生塔(C－104)再生蒸汽和酸性气配风。03时05分，外操按照操作规程启动贫胺液泵(P－101B)、中间胺液泵(P－106A)并配合内操建立胺液循环。03时10分，内操汇报调度室后缓慢打开原料气调节阀，脱硫单元引入原料气$5\times10^4m^3/h$，03时20分，原料气开始提量，内操调整两列硫黄单元配风，装置逐步恢复稳定，处理量逐步恢复至满负荷。

2)原因分析

(1)电机晃电停机联锁触发脱硫单元保压。

(2)操作人员对此类应急情况处置流程不明确。

3)管控措施

(1)联系电气专业全面检查净化装置动设备低压电机晃电模块是否正常，特别是涉及影响净化装置跳车的机泵，务必确保机泵运行状态良好。

(2)组织仪表专业对关键性机泵流量进行定期排堵检查，确认仪表正常。

(3)组织净化车间全员进行深入培训学习，梳理应急事件处置汇报程序，明确岗位职责。

(4)净化车间组织专业技术干部和当事班组进行复盘，对其他班组进行经验分享，提升异常事件处置能力。

6.5.2 高压贫胺液泵(P－101A/B)跳车应急处置

1)事件经过

××年××月××日10时52分，某净化车间贫胺液泵(P－101A)润滑油总管压力(PI－13321)低低联锁导致机组跳车，导致中间胺液泵(P－106)相继跳车，班组立即启动脱硫单元保压应急预案，并及时汇报值班干部及生产调度室。10时53分，内操检查并关闭原料气切断阀及调节阀，降低胺液再生塔(C－104)再生蒸汽负荷，打开胺液再生塔塔底贫胺液泵(P－102)回流，控制调整好各塔器液位，稳定两列硫黄及尾气处理单元参数。11时05分，外操启动贫胺液泵(P－101B)与中间胺液泵(P－106)备用机泵，建立脱硫胺液循环。11时12分，确认脱硫单元运行正常后，该列逐步引原料气恢复生产。

2)原因分析

(1)润滑油总管压力PSLL－13220A/B/C(3选2)低低触发导致贫胺液泵(P－101A)连锁跳车。

(2)仪表专业人员在调整润滑油油压的过程中存在操作不当导致贫胺液泵(P－101A)润滑油总管压力低低连锁跳车。

3)管控措施

(1)强化仪表专业人员业务能力的提升，加强关键作业管控，执行好净化车间作业负责人与维保作业人员双确认、双监护制度，杜绝操作失误的情况出现。

(2)强化班组应急处置培训，提高贫胺液泵(P－101)联锁跳车导致脱硫单元保压的应急处置能力，尽快恢复生产。

6.5.3 克劳斯炉(F－302)异常停炉

1)事件经过

××年××月××日20时03分，某净化车间克劳斯炉酸性气流量低低联锁停炉，同步加氢进料燃烧炉停炉。20时07分，中压蒸汽管网压力降低至3.3MPa，同时，低压火炬异常。生产办公室电话询问联合装置操作台，确认某系列硫黄回收单元跳车。同时按要求逐级汇报，指令动力站提高锅炉负荷，指令调峰装置提负荷，异常系列负荷由$11\times10^4m^3/h$降至$9\times10^4m^3/h$。指令火炬岗加大低压火炬补气力度，指令净化车间、维护维修站查明原因，及时恢复生产。20时25分，异常系列克劳斯炉热启动，引酸性气，全厂原料气总处理量未受影响。次日00时25分，加氢进料燃烧炉点长明灯；01时45分，加氢进料燃烧炉点主火，并引过程气。02时30分，过程气并气完成，装置恢复生产。

2)原因分析

(1)克劳斯炉酸性气流量低低联锁是本次克劳斯炉停炉的直接原因；

(2)经确认，操作人员原计划通过联合装置二系列再生塔对低压放空系统进行持续N_2保护，关闭压力控制阀(PV－11701B)时，误操作将一系列压力控制阀(PV－11701B)关闭，导致一系列克劳斯炉酸性气流量快速下降至低低流量，导致克劳斯炉联锁停炉。

3)管控措施

(1)目前DCS已将所有联合一系列画右上角的×××系列切换改为"系列切换"，防止误操作。各净化车间应加强内部管理，针对现场重大风险作业，加强沟通，执行内、外操指令前应双确认操作，防止此类事件的发生。

(2)严格执行操作纪律、信息报送、应急管理等各项安全生产管理制度，狠抓精细化管理措施的落实，确保执行到位。

(3)净化车间对主要控制阀门进行统计梳理，优化控制点阀位报警设置(低限位和高限位)，在一定程度上进行阀位动作二次提醒和确认。

6.5.4　克劳斯风机(K－301B)作业风险分析不足导致联锁停机

1)事件经过

××年××月××日09时50分，某净化车间内操发现克劳斯风机(K－301B)出口空气流量计(FI－32985)显示异常，并联系仪表专业人员进行处理。10时58分，仪表专业人员检查过程中空气流量计(FI－32985)输入信号掉线，造成克劳斯风机防喘振阀阀位由6%动作至100%，致使克劳斯风机卸载，硫黄回收单元停车。通过将其余系列空气流量计(FI－32985)拆替至停车系列，仪表测量显示正常，风机正常加载，逐步恢复生产。

2)原因分析

(1)作业风险分析不足，空气流量计(FI－32985)与克劳斯风机防喘振阀存在逻辑联锁，不允许在线校验。在线拆除该列空气流量计(FI－32985)引发PLC动作致风机卸载，是本次故障停车的主要原因。

(2)班组启机前未对机组进行全面性检查，风机启动后发现空气流量计故障，在故障处理过程中班组人员只片面听取仪表专业人员的处理意见，自身未分析清楚该流量计对克劳斯风机存在卸载的风险，是本次故障停车的次要原因。

3)管控措施

(1)维护维修站加强仪表专业人员培训，熟悉掌握风机相关联锁。在处理问题时，正确判断处理方式。

(2)净化车间应加强班组人员关于克劳斯风机相关联锁的培训。

6.5.5　克劳斯风机(K－301A)异常停机

1)事件经过

××年××月××日05时46分，某净化车间克劳斯风机(K－301A)跳车联锁克劳斯炉与加氢进料燃烧炉停炉。生产办公室指令异常停机系列降处理量，其他运行系列提量；动力站密切关注蒸汽管网压力；按要求逐级汇报。06 时 05 分，克劳斯风机(K－301B)启机，克劳斯炉热启动后重新引酸气恢复生产。

2)原因分析

位于 SIS 机柜内的克劳斯风机(K－301A)控制油压电磁阀(XSOV－32603B)电源保险熔断，是汽轮机速关阀关闭、机组联锁停车的直接原因。

3)管控措施

净化车间应利用机组切换、保养及装置检修机会对克劳斯风机控制油系统进行排查，更换易老化失效部件，避免同类事件再次发生。

6.5.6 半富胺液泵(P－402A)联锁跳车

1)事件经过

××年××月××日 18 时 59 分，某净化车间半富胺液泵(P－402A)入口流量低低联锁。班组立即汇报，并启运备用半富胺液泵(P－402B)。生产办公室指令停机系列脱硫单元原料气降量，其他运行系列提量；并安排专业人员配合净化车间查明原因。19 时 06 分，启运备用半富胺液泵(P－402B)；19 时 10 分，逐步恢复生产。

2)原因分析

胺液中杂质堵塞流量计(FI－40706)造成测量值偏低，串级控制引起最小回流阀(FV－40706)迅速开大，机泵入口流量大幅增加，工艺管线内附着产物受冲刷影响堵塞泵入口过滤器，导致机泵入口流量低低联锁停机。

3)管控措施

(1)利用胺液净化装置对联合装置胺液进行净化。

(2)结合工艺生产要求，定期对联合装置流量计(FI－40706)疏通，保证测量数据真实有效。

(3)总结操作经验，针对存在最小回流阀的大型机组，限制自动状态下回流阀阀位最大开度。

6.5.7 急冷水系统 SO_2 穿透事件

1)事件经过

××年××月××日 15 时 24 分，某净化车间内操发现急冷塔(C－401)入塔急冷水流量快速下降至 100t/h，立即通知外操赶至现场，随机将急冷水泵(P－401B)切换至急冷水泵(P－401A)运行，在对急冷水泵(P－401B)清洗入口过滤网时，急冷水泵(P－401A)入口过滤器发生堵塞。为防止加氢过程气污染胺液系统，净化车间立即汇报生产办公室，现场手动停运该系列加氢进料燃烧炉，并对净化水进行切除。19 时 45 分，加氢进料燃烧炉重新点主火，硫黄过程气并入加氢处理单元，恢复正常生产。

2)原因分析

班组人员未能及时发现在线氢分析仪表持续下降、加氢炉反应器床层温度持续上升，未能及时调整克劳斯炉配风导致急冷水出现 SO_2 穿透，最终堵塞急冷水泵。

3）管控措施

（1）班组内操密切关注硫黄回收单元配风比，如在线氢分析仪表持续下降应及时调整配风。

（2）班组外操应严格落实巡检制度，对急冷水 pH 值进行现场实测，如与在线分析仪表测量存在较大偏差时及时校表检查。

（3）净化车间应对 DCS 参数报警值进行合理调整，起到警醒提示。

思考与练习

1. 装置哪些区域可能发生 H_2S 泄漏？发生 H_2S 人员中毒事故后如何处理？
2. 仪表风是什么？出现故障时应如何处理？
3. 若天然气净化厂发生大面积停电，会有什么影响？
4. 简述大型机组异常停机应急处置原则。
5. 净化装置应急处置程序主要包括哪些？

第7章　装置工艺仿真培训系统

天然气净化装置工艺仿真培训系统是技术培训的高效学习工具，通过 NetSim 网络仿真平台实现净化装置的模拟操作。该系统可进行工艺流程熟悉、开停工方案掌握、典型设备单元操作和异常状况处理等模拟训练。通过仿真练习，提升相关人员对净化系统工艺、设备、岗位操作规程、DCS 系统等方面的熟练程度和理解。

7.1　仿真培训系统简介

学员通过企业网络可随时远程访问仿真培训系统服务器开展学习、培训、考试、交流及资料查询等。系统首页显示各项功能模块，点击仿真培训系统头部的“学习中心”“资源中心”等可以切换主功能页面，进行仿真练习、问卷调查、网络课程学习等。

仿真培训系统共有“学习中心”“资源中心”等5个模块，如图7-1所示。“学习中心”为该系统内所有用户均拥有的功能，即目前所见的系统首页；在“资源中心”处，可浏览题库和课程；“后台管理”中列出了在线考试、在线学习、仿真管理、闯关、系统管理等内容；“数据统计”中可查看各个培训资源的统计情况；“其他”中可以修改个人密码或者查看通知公告。学员站安装完毕后，即可登录账号使用系统各项功能。

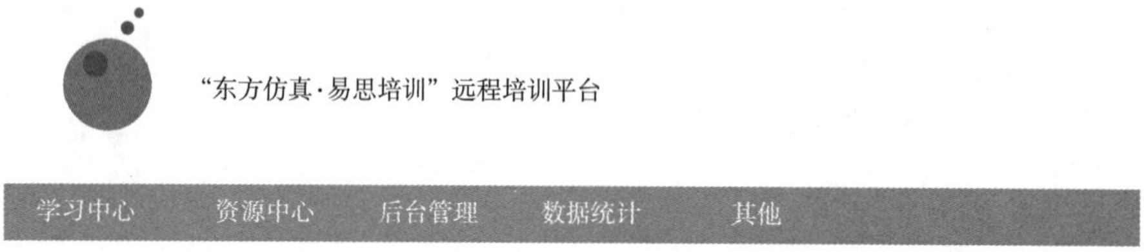

图7-1　仿真培训系统

7.1.1　仿真练习

仿真练习采用模拟的 DCS 系统、SIS 系统及现场仿真系统，引入净化系统5个单元、公用工程实际数据，便于学员进行生产运行、设备操作、事故处理等模拟训练。在首页“学习面板”点击“仿真操作”，进入普光净化选项界面，如图7-2所示，可进行相应培训科目的仿真练习。

单击弹出框中的任一工况后，单击右下角出现的“立即启动”按钮，即可进入对应工况下的 DCS 界面。现场界面与 DCS 界面之间的切换，需单击大标题。SIS 界面与 DCS 界面之间的切换，按 Alt + E；通用事故修复，按 CTRL + M。

学员在对应工况下，点击相应的区域，查看显示的压力/温度、操作阀的状态、各功能开关的状态、液位等信息，按照规程步骤完成培训科目的仿真练习。

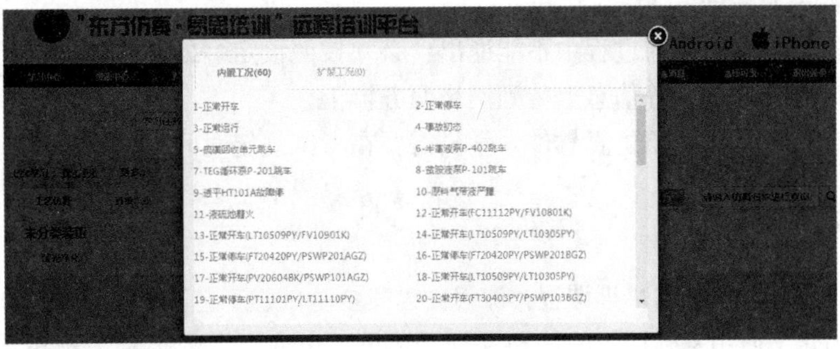

图 7－2　普光净化选项界面

7.1.2　网络考试

除日常培训，仿真培训系统也可以由管理员组织学员开展网络考试，通过该模块进行理论专业知识和仿真实操技能的考核工作，应用于净化相关人员的上岗考试、技能鉴定、车间考试和技术比武等。

学员点击学习面板上的“我的考试”按钮可以打开考试页面。点击“参加考试”按钮，可以进入对应的考试页面。

1) 理论考试

如果参加的考试为理论考试，进入考试前会出现如下的提示框，如图 7－3 所示。如果是第一次进入考试，直接开始即可；如果考试中断再进，可以选择是继续考试还是重新开始考试。

考试以倒计时方式进行，试卷名称右侧为倒计时时钟，试卷名称下面列出了题目类型及相应的数量，页面右侧为人员照片和题目导航，点击题目导航的小方框，页面会切换到对应的题目。考试倒计时到 0 时会自动提交试卷，考生也可以点击右下角的“我要交卷”来提交试卷。

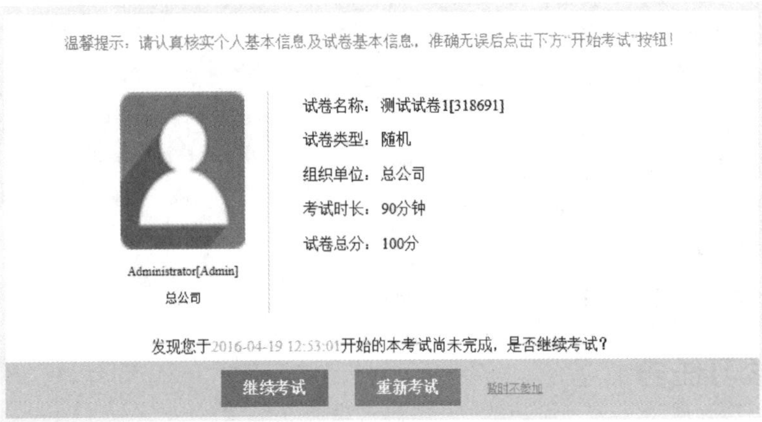

图 7－3　理论考试进入界面

2)仿真考试

如果参加的考试为仿真考试，将自动对比和下载服务器版本的仿真软件和平台，之后启动仿真装置进入考试。

学员在进行仿真考试的过程中不能退出，必须按照设定好的题目顺序进行考试。每考一题，会将该题目的成绩等信息上传到网络服务器上。

考试结束后会自动关闭仿真软件。学员需要在考试规定时间内完成仿真考试。

7.1.3　网络课程

仿真培训系统设有网络培训课程，课程分为安全基础、工艺基础、设备基础、事故案例等类型，作为化工通用基础技能的培训课程。学员可以通过课程类别去查找并学习课程资源。打开课程学习界面，默认课程学习页面中没有课程，需要进入选课中心去选择课程。

点击“开始学习”按钮可以进入课程学习页面，如图 7－4 所示，在此处列出了课程的章节信息、课程笔记及讨论区。学员可在灰色星星处对课程评分，最高可评 5 分。进度条中标明了学员学习该课程的进度。课件列表中列出了此课程中的内容，点击蓝色链接可进入对应资源的学习。

图 7－4　课程学习界面

如果该课程有对应的试卷，点击课程试卷名可进入考试。此类课件可以记录学员学习过的章节(章节前会出现学习过的标记)，中断后下次学员可继续使用同一台计算机学习。

学习界面上可以看到自己的学习时间，如图 7－5所示，可以给对应的课程添加笔记，若设置为私有，则该笔记只有作者自己可以看到。如果需要退出学习，点击左侧的“退出学习”按钮即可。

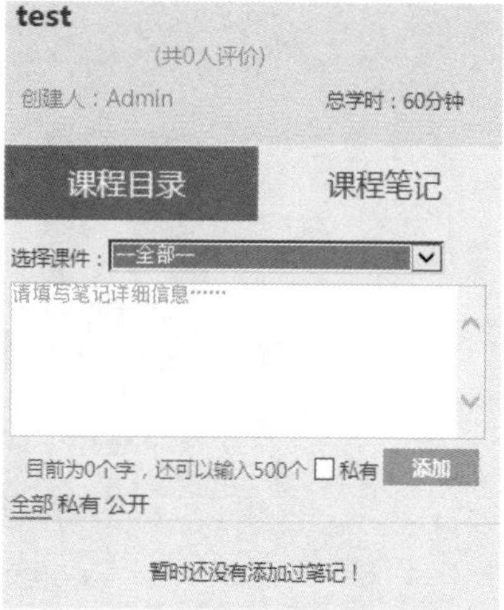

图 7－5　课程笔记界面

7.1.4　学习任务

“学习任务”可以查看学员当前未完成的学习任务。学员点击学习面板上的“学习任务”按钮，打开此界面。在此页面可以看到学习任务、考试、课程学习、题库学习、仿真操作、问卷等情况。

点击课程名后面的“开始学习”按钮可以进入课程学习界面，在课程学习界面也同样可以切换章节。如果任务中带有考试，点击“结业考试”按钮，可以进入对应的考试并参加。同时可以查看并完成管理员发送的问卷、题库、仿真练习等任务。

7.1.5　问卷调查

管理员可以通过“问卷调查”了解学员培训需求、工作思想状态、对仿真平台的意见等。点击学习面板上的“问卷调查”按钮，可以打开问卷页面。点击“参与调查”按钮，会进入问卷界面。做完问卷后点击右下角的“提交”即可。

7.1.6　其他功能

仿真培训系统设有“学习动态”“公告栏”等模块，辅助学员了解学习进度、学习任务通知等。

(1)在“最新课程”“学习动态”处，可以查看最新发布的课程和最近的学习动态。

(2)在“个人登录”处显示个人信息和登录次数。

(3)在“我的学习动态”处显示当前登录用户近期学习的记录。

(4)在“课程学习达人”处列出了本单位的学习达人，学习达人根据学习时长累计来排名。

(5)在“公告栏”处可以查看通知、通告、新闻。

(6)在“本月课程排名”处可以显示本月课程排名，即所属机构为本单位的课程浏览量排名；

如果有针对登录用户的消息，会在右上角的“消息”处有提示，点击右上角的“人员图表”，可以查看个人信息及培训记录，点击右上角的“退出登录”可以离开系统。

7.2　仿真培训科目

天然气净化装置工艺仿真培训系统设置正常开车、正常停车、硫黄回收单元跳车等61个仿真培训科目，如表7－1所示。通过仿真培训系统的仿真练习可以让学员熟练掌握生产装置的开停工及事故操作，大幅提升岗位专业技能。系统设置单机独立运行、局域网运行、企业内网三种运行模式，可单人独立练习，也可班组联机协同练习。

表7－1　仿真培训科目总览

仿真操作科目名称	
1－正常开车	2－脱硫脱水开车
3－正常停车	4－正常运行
5－事故初态	6－硫黄回收单元跳车

续表

仿真操作科目名称	
7 - 半富液泵 P - 402 跳车	8 - TEG 循环泵 P - 201 跳车
9 - 贫胺液泵 P - 101 跳车	10 - 透平 HT101A 故障停
11 - 原料气带液严重	12 - 液硫池着火
13 - 正常开车(FC11112PY/FV10801K)	14 - 正常开车(LT10509PY/FV10901K)
15 - 正常开车(LT10509PY/LT10305PY)	16 - 正常停车(FT20420PY/PSWP201AGZ)
17 - 正常停车(FT20420PY/PSWP201BGZ)	18 - 正常开车(PV20604BK/PSWP101AGZ)
19 - 正常开车(LT10509PY/LT10305PY)	20 - 正常停车(PT11101PY/LT11110PY)
21 - 正常开车(FT30403PY/PSWP103BGZ)	22 - 正常开车(PSWP106AGZ/PSWP102BGZ)
23 - 正常开车(LT10305PY/LV20114K)	24 - 正常开车(FT10503PY/PSWP106AGZ)
25 - 正常停车(PSWP101AGZ/PSWP101BGZ)	26 - 正常停车(PT20604BPY/PT20604APY)
27 - 正常停车(TT10803PY/LT11412PY)	28 - 正常停车(FT11304PY/LT11702PY)
29 - 正常停车(FT10503PY/LT20210PY)	30 - 正常开车(LV11412K/LT11702PY)
31 - 正常停车(LT10305PY/FV11103K)	32 - 正常停车(FT10503PY/PSWP102AGZ)
33 - 正常停车(FT10503PY/LT10509PY)	34 - 正常开车(PSWP106BGZ/PSWP106AGZ)
35 - 正常停车(LT10305PY/FT11112PY)	36 - 正常停车(LT20114PY/PV20604AK)
37 - 正常停车(LT10509PY/FV11503K)	38 - 正常开车(FV30410K/FT11403PY)
39 - 正常开车(LV40411K/FT11403PY/FT11503PY)	40 - 正常开车(LT30701PY/PSWP103BGZ)
41 - 正常开车(TC30804PY/LC40327K)	42 - 正常开车(LC30901PY/FC50102K)
43 - 正常开车(P302AGZ/LC30801PY)	44 - 正常开车(LC30701PY/FC40705K/P401AGZ)
45 - 正常开车(LC31509PY/LC30901K/P701AGZ)	46 - 正常开车(FC31201PY/LC41206PY/FC40104K/FC50304K)
47 - 正常运行(LC30701PY)	48 - 正常运行(FC50102K)
49 - 正常运行(P401AGZ)	50 - 正常运行(FC50304K/LC40711PY)
51 - 正常运行(LC40411PY/FC30410K)	52 - 正常运行(LC41206PY/LC31509K/P401AGZ)
53 - 正常运行(FC40104PY/LC40411PY/LC50211K/P501AGZ)	54 - 正常停车(FC30413PY)
55 - 正常停车(FC30403PY)	56 - 正常停车(P401AGZ)
57 - 正常停车(P501AGZ)	58 - 正常停车(LC40411PY/P501AGZ)
59 - 正常停车(LC50102PY/LC40411K)	60 - 正常停车(LC40711PY/LC41206PY)
61 - 正常停车(LC30901PY/LC31509K/P501AGZ)	

7.2.1 装置开停工仿真培训

净化装置设备复杂，参数繁多且前后关联，操作严格，在生产中需要长期稳定运行，开停工过程要成功，对岗位人员的技术要求很高。由于连续生产，开停工的机会较少，岗位人员得不到有效和全面的训练，其实际开停工水平难以短时间提高。所以，结合开停工过程的特点、步骤，进行开停工操作的仿真培训，让岗位人员熟悉、掌握开停工过程技术要点。

1)正常开车

点击“仿真操作”模块，进入普光净化选项界面，选择“1－正常开车”开始仿真练习，主要包括公用介质投用、胺液冷循环等15个步骤，仿真练习要点见表7－2。

表7－2　正常开车仿真练习要点

仿真步骤	仿真练习要点
公用介质投用	1. 公用工程低压锅炉水、高压锅炉水、循环水、除盐水、低压 N_2 投用。 2. 打开低压 N2FV－70803A/B 前后阀，低压 N_2 投自动0.4MPa。 3. 公用工程高压 N_2、压缩空气、净化空气、燃料气投用。 4. 打开闪蒸气罐 D－710 出口液位 LV－70402 前后阀，闪蒸气罐 D－710 出口液位投自动10%。 5. 公用工程低压蒸汽投用。 6. 打开低压蒸汽 FV－70102A/E 前后阀，低压蒸汽系统压力控制在0.4MPa左右，打开低压蒸汽 TV－70102前后阀，低压蒸汽系统温度控制在152℃左右。 7. 打开公用工程高压蒸汽系统边界入口阀 VOGHS，打开高压蒸汽系统 S－701 温度控制 TV－70101 前后阀，高压蒸汽 S－701 温度控制在252℃左右。打开高压蒸汽系统阀 XV－70101，打开高压蒸汽系统 S－701 压力控制 FV－70101 前后阀，高压蒸汽 S－701 压力控制在3.8MPa左右。 8. 凝结水回收系统 A－701 投用，凝结水回收系统，打开放空阀 HV－70401，打开凝结水回收系统来自总管阀 VX1D－702。 9. 打开 P－701A 前阀，启动 P－701A，打开 P－701A 后阀；打开 P－701B 前阀，启动 P－701B，打开 P－701B 后阀。 10. 打开凝结水出边界 LV－70402 阀，控制凝结水罐液位为50%左右
脱硫、脱水单元的充氮过程	1. 投用 C－101 顶部安全阀 FSV－103A，C－102 顶部安全阀 FSV－105，D－102 顶部安全阀 FSV－108A，C－104 顶部安全阀 FSV－109B，C－201 顶部安全阀 FSV－201，D－201 顶部安全阀 FSV－204A，C－202 顶部安全阀 FSV－207。 2. 开过滤器 SR－101A 的前阀、后阀，开过滤器 SR－101B 的前阀、后阀，开过滤器 SR－101C 的前阀、后阀。 3. 开脱硫单元到脱水单元的副线阀，开 C－101 后的切断阀 XV－10306，开去 C－101 截阀 XV－10313。 4. 打开 C－101 除盐水阀 VX1CY，向 C－101 建立液封液位达到10%，关闭 C－101 除盐水阀 VK1CT；打开 C－102 除盐水阀 VX2CY，向 C－102 建立液封液位达到10%，关闭 C－102 除盐水阀 VK2CT；打开 D－102 除盐水阀 VX3CY、VI1D－102，向 D－102 建立液封液位达到10%，关闭 D－102 底部阀 VI1D－102；打开 C－104 除盐水阀 VX3CY、FV－11112，向 C－104 建立液封液位达到10%，关闭 C－104 入口阀 FV－11112，关闭 C－104 除盐水阀 VK3CT。 5. 开脱硫高压区充氮阀，开进料副线阀，调解控制阀 FV－10106 控制充氮速度，C－101 依次充压至0.6MPa、4.0MPa、6.0MPa、7.6MPa。 6. 关进料副线阀，关 C－101 充氮阀，开 C－104 充氮阀，C－104 充压至72kPa，关 C－104 充氮阀
胺液冷循环	1. D－102 充压至0.6MPa左右，关充氮阀，开胺液边界阀，导通胺液至 D－102 的通路，D－102 液位充至50%以上。 2. 开罐 D－102 出口阀 VI1D－102，开控制阀 FV－11112 的前阀、后阀，开控制阀 FV－11112 给 C－104充胺液。 3. C－104 液位充至80%以上，开 P－102A 的前阀，启动泵 P－102A，开 P－102A 的后阀，开 P－102B 的前阀，启动泵 P－102B，开 P－102B 的后阀，开控制阀 FV－11801 的前阀、后阀，开控制阀 FV－11801。 4. 启用 E－106A/B 循环水，打开 FV－11103 四组阀前阀、后阀、主阀。 5. 投用 P－101B 油路的电加热器，开 P－120 油泵的前阀，启动泵 P－120，开 P－120 油泵的后阀，投用 E－120 冷却水，P－101B 油路压力充到0.15MPa以上，投用 P－101A 油路的电加热器；E－120 液位充至50%以上，开 P－120 油泵的前阀，启动泵 P－120，开 P－120 油泵的后阀，投用 E－120 冷却水，P－101A 油路压力充到155kPa以上，开 P－101B 的前阀，启动泵 P－101B，开 P－101B 的后阀，开 P－101A 的前阀，启动泵 P－101A，开 P－101A 的后阀。

续表

仿真步骤	仿真练习要点
胺液冷循环	6. 打开 E-106 去 C-402 阀 VK3E-106，开控制阀 FV-10503 的前阀、后阀，开控制阀 FV-10503，开阀 FV-10503 后的切断阀。 7. 打开塔 C-102 的进口阀充液，C-102 液位充至 50% 以上，开 P-106A 的前阀，启动泵 P-106A，开 P-106A 的后阀，开 P-106B 的前阀，启动泵 P-106B，开 P-106B 的后阀。 8. 开控制阀 LV-10509 的前阀、后阀，开控制阀 LV-10509，开 LV-10509 后阀 VI1P-106。 9. 启用 E-105 循环水，打开 E-105 的出口阀。 10. C-101 液位充至 50% 以上，打开 LV-10305C 及前后阀，打开 LV-10305B 及前后阀，控制 FV-10503的流量为 180~210t/h。关闭 LV-10305C，打开 MV-10911、XV-10901、LV-10305A、MV-10912，调节控制表 LC-10305 控制出口流量。 11. P-402A 润滑油系统冷却器投用，启动 P-402A 辅助油泵 ADF，P-402A 润滑油系统压力达到 >110kPa；P-402B 润滑油系统冷却器投用，启动 P-402B 辅助油泵 ADF，P-402B 润滑油系统压力达到 >110kPa。 12. 打开 C-402 入口贫胺液流量调节 FV-40705 及前后阀，打开 C-402 入口根部阀，P-402A 联锁复位，打开 P-402A 蒸汽阀，打开 P-402A 前阀，P-402A 调节蒸汽量。 13. P-402A 转速达到 400r/min，投用 P-402A 低压锅炉给水，P-402A 转速达到 400r/min 暖机 30s。 14. P-402A 转速达到 800r/min，P-402A 转速达到 800r/min 暖机 30s。 15. P-402A 转速达到 1500r/min，P-402A 转速达到 1500r/min 暖机 30s。 16. P-402A 转速达到 2530r/min，操作旋钮，P-402A 转速达到 2980r/min。 17. 启动 P-402A，打开 P-402A 后阀，启动 P-402A 轴头泵 MDP，停止 P-402A 辅助油泵 AOP。 18. 打开 P-402B 前阀，启动 P-402B，打开 P-402B 后阀，启动 P-402B 轴头泵 MOP，停止 P-402B 辅助油泵 AOP；打开 C-402 出口富胺液流量调节 FV-40820 及前后阀，控制 C-402 液位在 50% 左右
胺液热循环	1. 开控制阀 FV-11403 的前阀、后阀，开控制阀 LV-11412 的前阀、后阀，开控制阀 FV-11503 的前阀、后阀，开控制阀 LV-11511 的前阀、后阀。 2. 调节控制阀 FV-11403 给 C-104 加热，调节控制阀 FV-11503 给 C-104 加热；调节 D-104A 的液位在 50%，调节 D-104E 的液位在 50%；调节 TC-10803 温度在 34℃，调节 TI-11605 温度在 46℃。 3. 开控制阀 LV-11412 的主阀，开控制阀 LV-11511 的主阀。 4. 启用 A-102A/C/E/G，启用 A-102B/D/F/H。 5. 开 P-103A 的前阀，启动 P-103A，开 P-103A 的后阀，开 P-103B 的前阀，启动 P-103B，开 P-103B 的后阀。 6. 开控制阀 FV-11708 的前阀、后阀，调节控制阀 FV-11708；调节 TV-11402 温度在 115~136℃，调节 TV-11502 温度在 115~136℃。 7. 启用 A-101A/C/E/G，启用 A-101B/D/F/H。 8. 打开 E-106 去再生塔塔底阀 FV-10801、VX2E-106。 9. 开过滤器 SR-103A 前阀、SR-105A 前后阀，开过滤器 SR-103B 前阀、SR-105B 前后阀，开过滤器 SR-104A 和 SR-104B 前阀
脱水单元 TEG 冷热循环	1. 打开 N_2 阀 FV-20206A，进行冲压，FC-20206 压力达到 0.4MPa，关闭 N_2 阀 FV-20206A。 2. 打开 TEG 开工充液线，准备充 TEG，开 D-205 的引 TEG 阀，D-205 的液位达到 25%，关闭 D-205的引 TEG 阀。 3. 启动 P-203，打开 VOP-203、VI1P-203，导通过滤器 SR-201、SR-202，开 LV-20210 的前阀、后阀，开 LV-20210 调节 C-202 塔的 TEG 进入量，建立 D-202 液位至 50% 以上。 4. 开 E-201B 的冷却水，开 E-201D 的冷却水。 5. 打开富 TEG 去 C-201 的切断阀，开 P-201A 前阀、后阀，启动 P-201A。 6. 开 P-201B 前阀、后阀，启动 P-201B，调节 P-201 的输出量。

续表

仿真步骤	仿真练习要点
脱水单元 TEG冷热循环	7. 开C－201底部切断阀，开LV－20108的前阀、后阀，开LV－20108调节C－201的液位。 8. 打开高压蒸汽进料阀FV－20416前阀、后阀、主阀，C－202升温至192℃左右，建立热循环，准备引进脱硫天然气，打开燃料气进料根部阀VI2FG，打开燃料气进料阀FV－20420前阀、后阀、主阀，打开C－202去第一列尾气焚烧炉阀VI1C－202、XV－20401。 9. C－201液位在50%左右，D－201液位在50%左右，D－202液位在50%左右
机组辅助 系统投用	1. K－301A润滑油系统冷却器投用，启动K－301A润滑油系统风机M202A，启动K－301A辅助油泵X－210，K－301A润滑油系统压力达到>0.2MPa，K－301A油箱电加热器投用。 2. K－301B润滑油系统冷却器投用，启动K－301B润滑油系统风机M202B，启动K－301B辅助油泵X－210，K－301B润滑油系统压力达到>0.2MPa，K－301B油箱电加热器投用
硫回收装置 启动	1. 打开高压锅给水进口截阀VI1E－308，打开TV－31009的前阀、后阀，打开TV－31009，给高压锅炉给水升温，高压锅炉水E－308出口温度投自动120℃；打开进E－307的进水阀VI1E－307，打开D－302汽包顶放空阀VK2D－302，打开FV－30706的前阀、后阀，调节FV－30706，逐渐建立D－302液位，控制主蒸汽发生器D－302汽包液位在50%左右。 2. 打开E－303壳程放空阀VX4E－303，打开LV－30801的前阀、后阀，调节LV－30801，逐渐建立E－303液位，控制第一硫冷凝器E－303液位在85%左右；打开E－305壳程放空阀VX4E－305，打开LV－30901的前阀、后阀，调节LV－30901，逐渐建立E－305液位，控制第二硫冷凝器E－305液位在85%左右；调节风机K－301A的空气入口阀，打开风机K－301A的放空阀，风机K－301A联锁复位，风机K－301A允许启动满足，打开风机K－301A蒸汽阀，风机K－301A复位，风机K－301A点击启动。 3. 风机K－301A转速达到2000r/min，投用K－301A油路低压锅炉给水；风机K－301A转速达到2000r/min暖机30s；风机K－301A转速达到3500r/min；风机K－301A转速达到3500r/min暖机30s；风机K－301A转速达到5360r/min，启动风机K－301A，启动K－301A轴头泵X－204，停K－301A辅助油泵X－210。 4. 调节风机K－301B的空气入口阀，打开风机K－301B的放空阀，启动风机K－301B，启动K－301B轴头泵X－204，停K－301B辅助油泵X－210，HV－31007B全开
尾气焚烧炉 升温	1. 打开D－401的放空阀VX2D－401，打开FV－41216前阀、后阀，调节FV－41216，向D－401、D－402注水，建立液位，打开D－401的排污阀VX1D－401，关闭D－401的放空阀VX2D－401，关闭D－401的排污阀VX1D－401，控制尾气焚烧炉蒸汽发生器D－401汽包液位在50%左右。 2. 打开K－401A的入口阀，启动鼓风机K－401A，打开K－401A的出口阀，打开K－401B的入口阀，启动鼓风机K－401B，打开K－401B的出口阀。 3. 利用空气按照SIS系统进行尾气焚烧炉吹扫，打开仪表风阀VI4F－401，打开燃料气入口阀VI1F－402，尾气焚烧炉长明灯点火条件满足后；点长明灯，打开长明灯管线切断阀XV－40906，打开长明灯管线切断阀XV－40908，焚烧炉点长明灯成功；打开主燃料气入口根部阀VI3F－402，尾气焚烧炉主火嘴点火条件满足后，点主火嘴打开主燃料气管线切断阀XV－40903，打开主燃料气管线切断阀XV－40905，调节燃料气进入量，尾气焚烧炉点主火嘴成功。 4. 打开D－401顶阀门VK3D－401，当反应炉升至150℃时，恒温2min；反应炉150℃升至250℃，当反应炉升至250℃时，恒温2min；反应炉250℃升至550℃，当反应炉升至550℃时，恒温2min；反应炉550℃升至650℃，控制尾气焚烧炉的温度在650℃左右。 5. 打开D－401中压蒸汽进入E－404的过热段阀MV－41211，尾气焚烧炉汽包压力稳定在3.5MPa，打开S－401锅炉给水TV－41205前后阀，S－401温度TC－41205投自动368℃；打开S－403锅炉给水FV－41205前后阀，S－403温度TC－41206投自动368℃；打开S－404锅炉给水FV－41206前后阀，S－404温度TC－41208投自动348℃

续表

仿真步骤	仿真练习要点
克劳斯炉点火升温	1. 按照SIS系统进行克劳斯炉吹扫，开XV－30502，克劳斯炉前管线N_2吹扫，吹扫完毕后关闭；打开燃料气入口截阀VI1FGA，克劳斯炉长明灯点火条件满足后，点长明灯，打开仪表风切断阀XV－30426，打开仪表风切断阀XV－30428，打开长明灯管线阀XV－30432，打开长明灯管线阀XV－30434，克劳斯炉点长明灯成功；打开风机K－301A的出口阀XV－30201，打开风机K－301B的出口阀XV－30301，克劳斯炉主火嘴点火条件满足后，点主火嘴，打开燃料气切断阀XV－30429，打开燃料气切断阀XV－30431，打开进克劳斯炉的入口风阀XV－30435，打开FV－30416，调节燃烧空气的进量，打开FV－30403，调节燃料气的进量，克劳斯炉点主火嘴成功。 2. 关风机K－301B的放空阀，反应炉从环境温度升至300℃，当反应炉升至300℃时，恒温2min；反应炉300℃升至800℃，当反应炉升至800℃时，恒温2min；反应炉800℃升至1000℃，当反应炉升至900℃时，退长明灯当反应炉升至1000℃时，恒温2min，控制反应炉温度在1070℃左右。 3. 打开主蒸汽发生器D－302进高压蒸汽管网入口阀VX3D－302，打开D－302中压蒸汽进入E－404的过热段阀MV－41212，打开第一硫冷凝器E－303进低压蒸汽管网入口阀VX3E－303，打开第二硫冷凝器E－305进低压蒸汽管网入口阀VX－3E305，反应炉余热锅炉汽包D－302压力控制在3.8MPa。 4. 第一硫冷凝器E－303压力控制在0.4MPa，第二硫冷凝器E－305压力控制在0.4MPa；打开D－302的排污阀VX1D－302，打开E－303的排污阀VX1E－303，打开E－305的排污阀VX1E－305，关闭D－302汽包顶放空阀VK2D－302，关闭E－303壳程放空阀VK4E－303，关闭E－305壳程放空阀VX4E－305
克劳斯反应器升温	打开TV－30804前阀、后阀，调节TV－30804给E－304加热，R－301温度从环境温度升至150℃；当E－301温度升至150℃时，恒温2min，R－301温度从150℃升至213℃；当E－301温度升至213℃时，恒温2min，打开TV－30903前阀、后阀，调节TC－30903给E－306加热，R－302温度从环境温度升至150℃；当E－302温度升至150℃时，恒温2min，R－302温度从150升至213℃；当E－302温度升至213℃时，恒温2min，打开E－307旁路TV－31004前后阀，克劳斯尾气温度控制在137℃
脱硫、脱水单元引用原料气	1. 打开E－107高压蒸汽进料阀TV－10605前阀、后阀、主阀，打开E－107高压蒸汽出口阀XV－10601；启用A－103A/C，启用A－103B/D，PV－10506投自动，设定控制压力为7.5～7.6MPa；FV－11701投自动，设定控制压力为0.072MPa。 2. 开原料气低，开原料气主切断阀，当TEG循环稳定，开脱硫单元去脱水单元主切断阀，向脱水单元引入酸气，关闭脱硫单元去脱水单元副线阀，开给E－107加热的蒸汽出口截阀，开TV－10605的前阀、后阀，调节TV－10605的温度在127℃左右，控制C－101的塔顶压稳定在7.6MPa左右。 3. 打开脱水单元D－204去产品气阀门PV－20604B、XV－20606、VI20SBL，PV－20604B投自动，设定控制压力为7.2～7.46MPa
硫黄回收单元引酸气	1. 打开D－301顶部切断阀XV－30101，克劳斯炉引酸性气，打开去F－301切断阀XV－30436，打开FV－30413，控制酸气进炉量，打开FV－30410，调节主空气进炉量，控制R－301入口TC－30804的温度在213℃左右，控制R－302入口TC－30903的温度在213℃左右。 2. 打开E－303至液流池S－301阀VIS－302，打开E－305至液流池S－301阀VIS－303，打开E－307至液流池S－301阀VIS－304；投用液硫池伴热蒸汽，打开液硫池联通阀VI1S－301，打开液硫至罐区或者成型机阀门；打开LV－31509前后阀，液位达到30%以上后，启动液硫泵P－303A，打开P－303A的出口阀，液位达到30%以上后，启动液硫泵P－303B，打开P－303B的出口阀，控制液硫池S－301液位在35%左右，关闭液硫池呼吸阀VI9S301。 3. 打开喷射器EJ－301的蒸汽入口切断阀XV－31202，打开喷射器EJ－301出口至克劳斯炉切断阀XV－31203，打开液硫池S－301顶部去喷射器EJ－301A的出口阀VIEJ－301A，打开喷射器EJ－301A的出口阀VOEJ－301A，调节喷射器EJ－301A的蒸汽手操阀VX1EJ－301A；打开液硫池S－301顶部去喷射器EJ－301B的出口阀VIEJ－301B，打开喷射器EJ－301B的出口阀VOEJ－301B，调节喷射器EJ－301B的蒸汽手操阀VX1EJ－301B

续表

仿真步骤	仿真练习要点
加氢反应器预硫化	1. 打开VX1C401，向急冷塔C－401注水，C－401建立液位50%。 2. 打开P－401A前阀，启动P－401A，打开P－401A后阀；打开P－401B前阀，启动P－401B，打开P－401B后阀。 3. 打开SR－401入口阀VISR－401，打开SR－401出口阀VOSR－401；打开FV－40408前阀、后阀，打开FV－40408，导通急冷循环管路。 4. 打开喷射器EJ－401前阀VI2EJ－401，打开喷射器EJ－401后阀VT3EJ－401，打开充氮阀VK9F－401，PC－40406投自动，设定值为20kPa；充氮升压，压力>15kPa后，关充氮阀VK9F－401；打开VX1EJ－401，调节低压蒸汽流量，打开阀VI1C401，导通去F－401的管线阀VX1F－401，建立循环，循环量在8000～10000m^3/h。 5. 投用A－401，打开循环水阀VX1E－403，投用E－403，打开E－403旁路TV－40601前后阀，TC－40601温度投自动为33℃，控制C－401顶温度在34℃左右。 6. 打开E－401壳程的放空阀VX4E－401，打开LV－40327前阀、后阀，打开LV－40327，逐渐建立E－401的液位，关闭E－401壳程的放空阀VX4E－401，控制加氢冷凝器E－401液位在85%左右。 7. 按照SIS系统进行F－401吹扫，打开XV－40127，吹扫F－401炉前管路，吹扫完毕后关闭；打开燃料气入口阀VI1F－401，F－401长明灯点火条件满足后，点长明灯，打开仪表风阀XV－40120，打开仪表风阀XV－40122，打开长明灯阀XV－40115，打开长明灯阀XV－40117，F－401长明灯点火成功；打开F－401燃料气根部阀VI2F－401，F－401主火嘴点火条件满足后，点主火嘴打开主燃料气阀XV－40106，打开主燃料气阀XV－40109，打开FV－40104，调节主燃料气流量打开燃烧空气阀XV－40125，打开FV－40124，调节燃烧空气流量F－401点主火嘴成功。 8. 逐渐升高催化剂床层温度至180℃，打开VX4D－301，引入酸气进行预硫化。 9. 催化剂床层温度升至240℃，将催化剂的温度升至240℃，维持1min；催化剂床层温度降至200℃，关闭酸气阀，预硫化结束。 10. 打开F－401低压蒸汽根部阀VI3F－401，打开F－401低压蒸汽切断阀XV－40103，打开F－401低压蒸汽调节阀FV－40102、FV－40103，打开E－401的排污阀VX1E－401
引尾气至加氢反应炉	1. 打开去F－401的切断阀XV－31001，打开去F－401的阀门HV－31007A，打开喷射器EJ－401旁通阀XV－40301，关闭喷射器蒸汽阀VX1EJ－401，关喷射器前阀VI2EJ－401，关喷射器后阀VI3EJ－401。 2. 控制加氢反应器入口温度在254℃左右，控制C－401顶压力PC－40406在17kPa左右，打开尾气进入C－402的入口阀XV－40401，关闭去F－401的管线阀VX1F－401，打开C－402的出口切断阀XV－40701。 3. 打开公用工程高压蒸汽系统边界出口阀VOGHS，打开FV－31201，引进吹扫空气，打开FV－31301，引进吹扫空气，打开FV－31401，引进吹扫空气
汽提单元准备	1. D－501压力控制在0.4MPa左右打开阀VISXS，准备进酸水，打开进D－501阀XV－50102，打开FC－50102前阀、后阀，打开FC－50102向C－501注水，控制D－501的液位在50%左右，打开D－501顶入口N2FV－50104A前后阀，打开D－501顶出口尾气FV－50104B前后阀，打开E－501旁路TV－50113前后阀，C－501入口温度投自动96℃。 2. 打开P－501A前阀，启动P－501A，打开P－501A后阀，打P－501B前阀，启动P－501B，打开P－501B后阀；打开C－501出口液位LV－50211前后阀，打开阀VI1E－503，酸水出界区外打开阀VX1E－503，投用E－503，控制C－501的液位在50%左右，打开FV－50304的前阀、后阀，打开FV－50304给C－501加热，打开去C－401的手操阀VX1C－501，使汽提酸气返回C－401控制C－501顶TI－50202在107℃左右

2）正常停车

点击“仿真操作”模块，进入普光净化选项界面，选择“2 - 正常停车”开始仿真练习，主要包括硫黄回收单元停车、尾气处理单元停车等4个步骤，仿真练习要点见表7-3。

表7-3　正常停车仿真练习要点

仿真步骤	仿真练习要点
硫黄回收单元停车	1. 打开喷射器EJ-301出口至尾气焚烧炉切断阀XV-31204，关闭喷射器EJ-301出口至克劳斯炉切断阀XV-31203；增大加热给一级反应器R-301的高压蒸汽，控制入口温度在230℃；增大加热给二级反应器R-302的高压蒸汽，控制入口温度230℃；一级反应器R-301床层温度提高20℃，热浸泡1min，二级反应器R-302床层温度提高20℃热浸泡1min。 2. 调节FV-30413降低酸气量至10000m^3/h以下，通过TGTU尾气调节器HV-31007A/HV-31007B进行尾气切出，切换完毕后关闭XV-31001，现场手动停加氢炉；打开E-401放空阀，关闭E-401蒸汽并网阀；关闭急冷塔出口至吸收塔阀门XV-40401；投用XV-31001处现场N_2阀VX9F-401，尾气回收单元冲压，控制PC-40406压力15kPa。 3. 酸气量<6000m^3/h时切至混燃模式，FV-30413全关，燃料气当量燃烧，现场手动按下“酸性气停止”按钮；调节FV-30403，增大燃料气量，反应炉温度保持在950~1100℃，打开F-301蒸汽切断阀XV-30401，通过减温蒸汽控制TI-30513A，温度不超过1200℃，燃料气：减温蒸汽=1：(4~6)。 4. 关闭E-303/305/307至液硫池现场阀门，维持炉温在1050~1200℃，逐斩提高燃烧空气量，减少减温蒸汽量至减温蒸汽全关，关闭现场阀门。 5. 催化剂钝化过程中，控制R-301反应器入口温度180℃；催化剂钝化过程中，控制R-302反应器入口温度180℃；当助燃空气调整至20000m^3/h，维持30s，R-301床层无温升，钝化结束，钝化过程中床层各点温度最高不超过260℃；当助燃空气调整至20000m^3/h，维持30s，R-302床层无温升，钝化结束，钝化过程中床层各点温度最高不超过260℃。 6. 反应炉温度降至900℃时，D-401改放空；F-301降温至550℃以下，D-302改放空，关闭D-302并网阀；E-303改放空，关闭E-303并网阀；E-305改放空，关闭E-305并网阀；关闭MV-41212，F-301降温至400℃以下，现场手动停炉。 7. F-301停炉后，关闭E-304蒸汽阀，关闭E-306蒸汽阀，关闭E-308低压蒸汽阀门；一级反应器温度降至150℃，二级反应器温度降至150℃；打开液硫池二、三区连通阀VI1S-301，当液硫池抽空后，停P-303A；P-303停运后，停用EJ-301，关闭进出口阀门，打开液硫池一区，呼吸口阀门VI9S-301。 8. F-301炉温下降至100℃以下，D-302上水100%，进行湿法保护，E-303上水100%，进行湿法保护，E-305上水100%，进行湿法保护；关闭高压锅炉给水去D-302入口阀，手动关闭高压锅炉给水进D-302调节阀。 9. D-302液位至100%后，放空阀关闭；E-303液位至100%后，放空阀关闭；E-305液位至100%后，放空阀关闭；手动关闭低压锅炉给水去E-303液位控制阀。 10. 手动关闭低压锅炉给水去E-305液位控制阀；开K-301A的放空阀，关闭驱动K-301A的蒸汽切断阀，停运K-301A除雾风机，停运K-301A辅助油泵，停油冷器循环水，停减温水
尾气处理单元停车	1. 关闭进加氢反应炉的燃料气入口阀VI1F-401，开蒸汽引射器进口阀门VI2EJ-401，开蒸汽引射器出口阀门VI3EJ-401，关闭引射器旁通阀XV-40301，开循环线入F-401阀门VX1F-401，开VX1EJ-401，启动EJ-401，根据入F-401阀门控制循环量在8000m^3/h左右。 2. R-401床层的温度降到60℃左右，停EJ-401，关蒸汽引射器进口阀门VI2EJ-401，关蒸汽引射器出口阀门VT3EJ-401，开VX8C-401，及时补充循环N_2，维持压力；关闭XV-40701，开C-402顶N_2，保护塔器。 3. E-401上水100%湿法保护，关闭低压锅炉给水去E-401液位控制阀，E-401液位至100%后，放空阀关闭。 4. 调节LV-40411退空C-401的液位，关闭循环泵P-401A出口阀，停循环泵P-401A，停空冷器A-401停用E-403循环水。

续表

仿真步骤	仿真练习要点
尾气处理单元停车	5. 克劳斯炉停炉后，尾气焚烧炉开始降温，打开 XV－40909 尾炉降至600℃以下，调整 E－404 放空至2.0～3.0MPa，关 MV－41211，尾炉降至200℃后，关闭燃料气界区阀，燃料气燃尽后尾炉自然熄灭，尾炉降温至 100℃以下；尾炉降温至 100℃以下时，D－401 上水 100% 湿法保护，关 D－401 的进水控制阀 FV－41216，开 K－401A 放空，关 K－401A 出口阀，停风机 K－401A，关闭风机 K－401A 的入口阀
脱硫单元停车	1. 原料气负荷降至 100km^3/h 以下，30s 后负荷降至 75km^3/h 以下；负荷降至 75km^3/h 以下，30s 后负荷降至 50km^3/h 以下；负荷降至 50km^3/h 以下，30s 后负荷降至 30km^3/h 以下；逐渐关闭酸性天然气进料的调节阀，原料气负荷降至 30km^3/h 时，将原料气入装置调节阀 FV－10106 全部关闭，关原料气管线现场手阀。 2. SR－101A/B 两道入口阀确认关闭，吸收塔 C－101 的液位控制器 LC－10305 调到手动，吸收塔 C－102的液位控制器 LC－10509 调到手动，胺液闪蒸罐 D－102 的液位控制器 LC－11110 调到手动，胺液再生合格，H_2S 含量 <0.5g/L。 3. 胺液再生合格后，P－402A 切换至 B 机，开 P－402B 出口阀，P－402A 停用蒸汽，P－402A 停用减温水。 4. P－402 完成切换后，C－104 底 E－104A 开始降蒸汽，C－104 底 E－104B 开始降蒸汽；手动降低 E－104A 蒸汽量，手动降低 E－104B 蒸汽量，使 C－104 降温；降低蒸汽时，将 D－104A 凝结水改就地排，将 D－104B 凝结水改就地排；再沸器 E－104A 进 C－104 温度降到 65℃以下，关闭 FV－11403，再沸器 E－104B 进 C－104 温度降到 65℃以下，关闭 FV－11503；停再生塔顶部空冷器 A－102A/C/E/G，停再生塔塔顶部空冷器 A－102B/D/F/H。 5. 切除胺液过滤系统，关闭 SR－103 进口，关闭 SR－105 出口。 6. 关 P－402B 出口，开 P－402B 泵回流，切换 FV－40705 最小回流阀位，切换 P－102 最小回流阀位，保证 P－102 出口流量 >480t/h。 7. 将 LV－10305 打手动，稳定 C－101 液位停 P－402B，HT－101 液力透平系统切除，调整 LV－10305 开度，HT－101 转速降至 1000～1500r/min 后，关闭 XV－10901，现场手动关闭 MV－10911，液力透平停运，及时调整 LC－10305B/C 控制 C－101 液位稳定；逐渐降低低选值，同时增大 LC－10305 的输出值，保持 C－101 的液位稳定逐渐增大 LC－10305 的输出值，使胺液改走液力透平旁通 LV－10305B/C，直至透平停止。 8. 关闭胺液进 D－102 阀 VX1D－102；停 E－106 至 C－104 返塔流程，保证 P－102 出口流量在 480t/h，关 C－103 小股贫胺液流程，保证 P－102 出口流量 480t/h，P－106A/B 打手动；稳定 P－101A/B 入口流量，关泵出口开 P－101A/B 去 C－104 最小回流；稳定 P－102 出口流量 495t/h，调整 P－102 最小回流，关 P－101A/B 出口阀，停泵 P－101A/B；关 P－106A/B 出口阀，停级间泵 P－106A/B；关 P－102A/B 出口阀，停贫胺增压泵 P－102A/B；停再生塔回流泵 P－103A/B。 9. 停贫胺空冷器 A－101A/C/E/G，停贫胺空冷器 A－101B/D/F/H；停用 E－107 蒸汽，逐渐关小 TV－10605，关闭 XV－10601；停水解反应器出口空冷器 A－103A/C，停水解反应器出口空冷器 A－103B/D。 10. 停运 P－101A 辅助油泵，停 P－101A 电加热器，停 P－101A 油换热器冷却水；停运 P－101B 辅助油泵，信 P－101B 电加热器，停 P－101B 油换热器冷却水；停运 P－402 辅助油泵，停 P－402 油换热器冷却水。 11. C－101 退液完毕，C－102 退液完毕，D－102 退液完毕，C－104 退液完毕，停用 E－105 循环水，停用 E－106 循环水
脱水单元停车	1. 脱水单元吸收塔 C－201 的液位控制器 LC－20108 调到手动，脱水罐 D－201 的液位控制器 LC－20210 调到手动，压控阀 PC－20604B 改投手动，关闭产品气主切断阀，关闭产品气管线现场手阀。 2. TEG 进行热循环，TEG 中水含量 <1% 时，再生合格。 3. C－202 的温度控制器 TC－20415 调到手动，调节 FV－20416 降低蒸汽量，停用 E－202 蒸汽，TEG 降温循环，再生塔 C－202 温度降到 65℃以下，停 P－201，压控阀 FC－20206 改投手动。

续表

仿真步骤	仿真练习要点
脱水单元停车	4. 调节 FC-20206，缓慢卸压到0。 5. 关闭燃料气 FV-20420 降低燃料气量关闭燃料气现场手阀。 6. 关闭 C-202 顶至尾炉阀门，通过现场阀门放空，关闭 TEG 开工充液线，将 C-201 中 TEG 转至 D-201；C-201 中液位 <10% 后，通过排液流程排空 C-201 中 TEG，开 D-201 去 D-205 放液阀 VK3D-205，打开 D-202 排液阀，排尽 TEG；开 TEG 去罐区阀，放出系统中的 TEG，C-201 退液完毕，D-201 退液完毕，D-202 退液完毕。 7. 脱硫、脱水单元通过 SR-101C 出口处放空至压力为0；D-102 泄压至低压火炬，泄压至0；关闭脱硫至脱水单元主切断阀，及现场手阀。 8. 关闭 C-501 顶至 C-401 气相返塔线阀门，调节 FV-50304，降低蒸汽量，C-501 降温，关闭 FV-50304，调节 LV-50102，排净 D-501 中的酸水，调节 LV-50211，排净 C-501 中的酸水；关闭 P-501 出口阀，停 P-501，关闭 XV-50102，关闭酸水至界区手阀。 9. 公用工程低压锅炉水、高压锅炉水、循环水、除盐水、低压 N_2、高压 N_2、压缩空气、净化空气、燃料气停用

7.2.2 异常处置仿真培训

净化装置异常包括工艺波动、设备运行等异常，当异常发生时，需要岗位人员迅速反应，进行异常处置。通过异常处置仿真练习，重点加强异常处理关键点练习，熟悉异常处置特点、掌握处理步骤，提高岗位人员异常处置能力。

1）硫黄回收单元跳车

点击“仿真操作”模块，进入普光净化选项界面，选择“5-硫黄回收单元跳车”开始仿真练习，主要包括参数调整、硫黄回收等4个步骤，仿真练习要点见表7-4。

表7-4 硫黄回收单元跳车处置仿真练习要点

仿真步骤	仿真练习要点
参数调整	1. 通过快速将尾炉燃料气量由 2000m^3/h 以上调整至 800～1000m^3/h，以控制尾炉温度控制，再生系统塔顶压力在 90kPa 以下。 2. 调整过热变饱和调节阀 PV-70101 开度，稳定饱和蒸汽管网压力，确保 E-202 再生蒸汽供应；打开 K-301B 入口阀，启 K-301B，打开 K-301B 出口阀。 打开 XV-30502，N_2 吹扫量至 200m^3 左右；打开 XV-40127，N_2 吹扫量至 200m^3 左右，防止炉温下降过快关闭 XV-31001，内操控制各锅炉汽包液位
硫黄回收单元	1. 关闭酸性气调节阀关闭燃烧空气调节阀。 2. 确认热启动是否满足 SIS 操作机 F-301 点炉画面点热启动引气先引风，风机加载 150kPa 正常后开主风阀 10% 持续提量至 15000m^3/h 酸性气，准备并尾气入尾气处理单元
尾气处理单元	1. 吹扫，必须同时满足吹扫时间 15min 及吹扫累计量 196m^3 条件。点长明灯；点主火（燃料气 100m^3/h，风量 1200m^3/h）调整燃料气至 250～300m^3/h 引尾气，现场打开XV-31001。 2. 切换 HV-31007A/B 将尾气并入尾气处理单元，切换期间注意维持硫黄回收单元系统压力在 15～25kPa待 HV-31007A 打开 50% 以上，HV-31007B 可全关
脱硫单元	克劳斯炉引酸气时应逐步关闭 PV-11701A 酸性气放空后，逐步将原料气量恢复至正常负荷

2）半富胺液泵 P－402 跳车

点击“仿真操作”模块，进入普光净化选项界面，选择“6－半富胺液泵 P－402 跳车”开始仿真练习，主要步骤和仿真练习要点见表7－5。

表7－5 半富胺液泵 P－402 跳车处置仿真练习要点

仿真步骤	仿真练习要点
事故处理	1. P－402A 停机后，尾气处理单元维持正常运行，硫黄回收单元正常配风。 2. 调整 P－101 出口流量至 250t/h。 3. 及时打开 P－102 后回流，控制 P－102 总流量在 495t/h 左右。 4. 原料气降量至 80km³/h，及时将 C－402 胺液入口流量调节阀 FV－40705 关小，调整 P－102 回流，保证 P－102 出口流量稳定，控制 C－402 液位稳定。 5. 缓慢将 LV－10305A 关闭，关闭 XV－10901，HT－101 切除后，现场关闭透平进口电动阀。 6. 将 C－101 液位控制阀打为手动状态，将 D－102 液位控制阀打为手动状态；调整 LV－10305B 开度，调整 LV－10305C 开度，确保塔器液位稳定。 7. 调整 D－102 出口富胺液流量时应缓慢，避免 C－104 富胺液流量大幅减小，导致克劳斯酸性气大幅下降的情况。 8. 及时按程序启用备用泵，待运行正常后，原料气恢复，相关旁路的联锁及时投用

3）TEG 循环泵 P－201 跳车

点击“仿真操作”模块，进入普光净化选项界面，选择“7－TEG 循环泵 P－201 跳车”开始仿真练习，主要步骤和仿真练习要点见表7－6。

表7－6 TEG 循环泵 P－201 跳车处置仿真练习要点

仿真步骤	仿真练习要点
事故处理	1. 旁路 P－201 出口低低流量联锁，关闭脱水塔贫 TEG 入口切断阀 XV－20109，关闭 P－201 出口，切断阀 XV－20111。 2. 关闭产品气出装置切断阀 XV－20606、XV－20609，PV－20604A 预设 20% 开度动作到位，PC－20604B 改至手动状态，手动关闭 PV－20604B。 3. LC－20108。LC－20210、FC－20416 改至手动状态，手动关闭 LV－20108、LV－20210、FV－20416。 4. 减少中压蒸汽流量，确保 C－202 的底温在 190～200℃。 5. 开大 PV－20604A 阀位，同时观察 FC－10106 的流量，确保原料气处理量与跳车前相当，以保证再生酸性气的稳定，确保脱硫再生塔塔顶压力≥65kPa。 6. 调整酸性气调节阀的阀位、克劳斯炉配风，确保硫比值为微正（0～0.5）。 7. 现场复位打开 C－201 底部出口切断阀 XV－20109，打开 P－201 出口切断阀 XV－20111，启运 P－201，待机泵运行正常后调整脱水单元各塔、罐液位，调整再生蒸汽量、及循环量，确认 P－201 出口流量在 2.2～4.0t/h。 8. 确保 C－202 底部温度 190～200℃，保证 TEG 再生质量。 9. 打开产品气外输切断阀 XV－20606、XV－20609，缓慢打开产品气外输调节阀 PV－20604B，逐步关小 PV－20604A，阀位调整过程中要匹配，确保原料气处理量稳定

4）贫胺液泵 P－101 跳车

点击“仿真操作”模块，进入普光净化选项界面，选择“8－贫胺液泵 P－101 跳车”开始仿真练习，主要步骤和仿真练习要点见表7－7。

表 7-7　贫胺液泵 P-101 跳车处置仿真练习要点

仿真步骤	仿真练习要点
事故处理	1. 关闭 FV-10106，现场关闭透平 HT-101 入口电动阀 MV-10911；现场关闭泵 P-101A/B 出口阀门，启动 P-101A/B 的辅助油泵。 2. 确认 P-102/402 运行正常后，调整 FV-11801 维持 C-101/C-104/D-102/C-402 液位正常；调整 LV-10305B/C 维持 C-101/C-104/D-102/C-402 液位正常；调整 P-102 最小回流阀 FV-11301，调节 P-102 出口流量在 300t/h 以上；根据富胺液进 C-104 流量，适当减小 C-104 蒸汽 A 用量，适当减小 C-104 蒸汽 B 用量；打开 XV-10502，启动 P-101A/B，建立胺液系统循环，调整各塔、罐液位，各泵出口流量和总循环量在正常操作范围内。 3. 启动 P-106A/B，建立胺液系统循环，调整各塔、罐液位，各泵出口流量和总循环量在正常操作范围内。 4. 水解反应器预热器蒸汽调节阀 TV-10605 复位，打开水解反应器入口分液罐液体排放切断阀 XV-10613。 5. 引气前调整 E-104A/B 再生蒸汽在合适范围内。 6. 引气过程首先打开 XV-10107，压力平衡后打开 XV-10105，关闭 XV-10107，打开湿净化天然气切断阀 XV-10510，压力平衡后打开 XV-10507，关闭 XV-10510。 7. 加快原料气进料量，调节原料气进料阀 FV-10106 调整原料气流量，对联锁投用情况进行检查，确保投用正常

5）透平 HT-101 故障停机

点击“仿真操作”模块，进入普光净化选项界面，选择“9-透平 HT-101 故障停”开始仿真练习，主要步骤和仿真练习要点见表 7-8。

表 7-8　透平 HT-101 故障停机处置仿真练习要点

仿真步骤	仿真练习要点
事故处理	1. LC-10305 改投手动调节，控制 C-101 液位，关闭 LV-10305A，切除透平。 2. 迅速调大 LV-10305B，让胺液从 LV-10305B 通过。 3. 迅速调大 LV-10305C，让胺液从 LV-10305C 通过。 4. 关闭透平入口电动阀 MV-10911，关闭透平入口切断阀 XV-10901。 5. 控制 C-101 液位稳定在 50% 左右。 6. D-102 出口流量控制阀改手动状态。 7. 控制 D-102 液位稳定在 50% 左右。 8. 调整控制反应炉温及酸性气压力

6）原料气带液严重

点击“仿真操作”模块，进入普光净化选项界面，选择“10-原料气带液严重”开始仿真练习，主要步骤和仿真练习要点见表 7-9。

表 7-9　原料气带液严重处置仿真练习要点

仿真步骤	仿真练习要点
事故处理	1. 原料气降量至 $10km^3/h$。 2. 控制 SR-101A 液位控制阀 LC-10113 手动控制。 3. 控制 SR-101A 液位控制阀 LC-10116 手动控制。 4. 控制 SR-101C 液位控制阀 LC-10216 手动控制。 5. 控制 SR-101C 液位控制阀 LC-10219 手动控制。 6. 控制 SR-101A、C 液位。 7. D-102 出口流量控制阀手动控制，控制 D-102 液位稳定在 50% 左右。 8. 调整控制反应炉温及酸性气压力

7)液硫池着火

点击“仿真操作”模块，进入普光净化选项界面，选择“11 - 液硫池着火”开始仿真练习，主要步骤和仿真练习要点见表7 - 10。

表7 - 10　液硫池着火处置仿真练习要点

仿真步骤	仿真练习要点
事故处理	1. 液硫池通入消防蒸汽。 2. 打开喷射器 EJ - 301 的蒸汽入口切断阀 XV - 31202。 3. 打开 FV - 31201，引进吹扫空气。 4. 打开 FV - 31301，引进吹扫空气。 5. 打开 FV - 31401，引进吹扫空气。 6. 启动液硫泵 P - 303A。 7. 温度正常时，关闭消防蒸汽

思考与练习

1. 天然气净化装置工艺仿真培训系统有何作用?
2. 正常开车、停车仿真操作主要有哪些步骤?
3. 简述液硫池着火处置仿真操作要点。

参考文献

[1]诸林．天然气加工工程[M].2版．北京：石油工业出版社，2008.

[2]王开岳．天然气脱硫脱碳工艺发展进程的回顾：甲基二乙醇胺现居一支独秀地位[J]．天然气与石油，2011，29(1)：15-21，6.

[3]王开岳．天然气净化工艺：脱硫脱碳，脱水，硫黄回收及尾气处理[M].2版．北京：石油工业出版社，2015.

[4]陈赓良．醇胺法脱硫脱碳工艺的回顾与展望[J]．石油与天然气化工，2003(3)：134-138，142-118.

[5]陈赓良．克劳斯法硫黄回收工艺技术发展评述[J]．天然气与石油，2013，31(4)：23-28，7.

[6]陈赓良．硫黄回收尾气处理工艺的技术发展动向[J]．天然气与石油，2016，34(3)：35-39，53，7-8.

[7]石兴春，武恒志，刘言．元坝超深高含硫生物礁气田高效开发技术与实践[M]．北京：中国石化出版社，2018.

[8]赵日峰．硫黄回收技术进展与应用[M]．北京：中国石化出版社，2018.

[9]张庆生．高含硫天然气净化技术与应用[M]．北京：石油工业出版社，2023.

[10]黄晓勇．世界能源发展报告(2024)[M]．北京：社会科学文献出版社，2024.

[11]本书编写组．中原油田简史[M]．北京：中国石化出版社，2024.

[12]《中国天然气发展报告(2024)》编委会．中国天然气发展报告(2024)[M]．北京：石油工业出版社，2024.

[13]张庆生，王飞，尹崎岭，等．高含硫天然气净化技术与应用[M]．北京：石油工业出版社，2023.

后　记

能源安全和粮食安全是国家的生命线，习近平总书记强调能源的饭碗和中国的饭碗都必须牢牢端在自己手里。高含硫气田是保障能源安全、助力粮食安全的重要力量，我国拥有近 4 万亿立方米的资源量，安全高效开发该类资源意义重大。普光气田是我国首个成功开发并安全平稳运行至今的特大型海相高含硫气田，先后建立了我国高含硫气田开发技术体系和人才高地，引领我国高含硫气田安全高效开发，带动我国涉硫装备及材料技术进步，使我国成为世界少数几个掌握高含硫气田开发核心技术的国家之一和世界唯一具备高含硫气田开发装备全产业链的国家。

天然气净化是高含硫气田开发过程中重要的一环，含硫天然气经脱硫脱碳、脱水、硫黄回收及尾气处理，以达到气质要求。为更好地支持我国高含硫气田安全高效开发和现场岗位实践，在前期编著的《天然气净化装置工艺技术》《天然气净化装置硫黄储运》等教材基础上，结合近些年技术发展和经验更新编修了《高含硫天然气净化》，这既是编著的最终成果，也是普光气田开发建设的重要成果之一。

本书是一本集理论和实操于一体的培训教材，通过对高含硫天然气净化技术的深入研究和系统梳理，并紧密结合普光气田生产现场实际编写，能够科学有效指导职工岗位实践，提升培训的实用性和针对性，促进职工素质能力提升，对保障气田安全高效开发具有重要作用。

本教材由吴红旗同志整体统筹组织，由杭广社、杨大静、马志建具体协调分工和全面推进编写工作。古小红结合多年积累的、丰富的高含硫气田开发理论知识和实践经验，带领编写组查阅了大量的文献资料、研究报告以及现场实践案例，每一个章节、每一个段落的撰写都经过了反复的斟酌和思考，数易其稿，力求将高含硫天然气净化技术最准确、最实用的知识呈现给读者，让读者更好地理解和掌握这门重要的专业技术。张庆生、李中超、朱德华、尹琦岭、商剑峰等专家给予了重要的指导和宝贵的支持与帮助，他们的建议和意见使本书的内容更加丰富、科学、全面。

衷心感谢所有参与教材编写审核工作的同事和专家们，还要感谢那些在百忙之中抽出时间为本书提供案例和数据的一线工作人员，是他们的付出让本书更具有实践指导意义。特别向曾经在高含硫气田勘探开发领域做出重要贡献的工作者致以崇高的敬意，他们在气田开发初期艰苦奋斗、不懈探索，他们的经验和智慧是本书的重要理论和实践基础，他们崇高的科学家精神和石油人精神激励着我们不断前行，也更加坚定了我们将这些宝贵知识世代相传的决心。

最后，要感谢出版社的编辑们，是他们的专业精神和辛勤工作才让这本书得以顺利出版。他们对书稿的精心编辑和排版，使本书的质量得到了极大的提升。

展望未来，我们坚信高含硫天然气净化技术将持续进步，为能源行业的可持续发展贡献力量。一方面，随着科学技术的飞速发展，新的技术将不断涌现，为高效、环保地处理高含硫天然气提供可能。另一方面，跨学科融合将成为推动这一领域发展的关键力量，材料科学、信息技术、环境科学等领域的最新成果将不断被引入，为高含硫天然气净化技术注入新的活力。

我们希望《高含硫天然气净化》这本书能够成为读者了解这一领域的重要窗口，激发更多关于能源清洁利用的思考与讨论。让我们携手共进，在追求清洁能源的道路上不断前行，为构建更加美好的地球家园贡献力量。愿《高含硫天然气净化》能够成为读者探索能源世界旅程中的一盏明灯，照亮前行的道路。

本书编写组